# 配网系统员工入职培训手册

## 变电部分

国网上海市电力公司市区供电公司 编

中国电力出版社
CHINA ELECTRIC POWER PRESS

# 内 容 提 要

本书围绕配网系统变电专业应掌握的知识和技能，针对电网企业新入职员工的需要，系统介绍了变电工作的内容、方法、相关设备及注意事项。

本书共分为十章。第 1 章介绍变电涵盖工种及专业分类，第 2 章介绍变电专业工作内容，第 3 章介绍城市供电网络接线方式，第 4 章介绍变配电站的结构和功能，第 5 章介绍一次电气设备的种类、组件、功能等，第 6 章介绍二次保护自动化设备的种类、组件、功能等，第 7 章介绍站用交、直流设备的系统构成和功能，第 8 章介绍防误闭锁装置的分类、功能、原理、维护方法等，第 9 章介绍安全基本常识，第 10 章介绍变电运维的相关管理制度、流程和方法。

本书适用于电网企业新入职员工。

**图书在版编目（CIP）数据**

配网系统员工入职培训手册. 变电部分 / 国网上海市电力公司市区供电公司编. —北京：中国电力出版社，2018.3
ISBN 978-7-5198-1657-5

Ⅰ. ①配… Ⅱ. ①国… Ⅲ. ①配电系统–职业培训–技术手册②变电所–职业培训–技术手册 Ⅳ. ①TM7-62②TM63-62

中国版本图书馆 CIP 数据核字（2017）第 323679 号

出版发行：中国电力出版社
地　　址：北京市东城区北京站西街 19 号（邮政编码 100005）
网　　址：http://www.cepp.sgcc.com.cn
责任编辑：吴　冰
责任校对：朱丽芳
装帧设计：郝晓燕　赵姗姗
责任印制：邹树群

印　　刷：北京雁林吉兆印刷有限公司
版　　次：2018 年 3 月第一版
印　　次：2018 年 3 月北京第一次印刷
开　　本：787 毫米×1092 毫米　16 开本
印　　张：18.75
字　　数：409 千字
印　　数：0001—2000 册
定　　价：60.00 元

# 本书编委会

编委会主任　周　翔　张根发
编委会副主任　陈　岗　李春华　史　军

## 本 书 编 写 组

主　编　金　琪　冯文俊
副主编　胡海敏　徐　剑　冯　璇　施　俊　尤智文　解　蕾
　　　　李肇卿

## 编 写 组 成 员

国网上海市电力公司市区供电公司

| 李佳文 | 王　闻 | 杨振睿 | 蔡　斌 | 沈晓枉 | 钟筱怡 | 张　杰 |
| 樊晓波 | 张　弛 | 王　斌 | 周　鑫 | 石英超 | 陈　震 | 徐　方 |
| 蔡振飞 | 吴　琼 | 庞莉萍 | 陈　赟 | 苗伟杰 | 袁心怡 | 张　嵩 |
| 潘　年 | 朱淑敏 | 吴佳珉 | 沈佳祯 | 徐　刚 | 沙　征 | 王　言 |
| 贲志棠 | 支玉清 | 何　鞮 | 李逢春 | 杨　光 | 陶佳唯 | 郑季伟 |
| 李文雯 | 施炜军 | 张　健 | 陆　澄 | 刘莹旭 | 朱　真 | 郁耀芳 |
| 王　烨 | 朱　梁 | 潘　麟 | 刘晨怡 | 张佳卓 | 蒋凌云 | 王伟峰 |
| 胡水莲 | 陈永福 | 蔡祯琪 | 黄玮娟 | 杨妍婷 | 吴宝祥 | 高　军 |
| 李　宾 | 姚志蒙 | 周　健 | 宋旭东 | 邵　荣 | 范进军 | 张　麟 |

孙峥鸿　王越超　王　迪　朱　炜　王峥嵘　张　坤　赵立强
甘晓雯　何正宇　周圣栋　章日华　梅　彦　俞艳静　李振东
刘丹青　夏　颖　程肖肖　卞　瑾　黄　凡　汪传毅　陆宇东
梁　震　陈琪　陈飞杰　邵峥达　金　伟　孙　翔　陈敬刚
张　捷　徐蓓静　费良骏　王海鸿　赵　祺　左亚南　孙　峻
顾晓红　张吉盛　俞瑾华　戴　军　李顺和

国网上海市电力公司

纪坤华　廖天明　盛　慧　魏　为　陈　震　楼俊尚　陈婷玮
李　颖　陆伟明

国网上海市电力公司培训中心

李晓莉

国网上海市电力公司市南供电公司

任　毅

上海市区电力工程建设监理公司

瞿晓东

国网上海市电力公司物资公司

史华康

上海电力实业有限公司

叶　俊　唐益华

上海久隆企业管理咨询有限公司

赵　涛　李　永　张堰华

# 前　言

　　上海是中国电力工业的发源地和摇篮，1879 年中国上海公共租界点亮了第一盏电灯（虹口乍浦路仓库），1882 年 7 月 26 日，南京路上华夏第一家电厂正式发电投产，15 盏电弧灯照亮了南京路、外滩，从此中国进入了电力时代。

　　国网上海市电力公司市区供电公司承担着上海中心城区 119.84 平方千米，148.17 万客户的供用电服务业务和电网建设、规划、调度和运营工作，其服务特点表现为七个最，即"供电可靠性要求最高、电能质量要求最高、客户期望值最高、社会关注程度最高、优质服务压力最大、电网建设难度最大、承担社会责任最重"。为了肩负责任、不辱使命，国网上海市电力公司市区供电公司历来高度重视变电运维员工的培养，尤其是新入职青年员工的培养，秉承着以人为本、系统培养、稳扎稳打的理念，形成了一套较为成熟、完善的培训方案。本书对国网上海市电力公司市区供电公司多年以来的新员工培训经验进行了系统化的总结和提炼。

　　本书面向电网企业新入职员工，旨在帮助其熟悉电力工作的内容，掌握电力作业的方法。本书介绍了变电涵盖的工种及专业分类、变电专业的主要工作内容、城市供电网络的接线方式，并对变电专业所接触的各类设备，如一次电气设备，二次保护自动化设备，站用交、直流设备等进行了详细深入的介绍。本书所描述的单位/部门的职责划分、信息系统操作方法具有国网上海市电力公司市区供电公司的特殊性，读者在应用本书内容时需结合本地区特点情况加以分析探讨。

　　希望本书能为电网企业新进员工提供一定的参考指引，从而早日成为建设坚强电网的中坚力量。限于编写水平，书中难免存在疏漏，欢迎广大读者批评指正。

编　者

2017 年 11 月

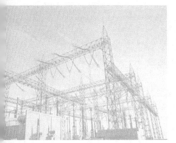  

# 目 录

# 变电涵盖工种及专业分类

变电专业涵盖工种主要包括变电运行、变电检修以及保护自动化等。

## 1.1 变 电 运 行

变电运行是指对所管辖变、配电站进行运行和维护所涉及的工作总称，包括倒闸操作、许可验收、巡视检查、设备维护、事故处理等工作。

### 1.1.1 班组功能及职责

变电运维工作由变电运维专业班组负责，国网上海市电力公司市区供电公司（以下简称市区公司）范围内，根据班组的工作范围和性质设立三类班组落实变配电站日常运行维护工作：变电运维组、配电运维组及交直流五防组。

各班组功能及职责如下：

（1）变电运维组负责公司范围内 35kV 及以上变电站和 10kV 及以上开关站的运行维护，包括倒闸操作、许可验收、巡视检查、设备维护、事故处理等工作。班组值班模式分为常日班和"三班"轮转模式。其中，常日班人员主要负责许可验收、巡视检查、设备维护等工作；"三班"轮转人员主要负责倒闸操作、事故处理等工作。目前变电运维组主要采用"四天二运转"模式，即第一天上日班，第二天上夜班，休息两天，实行班组驻地 24h 值守。

（2）配电运维组负责公司范围内 10kV 配电室、10kV 箱式变电站、户外环网柜、低压配电箱的运行维护，包括许可验收、巡视检查、设备维护、配合事故处理等工作，一般不参与倒闸操作。班组值班方式采用常日班模式。

（3）交直流五防组负责公司范围内所有变配电站的站用交流、站用直流设备及全站防误闭锁装置的运行维护，包括验收、特巡、设备维护、事故处理等工作，与运检及调度专业业务关系密切。班组值班方式采用常日班模式。

### 1.1.2 日常主要工作介绍

变电运行班组日常工作主要包括倒闸操作、许可、验收、巡视检查、设备维护、事故处理等。

（1）倒闸操作是指根据操作意图及设备操作技术原则将电网或电气设备从一种运用状态转变到另一种运用状态的操作，主要包括拉、合某些断路器或隔离开关，依据工作票要求装、拆接地线（拉、合接地开关）等安全措施和改变继电保护或自动装置的运行定值或投、切方式，并按一定顺序（或逻辑关系）进行的一系列操作。

（2）许可是指工作许可人在完成施工现场的安全措施后，会同工作负责人到工作现场所做的一系列证明、交代、提醒，并在双方签字确认后准许检修工作开展的过程。

（3）验收是指运维人员依据有关技术标准、规程规范与反措要求，对变电设备设施等的性能指标、安装调试质量、生产准备、物资与资料移交等进行的检查与确认审核，主要分为变电站基建工程验收、变电站技改工程验收、设备修试验收。

（4）设备巡视是指通过对设备巡视检查，监视设备的运行状态，掌握设备运行情况，及时发现变电站运行设备的缺陷、隐患或故障，以便采取相应措施及早予以消除，预防事故发生。设备巡视时变电运行维护的一项重要工作，是保证变电站设备安全运行的基础工作。

（5）设备维护是指变配电站的设备除按有关规定进行试验和检修外，还应进行维护保养、测量等工作。

（6）事故处理是指运维人员在当值调控人员的指挥下，采取各种方法对危及人身安全或影响电网、设备正常供电的特殊情况所进行的一系列快速操作。

# 1.2 变 电 修 试

## 1.2.1 班组功能及职责

设备的周期性检修、试验工作由变电修试专业班组负责，市区供电公司范围内，负责变电设备修试的班组为：变电检修组、电气试验组及状态评价组。目前，市区公司运维检修部根据国家电网公司"大检修"建设要求，实行"修试合一"的设备检修模式，将变电检修组及电气试验组合并，共下设变电修试组 2 个，状态评价组 1 个。根据各班组功能及职责如下：

（1）变电修试组主要负责 110kV 及以下变电站一次设备的检修、维护和事故抢修任务，以及对主变压器、断路器、避雷器、电流互感器、电压互感器等一次设备进行相关试验，检查设备是否存在故障隐患，各项指标是否满足规程值，符合入网运行要求。

（2）状态评价组状态评价班是国家电网公司推行状态检修工作以来，为了提升各公司状态检修技术水平而成立的状态检修专业化班组，由运维、检修、电试人员中选拔出的经验丰富、技术过硬的技术骨干组成，专门负责设备带电检测、状态评价及检修策略制定，编制状态评价报告等工作，在整个状态检修工作开展过程中起着不可或缺的重要作用。

## 1.2.2 日常主要工作介绍

（1）周期性检修是指检修人员根据设备检修周期，定期开展的设备检查、维护工作，通过开展周期性检修，对易耗品进行更换、补充，发现并处理设备运行缺陷，可以保证设备状态满足运行要求。

（2）电气试验是指检修人员按照相关标准、规程、规范中的有关规定，对设备进行的试验和验证。通过开展电气试验，可以及时地发现并排除电气设备在制造或长期运行过程中产生的缺陷、错误或质量问题，以判定设备是否能够正常投入运行。

（3）带电检测是通过使用特殊的试验仪器、仪表装置，对运行中的电气设备进行测量的工作，用于发现在运电系设备所存在的潜在缺陷、故障机问题。与传统的电气试验相比，带电检测不需要设备停电，开展较为便捷，是目前保证设备可靠运行的重要手段。带电检测一般在检修前后、迎峰度夏、保电、新设备投运、不良工况后等动态开展，或配合运维班组完成设备的周期性巡检工作；特殊检测项目按照年度进行专业特巡。检修手段包括红外测温、紫外电晕检测、地电波局放检测、超声波局放检测、特高频局放检测、高频局放检测、声电联合局放精确定位、油化试验、油色谱分析、铁芯接地电流检测、$SF_6$ 检漏、$SF_6$ 湿度检测、$SF_6$ 纯度检测、$SF_6$ 分解物检测等。

（4）状态评价主要分为定期评价和动态评价：定期评价是综合专业巡视、带电检测、在线监测、例行试验、诊断性试验等各种技术手段，依据电网设备状态评价导则每年集中组织开展的变电设备状态评价工作。动态评价是设备重要状态量发生变化后开展的评价，主要类别为新设备首次评价、缺陷评价、经历不良工况后评价、带电检测异常评价和检修后评价。在状态评价完成后进行设备风险评估，编制评价报告并制定检修策略。

（5）消缺是指发现设备存在影响其正常运行的缺陷后进行处置的过程，设备缺陷一般包括机械部件缺陷、绝缘缺陷、二次设备缺陷等。

# 1.3 保护自动化

## 1.3.1 班组功能及职责

变（配）电二次运检班负责市区公司范围内变、配电站内继电保护设备的新站验收、改造工程验收、运行维护、校验、抢修消缺等工作赍。目前市区公司共设有 2 个变（配）电二次运检班，担负着整个上海市区范围内 10kV 及以上开关站以及 35kV 及以上变电站的继电保护运维管理工作。

## 1.3.2 日常主要工作介绍

变（配）电二次运检班主要工作如下。

（1）负责所管辖范围内继电保护及安全自动装置的安装、改造、调试、维护工作。

（2）负责班组所管辖设备的资料整理及台账建立和更新。

（3）负责收集、整理设备状态信息，并对设备状态进行评价，按检修计划开展状态检修工作。

（4）负责收集设备故障或保护装置动作相关资料，并进行分析上报。

（5）负责班组所管辖设备反事故措施计划的实施。

（6）参与上级组织的事故调查，并提出本专业范围内的意见。

（7）负责班组所辖设备的运行工况分析。

（8）负责管理班组的施工器具、安全工器具、仪器仪表、备品备件。

# 2 变电专业工作介绍

## 2.1 设 备 巡 视

### 2.1.1 定义

（1）设备巡视是指通过对变配电站设备巡视检查，监视设备的运行状态，掌握设备运行情况，及时发现变电站运行设备的缺陷、隐患或故障。变配电站巡视周期按照电压等级、重要性等实行差异化管理。

变配电站巡视分为例行巡视、全面巡视、专业巡视、熄灯巡视和特殊巡视。

（2）例行巡视是指对变配电设备、运行工况的常规性巡查。

（3）全面巡视是指在例行巡视项目基础上，对变电站各方面的详细巡查。

（4）专业巡视指为深入掌握设备状态，由运维、检修、设备状态评价人员联合开展对设备的集中巡查和检测。

（5）熄灯巡视指夜间熄灯开展的巡视。

（6）特殊巡视指因设备运行环境、方式变化而开展的巡视。

### 2.1.2 巡视周期

上海市区供电公司管辖的变电站为110kV及以下电压等级的变电站，均属于四类变电站，应按照四类变电巡视周期执行。各类设备巡视周期如下：

（1）例行巡视：一类变电站每2天不少于1次；二类变电站每3天不少于1次；三类变电站每周不少于1次；四类变电站每两周不少于1次。配置机器人巡检系统的变电站可由机器人巡视代替人工例行巡视。10kV开关站一个月巡视一次。配电室、箱式变电站、环网箱一季度巡视一次。

（2）全面巡视：一类变电站每周不少于1次；二类变电站每15天不少于1次；三类变电站每月不少于1次；四类变电站每两月不少于1次。

（3）专业巡视：一类变电站每月不少于1次；二类变电站每季不少于1次；三类变电站每半年不少于1次；四类变电站每年不少于1次。

（4）熄灯巡视：各变电站每月不少于1次。

（5）特殊巡视：遇有以下情况，应进行特殊巡视：大风后；雷雨后；冰雪、冰雹、雾霾；新设备投入运行后；设备经过检修、改造或长期停运后重新投入系统运行后；设备缺陷有发展时；设备发生过负载或负载剧增、超温、发热、系统冲击、跳闸等异常情况；法定节假日、上级通知有重要保供电任务时；电网供电可靠性下降或存在发生较大电网事故（事件）风险时段。

### 2.1.3 巡视内容、方法和要求

#### 2.1.3.1 巡视内容

（1）例行巡视主要针对站内设备及设施外观、异常声响、设备渗漏、监控系统、二次装置及辅助设施异常告警、消防安防系统完好性、变电站运行环境、缺陷和隐患跟踪检查等方面进行巡视。

（2）全面巡视在例行巡视基础上，对站内设备开启箱门进行检查，记录设备运行数据，检查设备污秽情况，检查防火、防小动物、防误闭锁等有无漏洞，检查接地网及引线是否完好，检查变电站设备厂房情况等。

（3）专业巡视通过采用红外检测、紫外检测、超声波、地电波等专业技术手段，对在运设备运行状态进行综合评价。

（4）熄灯巡视重点检查设备有无电晕、放电，接头有无过热现象。

（5）特殊巡视一般在特殊运行方式、特殊气候条件或设备出现严重缺陷、异常等特定情况下进行，重点检查环境量变化对设备产生的影响。特殊巡视检查的内容及要求，应根据实际情况及相关技术标准进行制定。

#### 2.1.3.2 巡视方法

设备巡视可以使用智能巡检系统、巡视卡或巡视记录。运行值班人员在巡视中一般通过看、听、摸、嗅、测等方法对设备进行检查。

（1）看：主要是对设备外观、位置、温度、压力、发热、渗漏、油位、灯光、信号、指示等检测项目进行观察和记录，通过分析、比较和判断，掌握设备运行情况，发现设备的缺陷或异常。

（2）听：主要通过声音判断设备运行是否正常。例如变压器正常运行时其声音是均匀的"嗡嗡"声，超定额电流运行时会发出较高而且沉重的"嗡嗡"声等。通过对设备运行中声音是否正常，有无异常声响，有无异常电晕声、放电声等，可以判断设备运行是否存在异常。

（3）摸：通过以手触试不带电的设备外壳，判断设备的温度、振动等是否存在异常。例如触摸变压器外壳，检查温度是否正常，与平时比较有无明显差别等。

（4）嗅：通过气味判断设备有无过热、放电等异常。例如通过嗅觉判断气味是否正常，有无焦糊味、放电产生的臭氧味等异常气味。

（5）测：通过测量的方法，掌握确切的数据。例如根据设备负荷变化情况，及时用红外线测温仪测试设备接电温度是否异常，有无超过正常温度；对电容式电压互感器二次侧电压进行测量，检查有无异常波动等。

#### 2.1.3.3 巡视要求

（1）设备巡视时，必须严格遵守《国家电网公司电力安全工作规程（变电部分）》关于

"高压设备巡视"的有关规定。例如：

1）巡视高压设备时，注意相邻带电部位可能的危险，保持安全距离。巡视人员不得进行其他工作，不得移开或越过遮拦；

2）雷雨天气，需要巡视高压设备时，应穿绝缘靴，并不得靠近避雷器和避雷针；

3）高压设备发生接地时，室内不得接近故障点 4m 以内，室外不得接近故障点 8m 以内，进入上述范围人员必须穿绝缘靴；

4）进入 $SF_6$ 设备室时，应提前 15min 开启通风装置进行通风；

5）巡视蓄电池室时应严禁烟火；

6）进入高压设备室应随手关门，防止小动物进入，不得将食物带入室内等。

（2）必须按国家电网公司制定的设备巡视标准化作业卡要求，按照规定的巡视路线进行巡视。在巡视中，巡视人员应具有高度的工作责任心，做到不漏巡，及时发现设备缺陷或安全隐患，提高巡视质量。

例如：一次设备按设备间隔顺序巡视：断路器→电流互感器→隔离开关→耦合电容器→结合滤波器→电容器电压互感器→阻波器等；二次设备（控制室、保护室）按屏顺序巡视：直流屏→中央信号屏→保护屏→自动化屏等。

（3）按照设备巡视标准化作业卡的要求，巡视前应认真做好危险点分析及安全措施，确保巡视人员和运行设备安全。

例如：巡视前，检查所使用的安全工器具完好；巡视检查时应与带电设备保持足够的安全距离；雷雨天气，需要巡视高压设备区时，应穿绝缘靴，并不得靠近避雷器和避雷针；发现设备缺陷及异常时，及时汇报，采取相应措施，不得擅自处理等。

（4）设备巡视时，应对照各类设备的巡视项目和标准，逐一巡视检查，并用巡视卡或只能巡检设备进行记录。在巡视中发现缺陷或异常，要详细填写缺陷及异常记录，及时汇报调度和上级。

（5）对巡视人员的要求：

1）必须精神状态良好；

2）应戴安全帽并按规定着装；

3）单独进入高压设备区的巡视人员应具有相应的技能等级和安全资质。

## 2.1.4 巡视流程

设备巡视应按变电站现场运行规程和作业手册规定的时间、路线和内容进行。设备巡视的流程包括巡视安排、巡视准备、核对设备、检查设备、巡视汇报。

（1）巡视安排：设备巡视工作由运维班班长或值班负责人进行安排，巡视安排时必须明确本次巡视任务的性质（例行巡视、全面巡视、熄灯巡视、专业巡视、特殊巡视），并根据现场情况提出安全注意事项，检查巡视人员对巡视任务、注意事项、安全措施和巡视重点是否清楚特殊巡视还应明确巡视的重点及对象。

（2）巡视准备：作业人员根据巡视任务性质准备智能巡检器或巡视卡、巡视记录本；根据巡视性质、检查所需使用的工器具、照明器具以及测量器具是否正确、齐全；检查着装是否符合现场规定。

（3）核对设备：开始巡视前，作业人员记录巡视开始时间，设备巡视应按可变电站规定的设备巡视路线进行，不得漏巡。到达巡视现场后，巡视人员根据巡视卡（智能卡或纸质卡）的内容认真核对设备名称和编号。

（4）检查设备：设备巡视时，作业人员持巡视卡或记录，根据巡视卡或巡视记录的内容，逐一巡视检查部位。作业人员按照分工，依据巡视作业指导书的项目和标准逐项检查设备状况，并做好记录。巡视中发现紧急缺陷时，应立即终止其他设备巡视，仔细检查缺陷情况，详细记录，及时汇报。

（5）巡视汇报：全部设备巡视完毕后，由巡视负责人填写巡视结束时间，所有参加巡视人，分别签名。巡视性质、巡视时间、发现问题，均应记录在运行工作记录簿中。巡视发现的设备缺陷，应按照缺陷管理制度进行分类定性，并详细向值班负责人汇报设备巡视结果。值班负责人将有关情况向运维班班长汇报，必要时会同站长进一步对有关设备缺陷或异常进行核实。站长应及时安排处理或上报。使用过的巡视卡妥善保存，按月归档。

## 2.2 设 备 维 护

### 2.2.1 定义

设备维护是指变配电站的设备除按有关规定进行试验和检修外，还应进行维护保养、测量等工作。设备维护是保证设备运行工况良好、保证设备健康运行的重要手段。

### 2.2.2 维护周期及要求

变配电站的日常维护周期应参照《国网电网公司变电运维通用管理规定》及相关要求执行。

变电站日常维护项目周期如表 2-1 所示。

表 2-1　　　　　　　　　　变电站日常维护项目周期

| 序号 | 维 护 项 目 | 周期 | 备注 |
|---|---|---|---|
| 1 | 消防器材检查维护 | 每月 2 次 | |
| 2 | 避雷器动作次数抄录 | 每月 1 次 | 雷雨后增加 1 次 |
| 3 | 高压带电显示装置检查维护 | 每月 1 次 | |
| 4 | 单个蓄电池电压测量 | 每月 1 次 | |
| 5 | 全站各装置、系统时钟核对 | 每月 1 次 | |
| 6 | 防小动物设施三、四类变电站检查维护 | 每月 1 次 | |
| 7 | 安全工器具检查 | 每月 1 次 | |
| 8 | 排水、通风系统维护 | 每月 1 次 | |

| 序号 | 维 护 项 目 | 周期 | 备注 |
|---|---|---|---|
| 9 | 微机防误系统主机除尘，电源、通信适配器等附件维护 | 每半年1次 | |
| 10 | 微机防误装置逻辑校验 | 每半年1次 | |
| 11 | 电脑钥匙功能检测 | 每半年1次 | |
| 12 | 锁具维护，编码正确性检查 | 每半年1次 | |
| 13 | 接地螺栓及接地标志维护 | 每半年1次 | |
| 14 | 二次设备清扫 | 每半年1次 | |
| 15 | 配电箱、检修电源箱检查维护 | 每半年1次 | |
| 16 | 强油风冷主变压器冷却器带电水冲洗 | 每年1次 | 迎峰度夏前 |
| 17 | 电缆沟清扫 | 每年1次 | |
| 18 | 防汛物资全面检查试验 | 每年1次 | 汛期前 |
| 19 | 蓄电池内阻测试 | 每季1次 | |
| 20 | 在线监测装置检查维护 | 每季1次 | |
| 21 | 漏电保安器试验 | 每季1次 | |
| 22 | 室内、外照明系统维护 | 每季1次 | |
| 23 | 机构箱加热器及照明维护 | 每季1次 | |
| 24 | 安防、消防设施维护 | 每季1次 | |
| 25 | 室内$SF_6$氧量告警仪检查维护 | 每季1次 | |
| 26 | 事故油池通畅检查 | 每五年1次 | |

变电站设备定期轮换、试验项目周期如表2-2所示。

表2-2　　　　　　　　　变电站设备定期轮换、试验项目周期

| 序号 | 维 护 项 目 | 周期 | 备注 |
|---|---|---|---|
| 1 | 有专用收发讯设备运行的变电站内高频通道的对试工作 | 每天 | |
| 2 | 变电站事故照明系统检查 | 每季度1次 | 雷雨后增加1次 |
| 3 | 主变压器冷却电源自投功能试验 | 每季度1次 | |
| 4 | 通风系统的备用风机与工作风机轮换运行 | 每季度1次 | |
| 5 | 对强油（气）风冷、强油水冷的变压器冷却系统，各组冷却器的工作状态（即工作、辅助、备用状态）轮换运行 | 每季度1次 | |
| 6 | 对GIS设备操作机构集中供气的工作和备用气泵轮换运行 | 每季度1次 | |
| 7 | 直流系统中的备用充电机启动试验 | 每半年1次 | |
| 8 | 变电站内的备用站用变压器（一次侧不带电）启动试验 | 每年1次 | 长期不运行的站用变压器每年应带电运行一段时间 |

变电站内设备维护周期及标准，详见本书第6章内容。

# 2.3 倒 闸 操 作

## 2.3.1 定义

倒闸操作是指将设备由一种状态转变为另一种状态的过程（运行、备用、检修），通过操作隔离开关、断路器以及挂、拆接地线等，将电气设备从一种状态转换为另一种状态或使系统改变了运行方式。倒闸操作必须执行操作票制和工作监护制。

## 2.3.2 倒闸操作流程及要求

倒闸操作一般由两人进行。其中一人对设备较为熟悉者担任监护人，负责对整个操作过程监护；另一人担任操作人，负责对设备实际操作。监护人和操作人都必须经过相应的培训和考试合格，并取得相应资格。

倒闸操作应有值班调控人员正式发布的指令，并使用经事先审核的操作票，按操作票填写顺序逐项操作。倒闸操作流程包括操作准备、接令、操作票填写、模拟预演、执行操作。

（1）操作准备：明确操作任务和停电范围，并做好分工。拟定操作顺序，确定挂地线部位、组数。分析危险点并采取相应措施。检查操作所用安全工器具、操作工具。确定五防闭锁装置处于良好状态，当前运行方式与模拟图对应。

（2）接令：由取得操作资格人员接受调控指令。接令时应随听随记，记录在"预接令"中。接令完毕后逐项向下令人复诵一遍，取得认可。对调控命令有疑问时，应立即停止操作并向发令人报告。待发令人再行许可后，方可进行操作。

（3）操作票填写：由操作人员根据调度命令、参照本站典型操作票内容填写操作票。操作票填写后，由操作人和监护人共同审核，复杂的倒闸操作经班长审核执行。

（4）模拟预演：结合调控命令核对当时的运行方式后，由监护人根据操作顺序逐项下令，由操作人复令执行模拟预演，操作后再次核对新运行方式与调控命令相符，无误后监护人和操作人分别签字，开始操作时填入操作开始时间。

（5）执行操作：汇报调控中心，到达操作位置。认真核对确认正确后准备操作。监护人唱诵操作内容，操作人用手指向被操作设备并复诵。监护人确认无误后发出动令，操作人立即进行操作。执行操作期间，应注意设备的动作过程或表计、信号装置，完成每步操作后均做好记录。完成操作后，向值班调度员汇报操作情况，并将安全工器具、操作工具等归位，将操作票、录音归档管理。

# 2.4 许 可

## 2.4.1 定义

许可是指工作许可人在完成施工现场的安全措施后，会同工作负责人到工作现场所做的一系列证明、交代、提醒，并在双方签字确认后准许检修工作开展的过程。

### 2.4.2 许可流程及要求

许可工作程序包括许可前准备工作、向当值调控人员许可工作、向工作负责人许可工作以及许可后的现场工作。

（1）许可前准备工作：工作许可人收到工作票后应认真审查，存在问题的退回工作票签发人重新签发；许可当日，许可人应备齐安全工器具，到达施工现场，检查现场安全措施与工作票所列是否一致，逐项检查并在工作票上填写相关内容。

（2）向当值调控人员许可工作：现场检查完毕后，许可人应向当值调控人员许可当日工作，填写工作票相关内容并签名；根据当日工作现场实际情况，完成签发人指定的安全措施，如发现安全措施不够完善应做好补充安全措施并记录。

（3）向工作负责人许可工作：工作许可人应会同工作负责人分别在模拟图和工作地点前，按工作票上所列内容逐项做好工作交底，证明停电检修设备确无电压，现场安措符合工作需要，并告知危险点告知，双方在工作票上签名，完成许可；需要增补安全措施时，应根据安全规程要求履行相关手续。

（4）许可后的现场工作：在原工作票的停电及安全措施范围内增加工作任务、变更或增设安全措施、临时拆除/恢复全部或一部分操作接地线以及恢复全部或一部分操作接地线等，均应按照安全规程要求，由工作负责人、工作许可人、工作票签发人或当值调控人员员等相关人员确认，并履行相关手续后执行，不得擅自改变工作任务或现场安全措施。。

## 2.5 验　收

### 2.5.1 定义

设备验收是指变电站设备新建、改造、修试后，运维人员对设备状态、技术标准、试验数据进行检查，确认设备具备投运入网条件。

### 2.5.2 验收流程及要求

#### 2.5.2.1 新建/改造验收流程及要求

变电站设备新建/改造主要分为基建项目及技改项目。

（1）基建工程验收，包括可研初设审查、厂内验收、到货验收、隐蔽工程验收、中间验收、竣工（预）验收、启动验收等七个主要关键环节。

（2）技改工程验收，包括可研初设审查、厂内验收、到货验收、隐蔽工程验收、中间验收、竣工验收等六个主要关键环节。

1）可研初设审查是指在可研初设阶段从设备安全运行、运检便利性方面对工程可研报告、初设文件、技术规范书等开展的审查。

2）厂内验收是指对设备厂内制造的关键点进行见证和出厂验收。

3）到货验收是指设备运送到现场后进行的验收。

4）隐蔽性工程验收是指对施工过程中本工序会被下一工序所覆盖，在随后的验收中不易查看其质量时开展的验收。

5）中间验收是指在设备安装调试工程中对关键工艺、关键工序、关键部位和重点试验等开展的验收。

6）竣工（预）验收是指施工单位完成三级自验收及监理初检后，对设备进行的全面验收。

7）启动验收是指在完成竣工（预）验收并确认缺陷全部消除后，设备正式投入运行前的验收。

#### 2.5.2.2　设备修试验收流程及要求

设备修试工作完成后，现场验收作业人员接到工作负责人验收通知后，到工作现场对修试设备进行验收。

现场验收作业人员根据验收项目和标准，确认设备满足投运入网要求，验收合格后，要求所有工作人员撤离设备区域，检查施工现场满足"工完、料尽、场地清"要求，恢复安全措施，填写设备修试记录，注明工作结束、试验合格可以投入运行并签字。验收人员和工作负责人双方确认无误并无疑问后，履行工作票终结手续。

## 2.6　事　故　处　理

### 2.6.1　定义

事故是指由于电力系统设备故障或人员工作失误而影响电能供应数量或质量超过规定范围的时间。事故分为人身事故、电网事故和设备事故三大类，其中设备和电网事故又可分为特大事故、重大事故和一般事故。

当电力系统发生事故时，变电站运行人员应根据断路器跳闸情况、保护动作情况、表计指示变化情况、监控后台信息和设备故障等现象，迅速准确地判定事故性质，尽快处理，以控制事故范围、减少损失和危害。

引起电力系统事故的主要原因一般有三大类：① 自然灾害，包括大风、雷击、污闪、树障等；② 设备原因，包括设计缺陷、产品制造质量缺陷、安装检修工艺缺陷及设备缺陷等；③ 人为因素包括维护管理不当、运行方式不合理、误操作等。

### 2.6.2　事故处理流程及要求

事故处理处理的一般步骤如下：

（1）初步判断。系统故障发生时，变电站运行人员初步判断事故性质和停电范围后迅速向调控中心汇报故障发生时间、跳闸断路器、继电保护和自动装置的动作情况及其故障后的状态、相关设备潮流变化情况、现场天气情况。

（2）事故性质研判。根据初步判断检查保护范围内的所有一次设备故障和异常现象及保护、自动装置动作信息，综合分析判断事故性质，做好相关记录、复归保护信号，把详细情况报告调控中心。如果人身和设备受到威胁，应积极设法解除这种威胁，并在必要时停止设备的运行。

（3）隔离故障。迅速隔离故障点并尽力设法保持或回复设备的正常运行。根据应急处理预案和现场运行规程的有关规定采取必要的应急措施，如投入备用电源或设备，对运行强送电的设备进行强送电，停用有可能误动的保护，拉开控制电源接触设备自保持等。

（4）事故处置。进行检查和试验，判明故障的性质、地点及其范围。如果运行人员自己不能检查出或处理损坏的设备时，应立即通知检修或有关专业人员前来处理。在检修人员到达之前，运行人员应把工作现场的安全措施做好。除必要的应急处理以外，事故处理的全过程应在调控中心的统一指挥下进行。

（5）事故分析和记录。作好事故全过程的详细记录，事故处理接收后变现现场事故报告。

# 2.7 设 备 检 修

设备检修可分为周期性检修、状态检修、消缺等。

## 2.7.1 周期性检修

### 2.7.1.1 定义

周期性检修又称定期检修（Time Based Maintecance，TBM），是一种以时间为基础的预防性检修，根据设备磨损和老化的统计规律，实现确定检修等级、检修间隔、检修项目的检修方式。

按照《变电检修通用管理规定》，电气设备的检修分为四类：A类检修、B类检修、C类检修、D类检修。

其中，A类检修指整体解体检修；B类检修指局部解体检修；C类指例行检查及试验；D类检修指不停电状态下进行的检修。

一般习惯上将A、B类检修称为"大修"；C类检修称为"小修"。

### 2.7.1.2 检修周期及内容

由于目前电网设备可靠水平越来越高，油绝缘断路器等老式设备基本被淘汰，设备对周期性维护的依赖也逐步降低。

目前设备的大修周期，主要按照设备状态评价决策进行，同时满足厂家说明书要求，对设备进行整体更换、解体检修或者对部分部件解体检查、维修及更换。

设备的小修周期，一般35kV及以下4年、110（66）kV及以上3年，同时根据设备状态评价进行调整，主要是针对设备本体及附件的检查与维护。

## 2.7.2 状态检修

### 2.7.2.1 定义

状态检修（Condition Based Maintenance，CBM），是指根据设备状态信息，判断设备的运行状态，以此为依据安排检修计划，并实施设备检修的一种新型检修模式。

传统的检修模式是按照规定的检修期进行检修（或维护、调试、试验）的，其周期为固定的一年或几年。其主要存在两个方面的不足：① 设备存在潜在的不安全因素时，因未到检修时间而不能及时排除隐患；② 设备状态良好，但已到检修时间，就必须检修，检修存在很大的盲目性，造成人力、物力的浪费，检修效果也不好。

状态检修是根据设备的运行状况进行检修，适当延长或缩短（如果数据不良也可能缩短）检修周期，是一种高效的、有针对性的检修模式。

目前，公司主要采用状态检修结合周期性检修的混合检修模式开展工作。

### 2.7.2.2　状态检修内容及要求

状态检修工作包括状态信息收集、状态评价、风险评估、检修决策、检修计划、检修计划实施、绩效评估共 7 个环节。

（1）状态信息收集：状态信息收集是状态评价与风险评估的基础，应统一数据规范、统一报告模版，实行分级管理、动态考核，确保设备全寿命周期内状态信息的规范、完整和准确。设备状态信息包括设备投运前信息、运行信息、检修试验信息、家族性缺陷信息等四类信息。状态信息收集应按照"谁主管、谁收集"的原则进行，并应与调度信息、运行环境信息、风险评估信息等相结合。为保证设备全寿命周期内状态信息的完整和安全，应逐年做好历史数据的保存和备份。

（2）状态评价：状态评价是开展状态检修的关键，设备状态评价包括设备定期评价和设备动态评价。定期评价每年不少于一次；动态评价主要包括新设备首次评价、缺陷评价、不良工况评价、检修评价、特殊时期专项评价等；动态评价应根据设备状况、运行工况、环境条件等因素及时开展，确保设备状态可控、在控。评价过程应按照基层班组、生产工区、地市公司三级评价要求，按时组织开展设备状态评价，充分发挥省公司状态评价指导中心的作用，确保工作质量。

（3）风险评估：风险评估应按照国家电网公司《输变电设备风险评估导则》的要求执行，结合设备状态评价结果，综合考虑安全性、经济性和社会影响等三个方面的风险，确定设备风险程度。风险评估与设备定期评价应同步进行。

（4）检修决策：检修决策应依据国家电网公司、省公司相关技术标准和设备状态评价结果，参考风险评估结论，考虑电网发展、技术更新等要求，综合调度、安监部门意见，确定设备检修维护策略，明确检修类别、检修项目和检修时间等内容。检修决策应综合考虑检修资金、检修力量、电网运行方式安排等情况，保证检修决策的科学性和可操作性。

（5）检修计划：检修计划应依据设备检修决策而制定，包含年度状态检修计划与年度综合停电检修计划。年度状态检修计划作为年度综合停电检修计划的编制依据。年度综合停电检修计划应在年度状态检修计划基础上，结合反措、可靠性预控指标及与基建、市政、技改工程的停电要求编制。应统筹考虑输电与变电，一次与二次等设备停电检修工作，统一安排同间隔设备、同一停电范围内的设备检修，避免重复停电。

（6）检修计划实施：检修计划实施是状态检修的执行环节，应依据年度综合停电检修计划组织实施，按照统一计划、分级管理、流程控制、动态考核的原则进行。

（7）绩效评估：绩效评估是对状态检修体系运作的有效性、策略适应性以及目标实现程度进行的评价，查找工作中存在问题和不足，提出改进措施和建议，持续改进和提升状态检修工作水平。绩效评估指标包括可靠性指标实现程度、效益指标实现程度等评估指标。绩效评估结果分别定为优秀、良好、一般、差四级。

### 2.7.3 消缺

#### 2.7.3.1 缺陷定义

设备缺陷是指设备出现了性能、零部件、及消耗偏离原设计标准或规定要求，主要包括以下几个方面：

（1）设备或部件的损坏造成设备的被迫停止运行或安全可靠性降低。

（2）设备或系统的部件失效，造成渗漏（包括汽、水、气、煤、灰、油等）。

（3）设备或系统的部件失效，造成运行参数长期偏离正常值，接近报警值或频繁报警。

（4）设备或系统的状态指示、参数指示与实际不一致。

（5）由于设备本身或保护装置引起的误报警、误跳闸或不报警、保护拒动；控制系统联锁失去、无原因起动或拒绝起动。

（6）对设备进行定期试验时发现卡涩、动作值偏离整定值。

（7）对设备进行检验性试验时，发现反映设备整体或局部状态的指标超标，或有非正常急剧变化。

（8）设备或部件的操作性能下降，动作迟缓甚至操作不动。

（9）设备运转时存在非暂时性的异常声响、振动和发热现象。

消缺是针对上述缺陷现象，分析原因，现场处理以及事后分析的过程。

#### 2.7.3.2 缺陷分类

根据缺陷的严重程度，消缺的周期也有不同要求。

缺陷一般分为危急缺陷、严重缺陷和一般缺陷。

（1）危急缺陷：设备发生直接威胁安全运行并需要立即处理，随时可能造成设备损坏、人身伤亡、大面积停电、火灾等事故。危急缺陷要求 24h 处置完毕。

（2）严重缺陷：对人身、电网和设备由严重威胁，尚能坚持运行，不及时处理有可能造成事故。严重缺陷要求 72h 内进行处置。

（3）一般缺陷：短时内不会发展为严重缺陷或危急缺陷，对运行虽有影响但尚能坚持运行。一般缺陷结合设备的停电检修进行处置。

## 2.8 设 备 改 造

### 2.8.1 定义

设备改造是以设备可靠性为核心，以资产（设备）评价为基础，通过对设备进行改造革新，以改善设备的性能，提高生产效率和设备现代化水平的一种技术手段。设备改造主要包括专项技术改造及反事故措施等。

专项技术改造是围绕"三个不发生"（不发生电网事故，不发生设备事故，不发生人身伤亡事故）的工作目标，以设备完善化改造、提升电网安全经济运行水平和电网智能化水平为重点，根据当地电网现状及发展需求实施的设备改造。

反事故措施是为了防范电网、设备及人身事故，提高设备可靠性是确保电网安全稳定运行的设备改造。

### 2.8.2 具体改造对象

#### 2.8.2.1 专项技术改造

专项技术改造对象主要包括几大类：

（1）不满足国家电网公司反措、规程要求或存在家族性缺陷的设备，或可靠性差、缺陷频发、非停率高，存在设计缺陷或重大隐患，无法彻底修复的设备，如五防闭锁功能不完善的开关柜设备等。

（2）因电网发展需要，设备的主要技术参数（额定电压、电流、容量、变比等）不能满足安装地点要求的设备，无法通过大修提高设备性能的，如容量不满足社会用电负荷增长的变压器设备等。

（3）设备已停产，制造厂已不能提供备品备件和技术服务，备品备件不满足下一个运行周期最低需求的，如华通开关厂早期生产 35kV BA1 型开关等。

（4）设备运行年限达到设备折旧寿命，经评估不能继续服役且无法通过大修恢复设备性能，如设备运行年限接近运行寿命并经资产全寿命周期管理评价需要进行更换的设备。

#### 2.8.2.2 反事故措施改造

根据《国家电网公司十八项反事故措施》相关内，反事故措施改造主要针对设备存在的问题，按照以下原则进行改造，包括：

（1）防止人身伤亡事故。

（2）防止系统稳定破坏事故。

（3）防止机网协调及风电大面积脱网事故。

（4）防止电气误操作事故。

（5）防止变电站全停及重要客户停电事故。

（6）防止输电线路事故。

（7）防止输变电设备污闪事故。

（8）防止直流换流站设备损坏和单双极强迫停运事故。

（9）防止大型变压器损坏事故。

（10）防止串联电容器补偿装置和并联电容器装置事故。

（11）防止互感器损坏事故。

（12）防止 GIS、开关设备事故。

（13）防止电力电缆损坏事故。

（14）防止接地网和过电压事故。

（15）防止继电保护事故。

（16）防止电网调度自动化系统、电力通信网及信息系统事故。

（17）防止垮坝、水淹厂房事故。

（18）防止火灾和交通事故。

# 2.9 带 电 检 测

## 2.9.1 定义

带电检测是指在设备运行状态下，对设备状态量进行的现场检测，是对判断运行设备是否存在缺陷，预防设备损坏并保证安全运行的重要措施之一。

以往的停电试验的方法一般是在设备停电以后进行试验，设备的情况和运行时有所不同。很多停电试验方法都是采取外加电流或电压，与实际的运行负荷也不同，所以最后得到的结果并不一定能完全体现设备运行时的真实情况，而带电检测则是在设备运行状态下进行检测，检测结果真实可靠。

## 2.9.2 带电检测的方式

随着技术的进步，越来越多的带电检测方法已投入实际运用。它们能根据不同的原理，对设备运行中的各类参数进行真实的反映，将多种检测方法结合起来，便可以对设备的运行状态做出全面的判断。

市区公司日常开展的几类常见带电检测项目介绍如下：

### 2.9.2.1 红外测温

（1）基本原理：

1）红外辐射。红外线辐射是自然界存在的一种最为广泛的电磁波辐射。自然界一切绝对温度高与绝对零度的物体，不停地辐射出红外线，辐射出的红外线带有物体的温度特征信息，用红外测温仪接收这些红外线，从而得出物体的温度，这就红外测温技术基本原理。

2）辐射率。物体自身的红外辐射是各个方向的，辐射量取决于物体自身的温度以及它的表面辐射率，所有物体都有温度以及表面辐射率，所以所有物体都有红外辐射。辐射率是描述物体辐射本领的参数。

茶壶中装满热水，茶壶右边玻璃的表面辐射率比左边不锈钢的高，尽管两部分的温度相同，但右边的辐射要比左边的高，这也意味着物体右边的散热效率要比左边的高，如果用红外热像仪观看，右边看上去要比左边热（见图 2-1）。

物体温度越高，红外辐射越多，反之，物体温度越低，辐射越低；辐射率也一样，即使物体温度一样，高辐射率物体的辐射要比低辐射率物体的辐射要多。所以物体的温度及表面辐射率决定着物体的辐射能力。

在检测过程中，由于辐射率对测温影响很大，因此必须选择正确的辐射系数。电力设备发射率一般为 0.85～0.95。

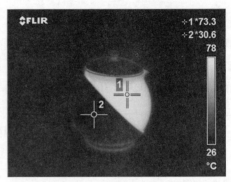

图 2-1  装满热水的茶壶辐射示意图

对运行中的电力设备进行红外测温探测，多数情况下是通过比较方法来判断的，因此一般只需求出相对温度值的变化或相对温差的比值，而无需过分强调被测目标物体的红外发射率，但若要精确测量目标物体的真实温度时，必须事先知道和了解物体的红外发射率（或称辐射率）的范围。否则，测出的温度与物体的实际温度将有较大的误差。

（2）检测仪器。红外测温仪器发展至今主要经历了以下几个阶段：

1）红外测温仪（点温计）。被测物体的红外辐射能量与温度成一定的函数关系，辐射能量通过仪器的透镜，滤光片，会聚到探测器，探测器将辐射能转换成电信号，经过放大器，A/D 转换器的处理，最后显示出温度值。

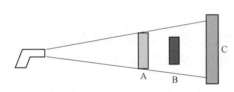

图 2-2  红外点温仪测量示意图

如图 2-2 所示，测量目标 A 的温度时，背景 C 对测量结果有影响，目标 B 对目标 A 的测量温度无影响。

2）红外热电视。红外热电视通过热电释管（PEV）接受到的物体表面红外辐射，把人肉眼不可见的热像图转换成视频信号，热电释管（PEV）由透镜、靶面和电子枪三部分组成，是红外热电视的核心器件。透镜是红外热电视的窗口，有选择性的允许波长为 3～5m 或 8～14m 的红外辐射波通过，材料一般为单晶体的锗（Ge）或硅（Si）。靶面将红外辐射的热能转换成电信号，其材料是在接受到红外辐射进能发生极化作用并产生电压信号的晶体热电材料，有硫酸三甘肽，钽酸锂等。电子枪则阅读电子束和靶面产生的电荷信号，输出至视频回路，经过放大器的放大又显示屏显示出热像图。

3）红外热像仪（焦平面）。红外热像仪是当今红外检测与诊断技术所应用的最先进的仪器，分为光机扫描系统和焦平面两大类，近几年焦平面数字式红外热像仪发展迅速，克服了光机扫描系统的复杂性和不可靠性，有逐步取代光机扫描红外热像仪的趋势。

焦平面红外热像仪数字式的核心元件是有数万个各自独立的半导体光电耦合器件（硅铂、碲镉汞、锑化铟等）构成的焦平面阵列集成电路。

红外热像仪可将不可见的红外辐射转换成可见的图像。物体的红外辐射经过镜头聚焦到探测器上，探测器将产生电信号，电信号经过放大并数字化到热像仪的电子处理部分，再转换成能在显示器上看到的红外图像（见图 2-3）。

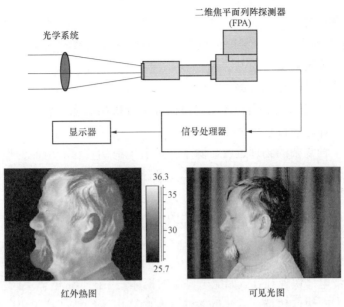

图 2-3 红外热像仪原理及成像示意图

（3）检测方法。红外测温时，针对不同的设备，检测方法也有所不同，主要分为一般检测和精确检测：

1）一般检测是指远距离对所有被测设备的全面扫描，发现有异常后，再有针对性地近距离对异常部位和重点被测设备进行精确检测。

2）精确检测是则需要将大气温度、相对湿度、测量距离、被测设备辐射率等补偿参数输入，进行必要修正，以提高仪器对被测设备表面细节的分辨能力及测温准确度，得到可以作为试验结果的精确测量。

（4）检测数据分析与处理。对不同类型的设备采用相应的判断方法和判断依据，并由热像特点进一步分析设备的缺陷特征，判断出设备的缺陷类型，一般红外缺陷主要分为电流致热型缺陷和电压致热型缺陷。

1）表面温度判断法：主要适用于电流致热型和电磁效应引起发热的设备。根据测得的设备表面温度值，对照 GB/T 11022 中高压开关设备和控制设备各种部件、材料及绝缘介质的温度和温升极限的有关规定，结合环境气候条件、负荷大小进行分析判断。

2）同类比较判断法：根据同组三相设备、同相设备之间及同类设备之间对应部位的温差进行比较分析。

3）图像特征判断法：主要适用于电压致热型设备。根据同类设备的正常状态和异常状态的热像图，判断设备是否正常。注意尽量排除各种干扰因素对图像的影响，必要时结合电气试验或化学分析的结果，进行综合判断。

4）相对温差判断法：主要适用于电流致热型设备。特别是对小负荷电流致热型设备，采用相对温差判断法可降低小负荷缺陷的漏判率。对电流致热型设备，发热点温升值小于 15K 时，不宜采用相对温差判断法。

5）档案分析判断法：分析同一设备不同时期的温度场分布，找出设备致热参数的变化，判断设备是否正常。

6）实时分析判断法：在一段时间内使用红外热像仪连续检测某被测设备，观察设备温度随负载、时间等因素变化的方法。

#### 2.9.2.2 开关柜局部放电检测

（1）基本原理。局部放电为导体间绝缘仅被部分桥接的电气放电，一般是由于绝缘体内部或绝缘表面局部电场特别集中而引起的。

局部放电是一种复杂的物理过程，除了伴随着电荷的转移和电能的损耗之外，还会产生电磁辐射、声音、超声波、光、热、气体以及新的生成物等。从电性方面分析，产生放电时，在放电处有电荷交换、有电磁波辐射、有能量损耗。

基于以上原理，通过采集局部放电产生的电气及物理信号，可以对设备的运行情况进行甄别，检测方法包括：

1）暂态地电压局放检测。当配电设备发生局部放电现象时，带电粒子会快速地由带电体向接地的非带电体快速迁移，如配电设备的柜体，并在非带电体上产生高频电流行波，且以光速向各个方向快速传播。受集肤效应的影响，电流行波往往仅集中在金属柜体的内表面，而不会直接穿透金属柜体。但是，当电流行波遇到不连续的金属断开或绝缘连接处时，电流行波会由金属柜体的内表面转移到外表面，并以电磁波形式向自由空间传播，且在金属柜体外表面产生暂态地电压（Transient Earth Voltage），而该电压可用专门设计的暂态地电压传感器进行检测（见图 2-4）。

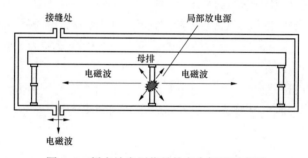

图 2-4 暂态地电压信号的产生机理示意图

由于配电设备柜体存在电阻，局部放电产生的电流行波在传播过程中必然存在功率损耗，金属柜体表面产生的暂态地电压也就不仅与局部放电量有关，还会受到放电位置、传播途径以及箱体内部结构和金属断口大小的影响。因此，暂态地电压信号的强弱虽与局部放电量呈正比，但比例关系却复杂、多变且难以预见，也就无法根据暂态地电压信号的测量结果定量推算出局部放电量的多少。

暂态地电压传感器类似于传统的 RF 耦合电容器，其壳体兼做绝缘和保护双重功能。当金属柜体外表面出现快速变化的暂态地电压信号时，传感器内置的金属极板上就会感生出高频脉冲电流信号，此电流信号经电子电路处理后即可得到局部放电量的大小。由于脉冲电流信号的大小不仅取决于暂态地电压信号的强度，还与其前沿陡峭程度有关，因此基于暂态地电压检测技术的局部放电检测结果不仅取决于局部放电量大小，还取决于具体的放电类型和频谱分布，甚至与传感器的设计参数也有关系。

2）超声波局放检测。局部放电发生前，放电点周围的电场力、绝缘介质的机械应力和粒子力处于相对平衡状态。局部放电发生时，电荷的快速释放或迁移使得放电点周围的电场力出现变化，导致电场力、机械力和粒子力失去平衡，引起放电点周围的粒子出现振荡性的机械运动，从而产生声音或振动信号，而振动幅度或声音强度也会直接反映出电荷释放的多少，即局部放电量。对于同种程度的放电来说，振动的幅度与介质的弹性系数密切有关。一般来说，固体与液体的振动幅度较小，而气体的振动幅度较大。同时，振动或声音信号的传播过程也是有损耗的，传播途径的差异会导致超声波强度与放电强度之间呈现复杂的比例关系。

因此，配电设备局部放电现象的超声波检测技术同暂态地电压检测技术一样，检测结果虽能间接反映局部放电强度，但比例关系复杂、多变且无法预见，因此同样无法反推出局部放电量的多少。同时，即便对于同种程度的局部放电，传播介质的机械特性也会严重影响检测的有效性。一般来说，电缆终端和接头内部的局部放电所导致的振动幅度较小，难以采用超声波方法进行检测；而绝缘子、套管和母排的表面放电所导致的声音信号较强，易于采用超声波方法进行检测。

超声波传感器的类型对配电设备局部放电检测的有效性也有影响。从实践的角度来说，敞开式超声波传感器的灵敏度较高，但有效频率基本固定为 40kHz。压电式传感器的灵敏度较差，但频率覆盖范围较宽，一般可为 20～200kHz。

经过多年的现场应用表明，对于开关柜局部放电的检测最为有效的检测方法是采用暂态地电压 TEV 检测和超声波检测两种方法结合的方式。

（2）检测仪器。目前常见的高压开关柜局部放电检测设备具备暂态地电压及超声波检测两种功能。

检测设备主要有传感器及其信号调理电路、模数转换电路、微处理器电路、人机接口、存储器、通信接口和电源管理单元。信号调理电路负责将微弱的暂态地电压和超声波信号转换为合适的信号电平、波形和频率。模数转换电路负责将信号调理电路输出的模拟信号转换为数字信号，并提供给微处理器系统，实现信号的处理、分析和存储。人机接口电路实现操作者与检测设备的信息交互。数据存储电路实现检测数据和设备信息的就地存储。通信接口电路用于实现检测设备终端与数据管理系统的信息交换。电源管理单元负责电源的电压变换和储能部件的充电管理及监测。

（3）检测方法。

1）暂态地电压检测。暂态地电压检测之前，必须采取措施首先检测现场的背景噪声并做好记录。然后，开始按照正常程序检测开关柜的暂态地电压数据，并按照一定的阈值准则综合背景噪声和实测数据，评估开关柜的实际局部放电数据。注意，阈值准则一般情况下仅能给出开关柜是否存在局部放电的信息，而放电程度的表征是很不严格的，但这种分析方法却比较直接和快捷。另外，也应当考虑背景噪声的波动特性，每隔一段时间就应当复测背景噪声，以保证背景噪声的时效性。

在简单阈值分析无法给出正确的放电信息时，特别是放电程度相对偏弱时，还可以利用横向分析技术实现对单台或多台开关柜局部放电活动的判断。

与阈值分析和横向分析技术相比，统计分析则可以从宏观角度分析和发现电力企业开关柜局部放电状态的发展演化，既能帮助企业制订正确的检修策略，也能为阈值分析提供更加符合企业自身实际的判断准则。纵向分析则是通过特定开关柜局部放电检测数据的发展变化，帮助运维人员发现配电设备存在的潜伏性缺陷。

2）超声波检测。较暂态地电压检测而言，超声波检测较为简单，为了降低设备制造成本和提高带电检测的效率，便携式超声波局部放电检测设备一般不会集成复杂的分析功能，输出信号仅为超声波强度，因此对于信号性质的判断能力较弱。此时，音频信号可作为局部放电信号判断的主要依据，检测数据一般仅作为辅助判据。检测时用仪器对开关柜上所有超声波可能传出的缝隙进行扫描，检测人员通过耳机音频判断局部放电活动的有无，并观察读数的大小。

### 2.9.2.3 GIS特高频超声波法局部放电检测

（1）基本原理。

1）特高频局放检测原理。电力设备绝缘体中绝缘强度和击穿场强都很高，当局部放电在很小的范围内发生时，击穿过程很快，将产生很陡的脉冲电流，其上升时间小于1ns，并激发频率高达数GHz的电磁波。局部放电检测特高频（Ultra High Frequency，UHF）法于20世纪80年代初期由英国中央电力局（CEGB）实验室提出，其基本原理是通过特高频传感器对电力设备中局部放电时产生的特高频电磁波（$300MHz \leqslant f \leqslant 3GHz$）信号进行检测，从而获得局部放电的相关信息，实现局部放电监测。

这种检测手段主要用于GIS设备，由于GIS设备的密闭性，内部的放电信号很难传导到外界，而局部放电产生的特高频电磁波则可以从GIS的绝缘盆处传出，从检测结果可以间接判断设备内部放电情况。根据现场设备情况的不同，可以采用内置式特高频传感器和外置式特高频传感器，如图2-5所示。由于现场的晕干扰主要集中在300MHz频段以下，因此特高频法能有效地避开现场的电晕等干扰，具有较高的灵敏度和抗干扰能力，可实现局部放电带电检测、定位以及缺陷类型识别等优点。

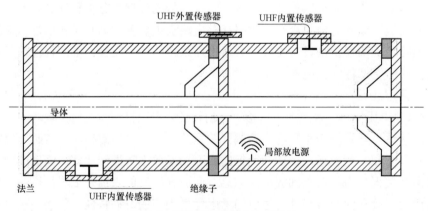

图2-5 特高频检测法基本原理

特高频检测法和其他局部放电在线检测技术相比，检测灵敏度高、现场抗干扰能力强、可实现局部放电在线定位、利于绝缘缺陷类型识别。

2）超声波局放检测原理。声波是一种机械振动波。当发生局部放电时，在放电的区域中，分子间产生剧烈的撞击，这种撞击在宏观上表现为一种压力。由于局部放电是一连串的脉冲形式，所以由此产生的压力波也是脉冲形式的，即产生了声波。它含有各种频率分量，频带很宽，为 101～107Hz 数量级范围。声音频率超过 20kHz 范围的称为超声波。

声波在媒质中传播会产生衰减，GIS 内部存在放电时，振动产生的超声波要经过几层介质才能传播到壳体外，被超声波传感器所接收到，由于信号的衰减，距离放电点稍远一点的位置，仪器就会检测不到超声波信号，只有在放电点附近的位置才能检测到信号。所以在 GIS 局放检测过程中，超声波法主要被用于精确定位，其定位精确到 5cm² 范围内。

（2）检测仪器。特高频局放检测仪一般由特高频传感器、信号放大器（可选）、检测仪器主机、分析主机（笔记本电脑）组成。

超声波局放检测仪一般由声发射传感器及主机组成。

此外，根据现场检测需要，不同厂商还供应有前置放大器、绝缘支撑杆、耳机等配件。

（3）检测方法。

1）特高频局放检测。按照设备接线图连接测试仪各部件，在电缆接头处或 GIS 盆式绝缘子处，如图 2-6、图 2-7 所示，观测是否有局部放电脉冲信号。当现场存在明显的背景干扰时，应采用加装屏蔽带等措施抑制外部干扰信号的耦合，将屏蔽带固定在盘式绝缘子上。

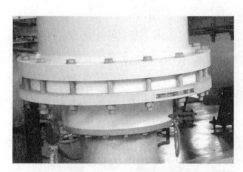

图 2-6　GIS 局部放电带电测量传感位置

图 2-7　传感位置屏蔽带的使用示意图

将传感器放置在空气中，检测并记录为背景噪声，根据现场噪声水平设定各通道信号检测阈值。

打开连接传感器的检测通道，观察检测到的信号，测试时间不少于 30s。如果发现信号无异常，保存数据，退出并改变检测位置继续下一点检测。如果发现信号异常，则延长检测时间并记录多组数据，进入异常诊断流程。必要的情况下，可以接入信号放大器。测量时应尽可能保持传感器与盆式绝缘子的相对静止，避免因为传感器移动引起的信号而干扰正确判断。

记录三维检测图谱，在必要时进行二维图谱记录。每个位置检测时间要求 30s，若存在异常，应出具检测报告。

2）超声波局放检测。按照仪器说明书连接检测仪器各部件，将检测仪器调至适当量程，传感器悬浮于空气中，测量空间背景噪声并记录，根据现场噪声水平设定信号检测阈值。

将检测点选取于断路器断口处、隔离开关、接地开关、电流互感器、电压互感器、避雷器、导体连接部件以及水平布置盆式绝缘子上方部位，检测前应将传感器贴合的壳体外表面擦拭干净，检测点间隔应小于检测仪器的有效检测范围，测量时测点应选取于气室侧下方。

在超声波传感器检测面均匀涂抹专用检测耦合剂，施加适当压力紧贴于壳体外表面以尽量减小信号衰减，检测时传感器应与被试壳体保持相对静止，对于高处设备，例如某些 GIS 母线气室，可用配套绝缘支撑杆支撑传感器紧贴壳体外表面进行检测，但须确保传感器与设备带电部位有足够的安全距离。

在显示界面观察检测到的信号，观察时间不低于 15s，如果发现信号有效值/峰值无异常，50/100Hz 频率相关性较低，则保存数据，继续下一点检测。

如果发现信号异常，则在该气室进行多点检测，延长检测时间并记录多组数据进行幅值对比和趋势分析，为准确进行相位相关性分析，可利用具有与运行设备相同相位关系的电源引出同步信号至检测仪器进行相位同步。

填写设备检测数据记录表，对于存在异常的气室，应附检测图片和缺陷分析。

### 2.9.2.4 SF$_6$气体分解产物检测

（1）检测原理。六氟化硫是化合物，其分子式为 SF$_6$。在常温常压（20℃和 100kPa）下，SF$_6$ 气体为气态，密度为 6.07kg/m$^3$（约为空气密度的 5 倍）。SF$_6$ 气体无色、无味、无毒、不燃烧，

SF$_6$ 气体具有优良的绝缘和灭弧特性，用作电力系统中输、配电设备的绝缘和灭弧介质，包括 GIS、断路器、变压器、电缆等；也可用于非电气场合，如治炼、电子产品、科学仪器设备等。

对于正常运行的 SF$_6$ 电气设备，非电弧气室中一般没有分解产物，即使在有电弧的断路器室，因其分合速度快，SF$_6$ 具有良好的灭弧功能，及其高复合性（复合率达 99.9%以上），所以正常运行的设备中没有明显的分解产物。SF$_6$ 气体分解产物检测法根据被测气体中的不同组分改变电化学传感器输出的电信号，从而确定被测气体中的组分及其含量，间接对设备中存在的缺陷进行进一步判断。

SF$_6$ 电气设备发生故障时，因故障区域的高电弧放电及高温产生大量的 SF$_6$ 气体分解产物。主要分为以下几种情况：

1) 在电弧放电作用下，产生的 $SF_6$ 气体分解产物主要有 $SOF_2$、$SO_2$、$H_2S$ 及 HF 等。

2) 在火花放电中，形成的 $SF_6$ 气体分解产物主要是：$SOF_2$、$SO_2F_2$、$SO_2$、$H_2S$ 及 HF 等，但与电弧作用下生成物之间的比值有所变化。

3) 电晕放电产生的主要 $SF_6$ 气体分解产物为：$SOF_2$、$SO_2F_2$、$SO_2$ 及 HF 等。

4) 在放电和热分解过程中，及水分作用下，$SF_6$ 气体分解产物为 $SOF_2$、$SO_2F_2$、$SO_2$、HF 等，当故障涉及固体绝缘材料时，还会产生 $CF_4$、$H_2S$、CO 及 $CO_2$ 等。

通过检测以上 $SF_6$ 分解物，可以判定设备内部是否存在放电以及放电类型。

（2）检测仪器。$SF_6$ 气体分解物检测使用 $SF_6$ 气体分解物检测仪，内部配置针对几类主要分解物的电化学传感器来测量其含量。

（3）检测方法：

1) 检测前，应检查检测仪电量，若电量不足应及时充电。用高纯 $SF_6$ 气体冲洗检测仪，直至仪器示值稳定在零点漂移值以下，对有软件置零功能的仪器进行清零。

2) 用气体管路接口连接检测仪与设备，采用导入式取样方法就近检测 $SF_6$ 气体分解产物的组分及其含量。检测用气体管路不宜超过 5m，保证接头匹配、密封性好，不得发生气体泄漏现象。

3) 按照检测仪操作使用说明书调节气体流量进行检测，根据取样气体管路的长度，先用设备中气体充分吹扫取样管路中的气体。检测过程中应保持检测流量的稳定，并随时注意观察设备气体压力，防止气体压力异常下降。

4) 根据检测仪操作使用说明书的要求判定检测结束时间，记录检测结果。重复检测两次。

5) 检测过程中，若检测到 $SO_2$ 或 $H_2S$ 气体含量大于 $10\mu L/L$ 时（见表 2-3），应在本次检测结束后立即用 $SF_6$ 新气对检测仪进行吹扫，至仪器示值为零。

6) 检测完毕后，关闭设备的取气阀门，恢复设备至检测前状态。用 $SF_6$ 气体检漏仪进行检漏，如发生气体泄漏，应及时维护处理。

7) 检测工作结束后，按照检测仪操作使用说明书对检测仪进行维护。

表 2-3 　　　　　　　　　　　　　　　　$SF_6$ 气体分解产物检测范围

| 检测仪类别 | 试验类型 | 检测组分 | 检测范围（$\mu L/L$） | 最大测量误差 |
|---|---|---|---|---|
| A 类 | 交接试验 | $SO_2$ 和 $H_2S$ | 0～10 | $\pm 0.5\mu L/L$ |
|  |  |  | 10～100 | $\pm 5\%$ |
|  |  | CO | 0～50 | $\pm 2\mu L/L$ |
|  |  |  | 50～500 | $\pm 4\%$ |
|  | 周期性检定 | $SO_2$ 和 $H_2S$ | 0～10 | $\pm 1\mu L/L$ |
|  |  |  | 10～100 | $\pm 10\%$ |
|  |  | CO | 0～50 | $\pm 3\mu L/L$ |
|  |  |  | 50～500 | $\pm 6\%$ |
| B 类 | 交接试验和周期性检定 | $SO_2$ 和 $H_2S$ | 0～10 | $\pm 3\mu L/L$ |
|  |  |  | 10～100 | $\pm 30\%$ |

（4）检测数据分析和处理。

1）放电故障。$SF_6$ 开关设备内部出现的局部放电，体现为悬浮电位（零件松动）放电、零件间放电、绝缘物表面放电等设备潜在缺陷，这种放电以仅造成导体间的绝缘局部短（路桥）接而不形成导电通道为限，主要因设备受潮、零件松动、表面尖端、制造工艺差和运输过程维护不当而造成的。开关设备发生气体间隙局部放电故障的能量较小，放电量约为 11 500pC 左右，通常会使 $SF_6$ 气体分解产生微量的 $SO_2$、HF 和 $H_2S$ 等气体。$SF_6$ 开关设备由于内部绝缘缺陷导致导电金属对地放电及气体中的导电颗粒杂质引起对地放电时，释放能量较大，表现为电晕、火花或电弧放电，故障区域的 $SF_6$ 气体、金属触头和固体绝缘材料分解产生大量的 $SO_2$、$SOF_2$、$H_2S$、HF、金属氟化物等。在电弧作用下，$SF_6$ 气体的稳定性分解产物主要是 $SOF_2$，在火花放电中，$SOF_2$ 也是主要分解物，但 $SO_2F_2/SOF_2$ 比值有所增加，还可检测到 $S_2F_{10}$ 和 $S_2OF_{10}$，分解产物含量的顺序为 $SOF_2 > SOF_4 > SiF_4 > SO_2F_2 > SO_2$；在电晕放电中，主要分解物仍是 $SOF_2$，但 $SO_2F_2/SOF_2$ 比火花放电中的比值高。

2）过热故障。$SF_6$ 开关设备因导电杆连接的接触不良，使导电接触电阻增大，导致故障点温度过高。当温度超过 500℃，$SF_6$ 气体发生分解，温度达到 600℃时，金属导体开始熔化，并引起支撑绝缘子材料分解。试验表明，在高气压、温度高于 190℃下，固体绝缘材料会与 $SF_6$ 气体发生反应，当温度更高时绝缘材料甚至直接分解。此类故障主要生成 $SO_2$、HF、$H_2S$ 和 $SO_2F_2$ 等分解产物。设备发生内部故障时，$SF_6$ 气体分解产物还有 $CF_4$、$SF_4$ 和 $SOF_2$ 等物质，由于设备气室中存在水分和氧气，这些物质会再次反应生成稳定的 $SO_2$ 和 HF 等。大量的模拟试验表明，$SF_6$ 分解产物与材料加热温度、压强和时间紧密相关，随气体压力增加，$SF_6$ 气体分解的初始温度降低，若受热温度上升，气体分解产物的含量随之增加。因此，在放电和热分解过程中，及水分作用下，$SF_6$ 气体分解产物主要为 $SO_2$、HF、$SOF_2$ 和 $SO_2F_2$，当故障涉及固体绝缘时，还会产生 $CF_4$ 和 $H_2S$。

运行设备中 $SF_6$ 气体分解产物的气体组分、检测指标及其评价结果如表 2-4 所示。若设备中 $SF_6$ 气体分解产物 $SO_2$ 或 $H_2S$ 含量出现异常，应结合 $SF_6$ 气体分解产物的 CO、$CF_4$ 含量及其他状态参量变化、设备电气特性、运行工况等，对设备状态进行综合诊断。

表 2-4 　　　　　　　　 $SF_6$ 气体分解产物的气体组分、检测指标和评价结果

| 气体组分 | 检测指标（μL/L） | | 评价结果 |
| --- | --- | --- | --- |
| $SO_2$ | ≤1 | 正常值 | 正常 |
| | 1~5* | 注意值 | 缩短检测周期 |
| | 5~10* | 警示值 | 跟踪检测，综合诊断 |
| | >10 | 警示值 | 综合诊断 |
| $H_2S$ | ≤1 | 正常值 | 正常 |
| | 1~2* | 注意值 | 缩短检测周期 |
| | 2~5* | 警示值 | 跟踪检测，综合诊断 |
| | >5 | 警示值 | 综合诊断 |

注：1. 灭弧气室的检测时间应在设备正常开断额定电流及以下电流48h后。

2. CO 和 $CF_4$ 作为辅助指标，与初值（交接验收值）比较，跟踪其增量变化，若变化显著，应进行综合诊断。

*标示为不大于该值。

# 3

# 城市供电网络接线方式

本章主要简单介绍上海电网及市区电网主要接线方式。

## 3.1 电 压 等 级

上海电网的电压等级主要分为：

特高压输电：1000kV，±800kV（直流）。

超高压输电：500kV，±500kV（直流）。

高压输电：220kV。

高压配电：110kV，35kV。

中压配电：10kV。

低压配电：三相380V，单相220V。

其中，220kV及以上电网设备主要由国网上海检修公司（俗称超高压）负责运维管理。110kV及以下电网设备主要由包括市区公司在内的各供电公司负责运维管理。

上海电网主要变压比为：1000/500kV，500/220kV，220/110/35kV，220/35kV，110/10kV，35/10kV，10/0.38kV，（10/0.22kV）。

## 3.2 主 网 接 线 方 式

上海电网高压输电网电压等级以 500、220kV 为主，通过规划建设的特高压线路和变电站接受区外来电，通过 500kV 电网与华东电网联网，500kV 电网是沟通全市电网的骨干网架，是上海 220kV 电网分区运行的基础。220kV 电网以 500kV 变电站和大型电厂为核心分区运行，电网内不应形成电磁环网。各分区电网之间相对独立，分区间建设饱和输送能力不低于 1000MVA 的联络通道，在必要时能互相支援，具备分列运行能力。新建大型发电厂，经技术经济论证后，优先考虑以 220kV 电压接入系统的可行性。

### 3.2.1 电网结构

目前上海 500kV 电网以杨行（东）、杨行（西）、徐行、黄渡、泗泾、南桥、亭卫、杨高、远东、顾路、静安、练塘、新余、三林变电站为中心，220kV 依托各 500kV 变电站形成十四大分区（见图3-1）。电网分层分区，各分区间各自独立成片运行，构筑坚强的500kV主网架，以现有500kV双环网+扩大南外半环为基础，进行网络结构的优化和电力吞吐能力的提升，提高上海500kV主网的受电能力、输送能力、联络能力和供电能力，实现500kV电网与特高压电网的顺利衔接和协调发展，继续建设深入负荷中心的500kV变电站。

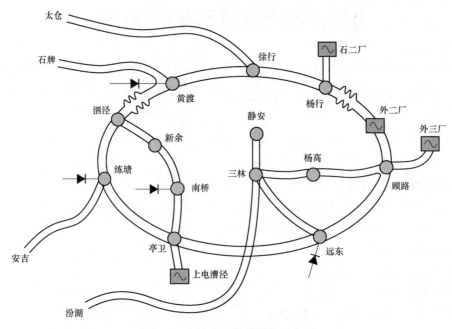

图3-1　上海电网接线结构示意图

### 3.2.2　220kV电网的结构

220kV电网根据《上海电网若干技术原则的规定》，形成层次分明、运行灵活、供电可靠性较高的输电网络。220kV电网依托500kV变电站为中心进行分区型布置，500kV终端变电站形成的供电分区采取放射状接线，但应满足检修状态下"N-1"原则，保证其受电的220kV变电站从同一个500kV终端变电站受电线路不超过2回，同时具有2回及以上其他方向的受电线路。通过加强相邻分区之间备用联络通道建设，提高事故情况下分区电网之间的相互支援能力，提高220kV分区电网的供电可靠性。

（1）A类地区：配合500kV终端站和220kV中心站的建设，进一步完善"中心站+终端站"的放射状电网结构，新建中心站从两个以上供电分区受电。

（2）B、C类地区：配合500kV变电站和地区主力电厂的建设，构筑结构坚强、运行灵活的架空输电网络，分区内220kV主干网络可形成220kV环网供电模式，分区间联络通道在保障首级电源供电能力和分区间相互支援能力的前提下，可接入2～3个中心站。

（3）220kV中心站的电源进线不应采用电缆线路。

（4）220kV电网应尽量避免拼仓或"T"接变压器。

## 3.3  配电网接线方式

### 3.3.1  110kV 配电网

上海现状 110kV 配电网接线模式以放射和环进环出接线模式为主，该类接线模式可视为放射接线模式的一种延伸，110kV 线路通过断路器组成的环入环出装置供 2～3 台 110kV 主变压器，在完成"手拉手"串供模式后可靠性将大为提升（见图 3–2）。在上级 220kV 变电站全停或 110kV 站进线通道故障发生时，仍可通过自愈装置由对侧 110kV 配电网进行负荷转移。新建高压配电网以优先发展 110kV 电网为主。通过 220kV 变电站已有 110kV 设备根据地区电源需求安装和加以改造，作为 110kV 放射型电源点。110kV 变电站最终规模为 3 台主变压器，A 类地区以不同电源的环进环出接线为主，也可采用不同电源的"手拉手"

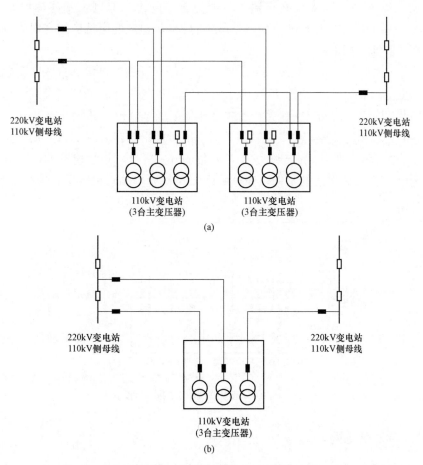

图 3–2  110kV 配电网的常见接线方式"手拉手"接线模式（一）

（a）环进环出接线模式；（b）放射接线模式

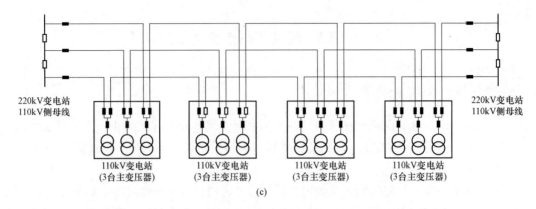

(c)

图 3-2　110kV 配电网的常见接线方式"手拉手"接线模式（二）

（c）"手拉手"接线模式

接线，B 类、C 类地区可采用环进环出、线路（电缆）变压器组接线或"T"型接线方式。"T"接主变压器的高压侧应设断路器。为避免重复降压，原则上新建变电站不再选用 110/35/10kV 三卷变压器，原 110kV 变电站所供的 35kV 电业变电站应结合周边电源建设逐步予以改接至 220kV 变电站。

110kV 用户供电模式有 220kV 变电站直供、110kV 开关站供电、110kV 变电站带出线供用户 3 种模式。110kV 变电站带出线模式为 110kV 变电站内 110kV 侧设置为每回路一进二出接线方式，预留一进三出（包括一台主变压器）土建规模，其中一回供附近 110kV 用户（见图 3-3）。若轨道交通、电气化铁路等对电能质量影响较大的 110kV 用户接入，应进行电能质量评估并满足要求。在一些大用户密集的开发区，可规划建设 110kV 开关站，作为 220kV 变电站 110kV 母线的延伸，充分利用 220kV 变电站仓位容量和管线资源。

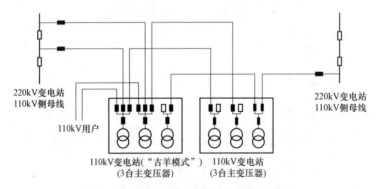

图 3-3　110kV 变电站带出线供用户模式

### 3.3.2　35kV 配电网

上海 35kV 电网接线主要采用同电源不同母线（或不同电源）辐射接线。35kV 变电站最终规模一般为三台主变压器，主变压器容量分别为 31.5MVA、20MVA，35kV 侧可采用线路变压器组接线或"T"型接线方式。10kV 侧可有 30 回出线，主要采用单母线四分段两台分段断路器接线。新建站不再采用双母线接线方式。

35kV 配电网的常见接线模式见图 3-4。

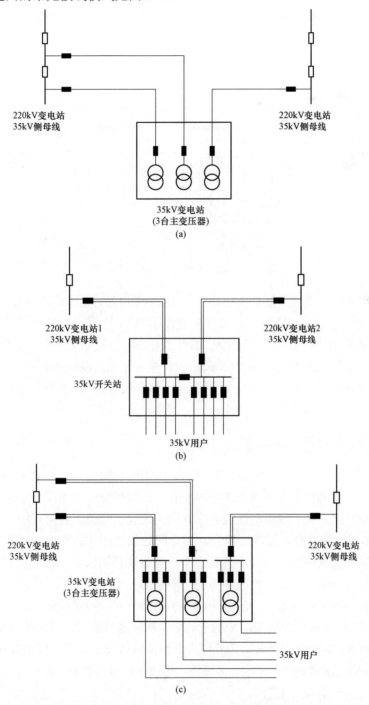

图 3-4　35kV 配电网的常见接线模式

（a）放射接线模式；（b）35kV 开关站供用户模式；（c）35kV 变电站带出线供用户模式

35kV 用户供电模式有 220kV 变电站直供、35kV 开关站供电模式、35kV 变电站带出线供用户、架空"T"接接线（见图 3-5）等几种模式。在一些大用户密集的开发区，以建设 35kV 开关站为主。部分规划 35kV 变电站可以结合地区 35kV 用户需求建设带开关站性质的 35kV 变电站。

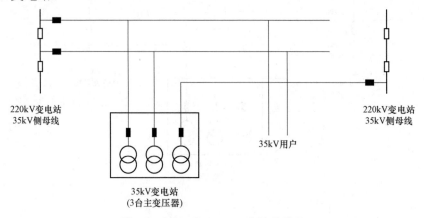

图 3-5　35kV 架空"T"接接线模式

除变电站用地受限或城市规划中已明确的 35kV 变电站,限制 A 类、B 类地区新建 35kV 变电站,若周边现状无 110kV 电源,可首先建设 110kV 土建、35kV 电气的变电站,以满足地区负荷的需求。C 类地区可适当建设 35kV 变电站,通过新增 35kV 变电站使电源布点合理,缩短供电半径。35kV 变电站、开关站的主变压器、进线回路应按"$N-1$"准则进行规划设计。35kV 变电站中失去任何一回进线或一台主变压器时,必须保证向下一级电网的供电。

### 3.3.3　10kV 配电网

10kV 配电网可分为主干网络与次级网络两个层次（见图 3-6）。其中主干网络包括 K 型站、大型 P 型站、架空主干网等,主干网络往下级延伸形成由 P 型站、箱变、用户、杆变等构成的次级网络。主干网络与次级网络共同构成层次分明、强简有序。

10kV 配电网结构具有较强的适应性,主干网导线截面应按配电网中长期规划一次建成,变压器容量的配置根据电网最终负荷水平及实际增长的情况,应遵循布点按最终规划一步到位,容量按实际负荷发展情况分步到位的原则。

针对可靠性等级不同的地区,应分别建立满足其要求的网架:B 类、C 类地区构筑完整的满足"$N-1$"标准的供电环境,A 类地区配电网应满足检修状态下的"$N-1$"标准。

（1）架空网络。架空网主要采用多分段多联络的接线模式及多分段单联络的接线模式。

1）架空网接线模式采用多分段、多联络,形成了可靠性较高、供电能力较强、调度灵活的成熟架空线网架结构（见图 3-7）。

2）在架空线入地后,部分地区形成了局部的全电缆区域,周边架空线路之间进行联络难度加大,造成了一定数量的单联络架空线路（见图 3-8）,同时为达到架空线路之间联络需新建跨域电缆,加大了电缆通道的压力,对架空线网架结构产生了一定的影响。

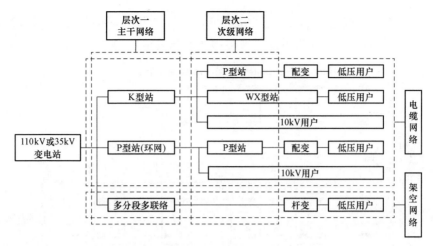

图3-6 中压配电网架构体系示意图

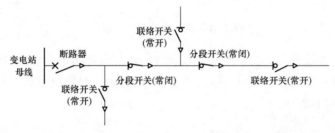

图3-7 中压架空网多分段、多联络接线模式示意图

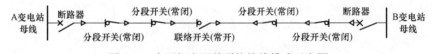

图3-8 中压架空网单联络接线模式示意图

（2）电缆网络。电缆主干网接线模式主要有开关站接线模式、环网接线模式、直供用户等。

1）开关站（K型站）包括由同一变电站不同母线供开关站或不同变电站供开关站的接线模式（见图3-9）。开关站的不同母线供出环网或双射线路向用户、环网站（P型站）、箱变（WX型站）供电。

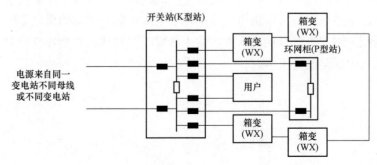

图3-9 中压开关站（K型站）接线模式示意图

2）以环网站（P型站）作为节点构成环网，正常方式下开环运行，电源进线可来自同一变电站（或开关站）不同母线或不同变电站（或开关站）（见图3-10）。

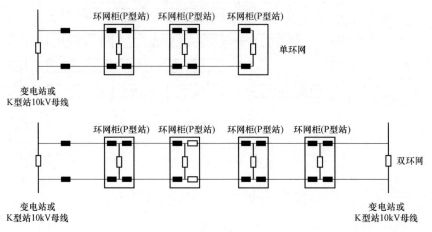

图3-10　环网接线模式示意图

3）直供用户接线模式。直供用户根据装接容量大小可由K型站或P型站供电，呈放射状（见图3-11）。一般用户进线电源来自同一电源站，对供电可靠性有特殊要求的用户进线电源来自不同电源站。

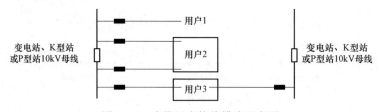

图3-11　直供用户接线模式示意图

### 3.3.4　低压配电网

（1）低压配电方式为三相四线制，采用放射形接线，低压不成网。

（2）低压配电网应注重三相不平衡问题，每相负荷应尽量平衡，一般要求配变低压出口电流不平衡度不宜超过10%，低压干线及主干支线始端的电流不平衡度不宜超过20%。

（3）低压配电站应实行分区供电的原则，低压线路应有明确的供电范围。

（4）低压配电网应有较强的适应性，主干线宜一次建成，今后不能满足需要时，可插入新的电源点（中压配电变压器）。

# 4

# 变 配 电 站

## 4.1 变 电 站

### 4.1.1 作用与功能

变电站是指将高压交流电源经变压器变压后对用电设备供电的场所。在电力系统中，变电站起着对电压和电流进行变换、集中与分配的重要作用。一般为了电能的质量及设备的安全考虑，变电站内要实现电压的调整、潮流的控制以及输配电线路与主要设备的保护。变电站地理位置一般有地上、半地下以及地下等三种；主要由主变压器、高低压变配电装置等一次系统，及继电保护装置、控制和直流等二次系统和消防、排风等辅助系统组成；变电站内一般由变压器室、控制室、开关室等多个间隔构成。

### 4.1.2 主接线

主接线决定着变电站的功能、与其他变配电站的联络方式以及运行维护要求等。主要有以下几种形式：

#### 4.1.2.1 线路-变压器组接线

线路-变压器组接线就是一路进线线路与一台变压器直接相连，是一种最简单的接线方式（见图4-1）。

#### 4.1.2.2 内桥接线

内桥接线是桥型接线的一种（见图4-2）。桥型接线是由一台断路器和两组隔离开关组成连接桥，将两回线路-变压器组接线横向连接起来的电气主接线。当桥电器连接变压器出口隔离开关内侧（靠近变压器）时，即为内桥接线。

#### 4.1.2.3 单母线接线（环进环出支接变压器接线）

单母线接线为只有一组母线的接线，进出线并接在这组母线上（见图4-3）。

#### 4.1.2.4 单母线分段接线

单母线分段接线是用断路器或隔离开关将单母线分段的电气主接线。在不同的变电站中具体体现为三主变六分段完全接线、三主变六分段不完全接线和三主变四分段接线这三种形式。

（1）三主变六分段完全接线如图4-4所示。

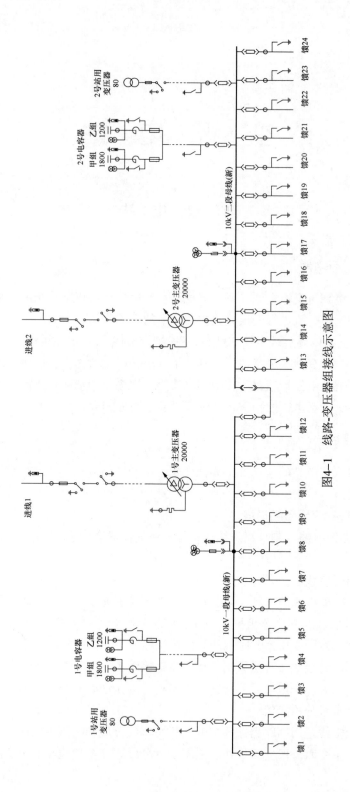

图4-1 线路-变压器组接线示意图

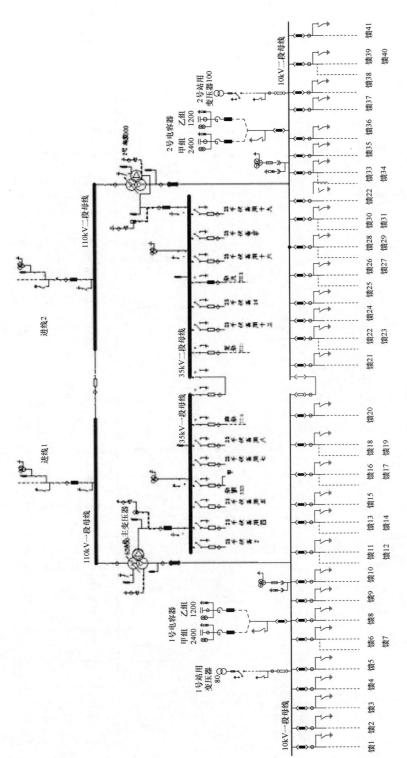

图4-2 内桥接线示意图

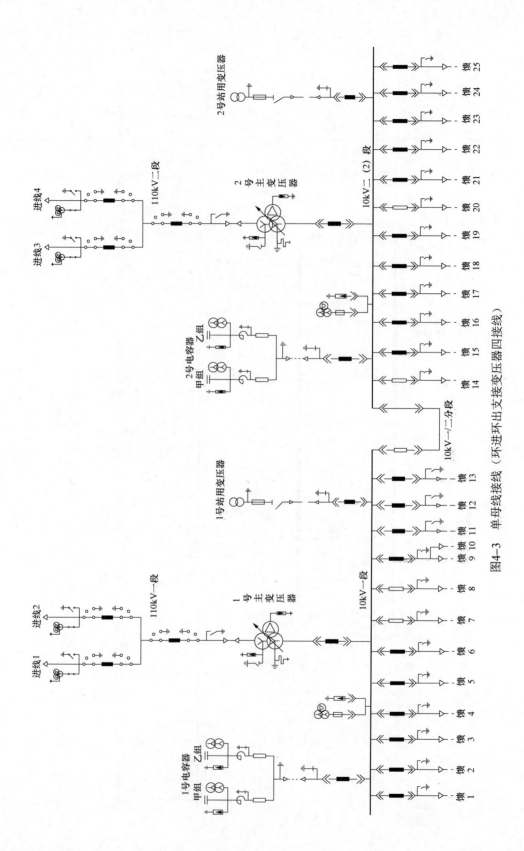

图4-3 单母线接线（环进环出支接变压器四接线）

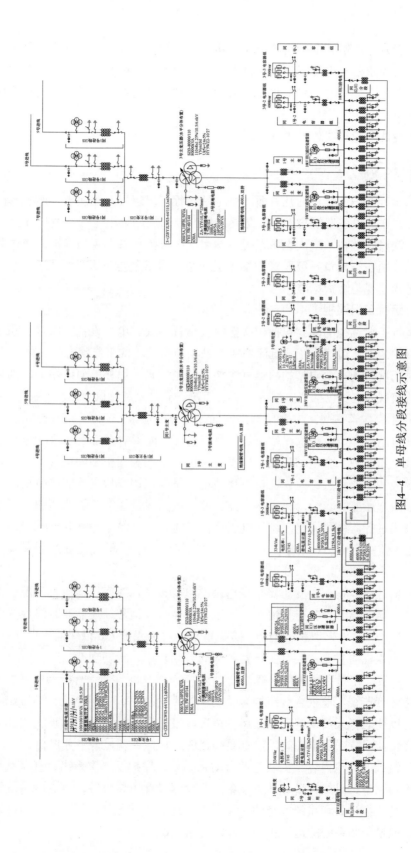

图4-4 单母线分段接线示意图

（2）三主变六分段不完全接线如图 4-5 所示。远景设计采用三主变六分段接线方式，但根据当前负荷需求三号主变回路设备暂不投运，为了满足运行方式及可靠性的要求，在 10kV 一（1）段与二（2）段母线之间加装临时过渡排，并通过分段开关可进行联络，即为三主变六分段不完全接线。

（3）三主变四分段接线如图 4-6 所示。

### 4.1.3 巡视及运行维护标准

变电站的运行维护主要包括几方面：变电站运行工况巡视，一次设备巡视，二次设备巡视，站用交、直流设备巡视与维护，防误装置巡视和辅助设施运行巡视与维护等。

其中，一次设备巡视，二次设备巡视，站用交、直流设备巡视与维护，防误装置运行巡视和维护，分别在第 6 章～第 8 章详细分类介绍。本章主要介绍变电站运行工况监视以及辅助设施运行巡视与维护标准

#### 4.1.3.1 运行工况巡视

变电站运行工况巡视的内容包括一次接线及运行方式、电气设备工作状态和参数、自动化系统、保护装置、通信系统、直流系统、站用电系统等的工作状态。具体内容如下：

（1）站房工况巡视。变电站站房巡视主要指除电气设备以外的变电站土建部分以及周边运行环境的巡视，主要包括变电站内温湿度监测、猫鼠笼及粘鼠板情况、窗门关闭情况、墙面/天花板是否有脱落/渗水、主变压器室地面是否有油渍等，在雨天应注意站房天沟地沟排水情况、变电站屋顶是否积水、站内是否有渗水等可能影响设备正常运行的异常情况。

（2）母线电压监视。变电站母线电压直接反映了电网和变电站的运行工况，是电网运行和变电站巡视的重要参数。监视变电站母线电压是否在调度规定的变化范围内波动，对于中压中枢点或电压监视点的母线电压，需要监视电压棒型图等各类曲线图。严格按调度下达的电压曲线进行监视和调整，统计电压合格率情况，以保证供电电压质量。

另外，还要监视变电站母线电压是否发生"三相电压不平衡"、"10kV 系统接地"等异常或故障，以及汇报调度，进行处理。

（3）变压器运行监视。主变压器是变电站的重要设备，对变压器运行工况的监视，可以随时了解变压器的温度、负荷等情况。通过运行监视及信号，还能及时发现变压器工作异常货存在的缺陷，从而采取相应措施，防止事故的发生或扩大，以保证变压器安全运行。变压器运行工况监视的参数主要有变压器各侧的有功功率、无功功率、三相电流，变压器的运行电压、温度、电量和各种信号等。

（4）线路运行监视。监视各线路的有功功率、无功功率、三相电流、潮流流向和电量等运行参数，以便运行人员掌握变电站运行情况，及时发现线路的功率越线或潮流异常。尤其是在高峰负荷或特殊保电期间，对重要线路的运行监视就显得十分重要。

（5）运行监视的其他内容。主要包括自动化系统、保护及二次系统、直流系统、五防系统、电压无功调节、母线设备、开关设备、互感器及配电装置等，对这些系统和设备的运行监视主要是监视设备和系统本身的工作状态。通过监视各种运行信号、各种报文、上传信号等，掌握设备和系统的运行状态，发现异常情况。

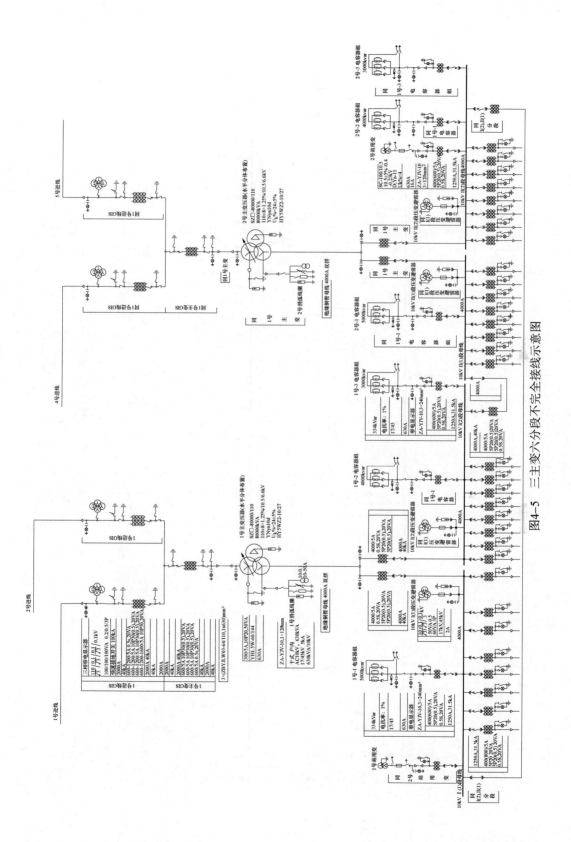

图4-5 三主变六分段不完全接线示意图

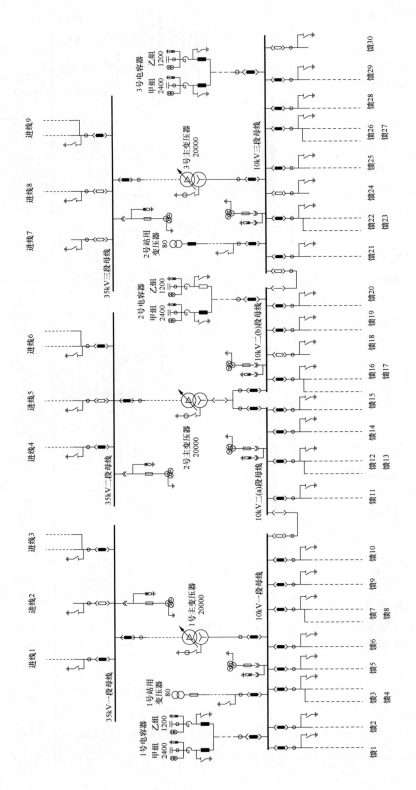

图4-6 三主变四分段接线示意图

通常，运行中的各系统和二次设备发生异常时都有告警信号，如"交流回路断线""直流电源消失""直流系统接地""保护装置异常""控制回路断线""冷却系统电源消失""断路器压力异常"等。运行人员应随时检查光字信号、预告信号、事故信号、报文或上传信号等情况，及时发现异常或故障，以便及时处理。

### 4.1.3.2 辅助设施运行监视与维护

（1）避雷针：

1）避雷针及避雷线以及引下线无锈蚀。

2）导电部分连接处如焊接点、螺栓接点等连接处是否紧密。牢固，检查过程可用手锤轻敲打。

3）发现有接触不良或脱焊应立即处理修复。

4）检查避雷针本体是否有歪斜现象。

（2）避雷器：

1）瓷套表面应无污秽。

2）瓷套法兰无裂纹破损放电现象。

3）水泥结合缝及其上面的油漆完好。

4）避雷器内部无声音。

5）避雷器连接导线及接地线应完好牢固。

6）避雷器动作记录器的指示数是否有改变，记录器本体完好。

7）在线监视仪指示的泄漏电流在正常范围之内。

8）每年进行一次特性试验。

9）避雷器根据当地季节投入退出运行。

10）低布置的遮拦内无杂草，以防避雷器表面的电压分布不均或引起瓷套短接。

11）雷雨天气运行人员严禁接近防雷装置。

（3）接地装置：

1）检查接地线等设备外壳及同接地网的连接处是否良好，有无松动脱落现象。

2）检查接地线有无损伤碰断及腐蚀等现象。

3）对含有重酸碱盐或金属矿岩等化学成分的土壤地带，接地装置应挖开局部地面，检查接地线、体腐蚀情况。

4）对移动的电器设备的接地线每次使用前应进行检查。

5）定期测定接地装置的接地电阻，其数值满足规程要求。

6）测量接地电阻应在土壤电阻率最大的季节进行。

7）对接地线距地面 50cm 以上部分应定期挖开地面检查。

（4）安全工期具：

1）临时接地线。使用前应临时接地线是否完好，接地端和导体端的螺栓是否齐全、有无断股现象、接地线截面、有效期标签等项目是否合格。在验电导体无电后装设接地线时应先装接地端，再装导体端；拆除临时接地线时应先拆导体端、再拆接地线。使用完毕应按照电压等级及编号固定的位置存放。

2）绝缘操作杆。使用前应检查操作杆是否清洁，有无受潮现象，有效期标签等是否相符。不得将低电压等级的绝缘操作杆用于高一级电压的设备；使用完毕应保持绝缘操作杆的清洁完好，放入防潮袋，按照编号固定的位置存放。

3）验电笔。验电笔使用前应检查外观是否合格，自验声光是否正常，有效期标签、电压等级等项目是否相符等。检查合格后，现在设备的有电部分验证验电器完好，再在停电设备上待装设临时接地线的地方三相分别验电，作为判别设备是否停电的依据。使用完毕应保持清洁及完好，放入验电笔盒内，并按照电压等级及编号固定的位置存放。

4）绝缘手套。使用前应充气检查是否漏气，外观是否完好，有效期标签是否有效，使用过程中不接触尖硬或过热物体，使用后应放回原处，高温季节应涂抹一定的滑石粉以防粘连。

5）绝缘靴。使用前应检查外观、有效期标签等项目是否合格，并使用适当大小的靴子。使用后应保持清洁，放回原处。

6）其他要求。每月一次对安全工器具进行检查，并作好记录；定期检查安全工器具应存放在指定位置；应保持安全工具房的整齐、清洁、干燥、不受日光照射。

（5）电源与保安设备监视：

1）电源与保安设备必须确保能连续长时间可靠地运行，应减少巡视和维护工作量，宜采用少维护的设备，并应提高此类设备的自动化程度和智能化水平（指监测、控制、调节、自适应等功能）。

2）电源、保安设备与自动化系统之间通过 RS485 的通信接口和无源空接点方式进行信息交互，具体信息包括交直流电源系统运行参数、交直流电源（含 UPS 不停电电源）故障监视、直流系统接地报警、必要的自动灭火设备及消防设备报警、必要的防盗设备报警。

（6）电力电缆的巡视检查项目：

1）进入房屋的电缆沟口不应出现渗水现象，电缆沟内不应积水或堆积杂物和易燃物品，不许向沟内排水。

2）电缆沟内支架必须牢固，无松动或锈蚀现象，接地良好。

3）检测电缆头是否清洁，有无发热放电现象，如测温超过 50℃，则及时处理。

4）引出线是否紧固可靠、无松动断股现象。

5）电缆外壳是否完整、无破损。

6）电缆运行时通过的电流是否超过允许值。

7）电缆终端头应无溢胶、放电、发热等现象。

8）变电站的电缆沟、电缆转角及电缆线段等的巡查至少每三个月检查一次。

9）电力电缆避雷器接地端及电缆屏蔽层接地良好。

10）应采用红外检测等手段对运行电缆的温度进行检查时，选择电缆排列最密处或散热情况最差处或有外界热源影响处。

11）注意防火设施是否完善。

12）各出线、站用变压器及各电容器组的断路器跳闸后，应到现场检测各电缆线段运行情况有无电缆发热、爆炸等。

13）各出线、站用变压器及各电容器组的断路器投入运行时，应注意观察其负荷及电缆的安全载流量，如有超过其电缆的安全载流量，应加强巡视电缆头有无被风吹变形，电缆沟积水应及时排水。

14）在夏季或电缆最大负荷时，红外测温的次数要适当增加。

### 4.1.4　危险点及防护措施

#### 4.1.4.1　定义

危险点是指在作业中有可能发生危险的地点、部位、场所、工器具或动作等。危险点包括3个方面：① 有可能造成危害的作业环境，直接或间接地危害作业人员的身体和健康；② 有可能造成危害的机器设备等物体，与人体接触造成人身伤害；③ 作业人员在作业中某些违反有关安全技术或工艺标准规定的行为危害人的身体。

危险点具有客观实在性、潜在性、复杂多变性、和可知可预防性。因此，在日常工作中，需要认真分析每一项具体施工工作，采取的措施得力可靠，危险点完全可能预先得到识别和预防。

#### 4.1.4.2　变电站运维危险点

变电站现场运行、维护中存在的危险包括人身风险、电网风险及设备风险，列举如下：

（1）人身风险。

1）作业人员巡视时未能与带电设备保持安规规定的安全距离，造成人员触电。

2）作业人员未戴安全帽，碰撞设备或由于高处落物造成人身伤害。

3）作业人员未注意 $SF_6$ 气体监测装置报警信号，遭遇 $SF_6$ 气体泄漏，造成人身伤害。

4）敞开孔洞井坑未设置明显标示，作业人员巡视未注意造成跌落。

5）作业人员巡视检查变压器本体上部情况时，从爬梯滑跌造成人员伤害。

6）当断路器存在影响其开断能力或动作行为的缺陷，断路器切断故障时将对巡检人员造成伤害。

（2）电网风险。

1）作业人员误碰有电设备，造成相间或接地故障，引起保护动作跳闸，影响电网稳定运行。

2）作业人员误碰误动开关、接触器（继电器），引起断路器跳闸，影响电网稳定运行。

（3）设备风险。作业人员巡视中未能及时发现设备或建筑物存在的缺陷和隐患。

## 4.2　开闭所与配电室

### 4.2.1　作用与功能

#### 4.2.1.1　开闭所作用与功能

开闭所也称为开关站或 K 型站，指设有中压配电进出线、对功率进行再分配的配电装置。相当于变电站中压母线的延伸，可用于解决变电站进出线间隔有限或进出线走廊受限，并在区域中起到电源支撑的作用。开闭所内必要时可附设配电变压器。

习惯上使用代号对开闭所设备选用情况进行说明：

KFA—不带配电变压器及低压出线，使用真空断路器空气绝缘开关柜的开闭所。

KFG—不带配电变压器及低压出线，使用真空断路器气体绝缘开关柜的开闭所。

KTA—带配电变压器及低压出线，使用真空断路器空气绝缘开关柜的开闭所。

KTG—带配电变压器及低压出线，使用真空断路器气体绝缘开关柜的开闭所。

K—开闭所。

T—带变压器；F—无变压器。

A—10kV 采用空气绝缘开关柜；G—10kV 采用充气柜。

### 4.2.1.2　配电室作用与功能

配电室也称为环网站、街坊站或 P 型站，主要为低压用户配送电能，设有中压进线（可有少量中压出线）、配电变压器和低压配电装置，带有低压负荷的户内配电场所。配电室如受条件所限，可设置在地下一层，但不得设置在最底层。配电室一般使用公建用房，建筑物的各种管道不得从配电室内穿过。考虑到防火、维护等原因，配电变压器一般选用干式变压器，并采取屏蔽、减振、防潮措施。

习惯上使用代号对配电室设备选用情况进行说明：

PT—带配电变压器及低压出线的配电室，一般用数字表示配置配电变压器数量，如 PT1、PT2、PT3、PT4。

PF—不带配电变压器及低压出线的配电室。

P—配电室。

T—带变压器；F—无变压器主接线。

### 4.2.2　主接线

#### 4.2.2.1　开闭所典型接线

开闭所一般建于负荷中心区，配置双路电源，优先取自不同方向的变电站，也可取自同一座变电站的不同母线。用户较多或负荷较重的地区，可考虑建设或预留第三路电源，实际采用三路电源的较少；进线电源采取电缆、6～14 路电缆出线，单母线分段带母联，出线断路器带保护。新建开闭所应按配电网自动化要求设计并留有发展余地。

10kV 二进十二出 KTA 站，10kV 系统为单母线带分段接线，配置 2 台配电变压器，10kV 采用空气绝缘开关柜。

10kV 二进十二出 KTG 站（见图 4-7）。10kV 系统为单母线带分段接线方式，配置 2 台配电变压器，10kV 采用充气柜。

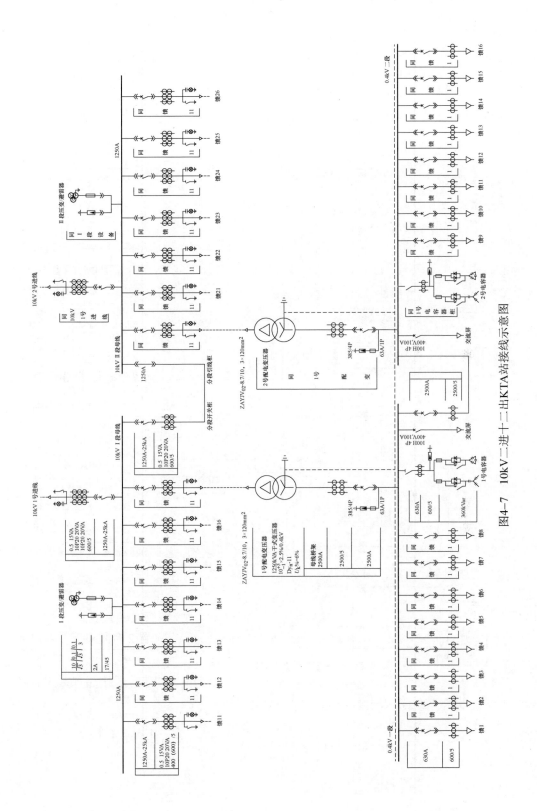

图4-7　10kV二进十二出KTA站接线示意图

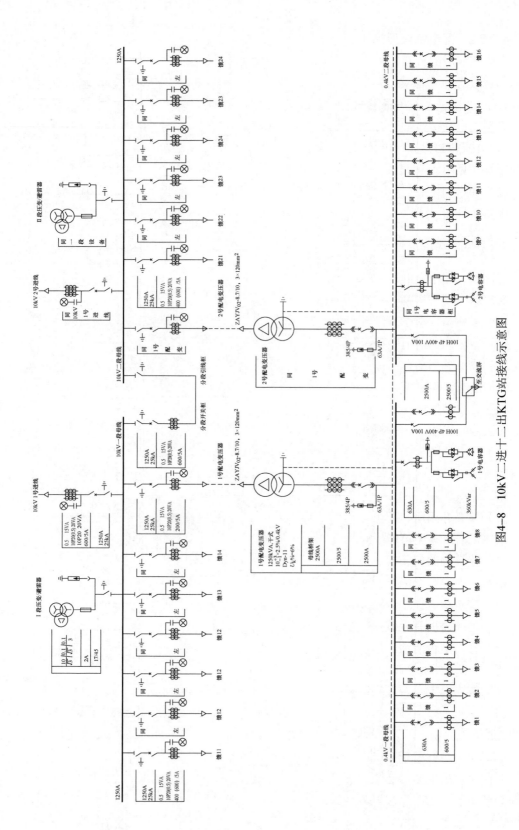

图4-8 10kV二进十二出KTG站接线示意图

#### 4.2.2.2 配电室典型接线

配电室一般配置双路电源、2~4台变压器，10kV 设备一般采用环网开关，0.4kV 低压侧为单母线分段带联络。配电变压器接线组别一般采用 D，yn11，单台容量一般不超过800kVA；出线采用环网柜，不带保护。

典型配电室接线如下。

（1）10kV PF 站，10kV 采用二进四出，10kV 系统为单母线带分段接线，配置 2 台站用变压器（见图 4-9）。

（2）10kV PT 站，10kV 采用二进四出，10kV 系统为单母线带分段接线，配置 2 台配电变压器（见图 4-10）。

### 4.2.3 巡视及运行维护标准

开闭所、配电室的日常运行维护应遵循以下标准。

#### 4.2.3.1 巡视周期

（1）开闭所、配电室等户内站房的巡视检查每季度进行一次，以掌握设备设施的运行状况、运行环境变化情况，及时发现缺陷和威胁配电网安全运行情况的巡视。

（2）在有外力破坏可能、恶劣气象条件（如大风、台风、暴雨、高温等）、重要保电任务、设备带缺陷运行或其他特殊情况下，由运行单位组织对设备全部或部分进行特殊巡视。

（3）在负荷高峰由运行单位组织进行夜间巡视，主要检查连接点有无过热、打火现象，绝缘子表面有无闪络等的巡视。

（4）发生故障失电情况时，由运行单位组织进行故障巡视，以查明发生故障的设备、地点和原因。

#### 4.2.3.2 巡视标准

（1）检查开闭所、配电室等站所类建（构）筑物检查，与变电站类似，主要检测周围有无杂物堆放，有无可能威胁配变安全运行的杂草、藤蔓类植物生长等。

（2）建筑物的门、窗、钢网有无损坏，房屋、设备基础有无下沉、开裂，屋顶有无漏水、积水，沿沟有无堵塞。

（3）建筑物门锁是否完好。

（4）电缆盖板有无破损、缺失，进出管沟封堵是否良好，防小动物设施是否完好。

（5）室内是否清洁，周围有无威胁安全的堆积物，大门口是否畅通、是否影响检修车辆通行。

（6）室内温度是否正常，有无异声、异味。

（7）室内消防、照明设备、常用工器具完好齐备、摆放整齐，除湿、通风、排水设施是否完好。

#### 4.2.3.3 运行维护标准

开闭所、配电室内一次设备巡视，应参照相关设备运维标准执行，详见本书第 6 章。考虑到开闭所、配电室接近负荷中心，设备运行条件相对低于变电站，应重点注意以下几点内容：

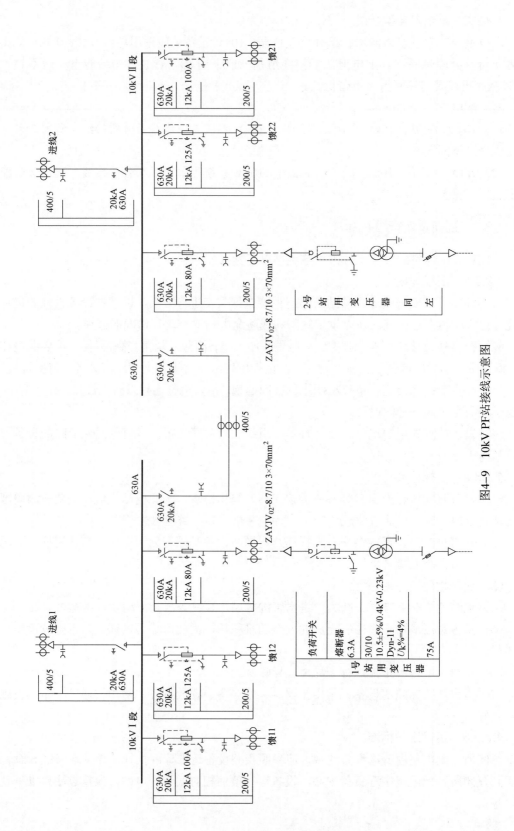

图4-9　10kV PF站接线示意图

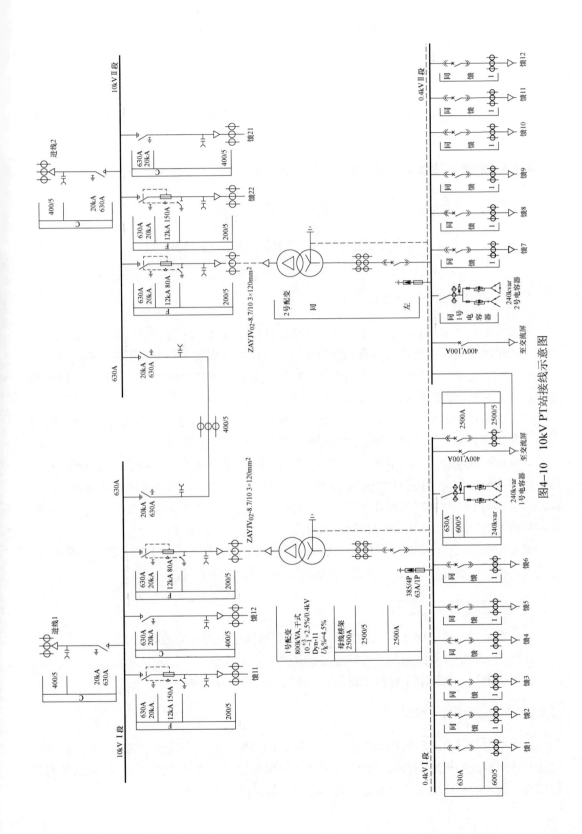

图4-10 10kV PT站接线示意图

（1）检查套管有无破损、裂纹和严重污染或放电闪络的痕迹。

（2）检查断路器或母排各个电气连接点连接是否可靠，有无锈蚀、过热和烧损现象。

（3）检查绝缘件有无裂纹、闪络、破损及严重污秽。

（4）检查变压器各部件接点接触是否良好，有无过热变色、烧熔现象，示温片是否熔化脱落；各部位密封圈（垫）有无老化、开裂，缝隙有无渗、漏油现象；有无异常的声音，是否存在重载、过载现象。

### 4.2.4　危险点及防护措施

开闭所、配电室内工作危险点及防护措施与变电站类似。

# 4.3　箱式变压器、户外环网箱及低压配电箱

### 4.3.1　作用与功能

箱式变电站也称预装式变电站、组合式变电站或 WX 型站，指由中压开关、配电变压器、低压出线开关、无功补偿装置和计量装置等设备共同安装于一个封闭箱体内的户外配电装置。箱式变电站一般用于施工用电、临时用电场合、架空线路入地改造地区，以及现有配电室无法扩容改造的场所，容量一般不超过 630kVA。

考虑到箱式变电站长期户外运行，故障率相对较高，自 2012 年起，公司采用小型化 P 型站、加强型 P 型站代替箱式变电站，原则上不再新建箱式变电站。

户外环网箱也称为环网单元、开闭器、户外环网站或 WH 型站，用于中压电缆线路分段、联络及分接负荷。按使用场所可分为户内和户外；按结构可分为整体式和间隔式。户外环网箱安装于箱体中时亦称开闭器。户外环网箱中的高压开关一般是负荷开关，可开断正常负荷电流，而用高压熔断器切除短路电流。

低压配电箱，指设有低压配电进出线、对功率进行再分配的配电装置。相当于配电室、箱式变压器低压压母线的延伸。低压配电箱内一般采用刀熔开关。

### 4.3.2　主接线

箱式变电站一般采取 2 路 10kV 进线环接，4 路低压出线（见图 4–11）。

环网柜一般采取多路电缆进线环接方式（见图 4–12）。

低压配电箱一般采取 1 路低压进线，4 路低压出线（见图 4–13）。

### 4.3.3　运行维护标准

箱式变电站与户外环网柜每季度进行一次定期巡视。与户内设备箱式变电站，箱式变电站、环网柜及低压配电箱等户外设备运行条件相对较差，容易受到气候、环境及外力破坏影响，因此运行环境是运维的重要内容之一，包括以下几点：

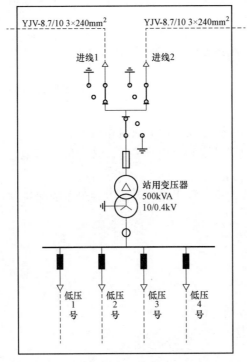

图 4-11　箱式变电站进出线示意图

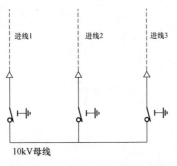

图 4-12　环网柜进出线示意图

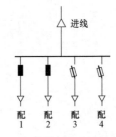

图 4-13　低压配电箱进出线示意图

（1）户外设备放置的地坪应选择在较高处，不能设置在低洼处，以免雨水灌入箱内影响运行。

（2）箱体基础应牢固，无锈烂、无脱漆，焊口无裂纹、无渗油。

（3）箱体周围不能违章堆物，确保电气设备的通风及运行巡视操作需要。箱式设备一般以自然风循环冷却为主，室门（特别是变压器）不应封堵，保证通风。

（4）箱体内应无潮气，端子排或构件上无凝露。

（5）检查各路馈线负荷情况，三相负荷是否平衡或过负荷现象，开关分合位置、仪表指示是否正确，控制装置是否正常工作。

（6）检查气压表的指针，是否在绿色区域，如果进入红色区域，禁止进行分合闸操作，应通知厂家进行处理。

操作存在卡涩情况时，可使用通用锂基润滑脂（黄油）对操作构件进行润滑，再进行分合操作试验。

### 4.3.4　危险点及防护措施

（1）人身风险。作业人员巡视时未能与带电设备保持安规规定的安全距离，造成人员触电。

作业人员未戴安全帽，碰撞设备造成人身伤害。

（2）电网风险。作业人员误碰有电设备，造成相间或接地故障，引起保护动作跳闸，影响电网稳定运行。

（3）设备风险。作业人员巡视中未能及时发现设备或建筑物存在的缺陷和隐患。

# 5

# 一次电气设备

## 5.1 变压器（线圈类）

### 5.1.1 （里面的图形转标准框图）基本构造

变压器（Transformer）是利用电磁感应的原理来改变交流电压的装置，主要构件是初级线圈、次级线圈和铁芯（磁芯）。主要功能有：电压变换、电流变换、阻抗变换、隔离、稳压（磁饱和变压器）等。按用途可以分为：电力变压器和特殊变压器（电炉变、整流变、工频试验变压器、调压器、矿用变压器、音频变压器、中频变压器、高频变压器、冲击变压器、仪用变压器、电子变压器、电抗器、互感器等）。电路符号常用 T 当作编号的开头，如 T01、T201 等。

变压器的工作原理：变压器由铁芯（或磁芯）和线圈组成，线圈有两个或两个以上的绕组，由绝缘铜线（或铝线）绕成。铁心的作用是加强两个线圈间的磁耦合。为了减少铁内涡流和磁滞损耗，铁心由涂漆的硅钢片叠压而成。其中接电源的绕组叫初级线圈，其余的绕组叫次级线圈。最简单的铁心变压器由一个软磁材料做成的铁心及套在铁心上的两个匝数不等的线圈构成，如图 5-1 所示。

变压器的原理是利用电磁感应原理将一种电压等级的交流电能转变成另一种电压等级的交流电能。在电力系统中主要作用是变换电压，以利于功率的传输。通过升高电压可以减少线路损耗，提高送电的经济性，达到远距离送电的目的。降低电压，把高电压变为用户所需要的各级使用电压，满足用户需要。见图 5-2。

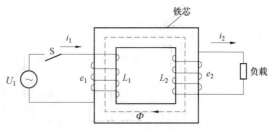

图 5-1　低压配电箱进出线示意图

电力系统中采用的用于传输电能的变压器，根据电压等级来分，一般 10kV（按照高压侧电压等级，下同）变压器称为配电变压器，35kV 及以上的变压器一般称为主变压器。除了铁芯、绕组、外壳等基本部件以外，为了保证变压器的正常运行，还配置有其他部件。以公司主要应用的油浸式变压器为例，其主要部件如图 5-3 所示。

图 5-2　变压器外观图

```
                ┌─ 铁芯
                │
                │  绕组
          器身 ─┤
                │  绝缘
                │
                └─ 引线（包括调压装置、引线夹件等）

                   ┌─ 油箱本体
          油箱 ───┤
                   └─ 附件（包括油枕、油门闸阀等）
变压器
（油浸式）─┤
          冷却装置（包括散热器、风扇、油泵等）

          保护装置（包括防爆阀、气体继电器、测温元件、呼吸器等）

          出线装置（包括套管等）
```

图 5-3　变压器的分类

主变压器结构型式如图 5-4 所示。

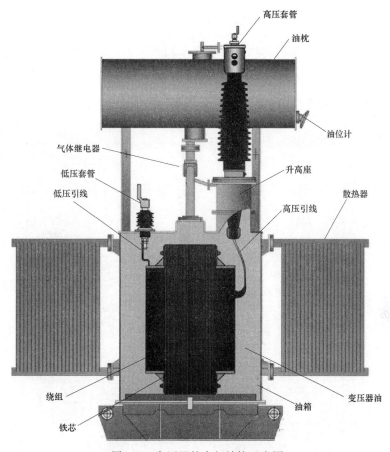

图 5-4 变压器的内部结构示意图

### 5.1.1.1 铁芯

铁芯是变压器最基本的组成部件之一，是变压器的磁路部分（见图 5-5），变压器的一、

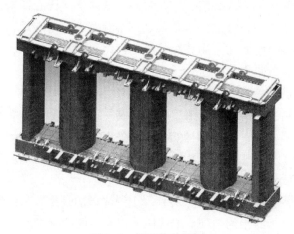

图 5-5 铁芯的外观图

二次绕组都在铁芯上，为提高磁路导磁系数和降低铁芯内涡流损耗，铁芯通常用0.35mm，表面绝缘的硅钢片制成。铁芯分铁芯柱和铁轭两部分，铁芯柱上套绕组，铁轭将铁芯连接起来，使之形成闭合磁路。

为防止运行中变压器铁芯、夹件、压圈等金属部件感应悬浮电位过高而造成放电，这些部件均需单点接地。为了方便试验和故障查找，大型变压器一般将铁芯和夹件分别通过两个套管引出接地。

### 5.1.1.2 绕组

绕组也是变压器的最基本的部件之一（见图5-6）。它是变压器的电路部分，一般用绝缘纸包裹的铜线或者铝线绕成。接到高压电网的绕组为高压绕组，接到低压电网的绕组为低压绕组。

图5-6 绕组的外观图

大型电力变压器采用同心式绕组。它是将高、低压绕组同心地套在铁芯柱上。通常低压绕组靠近铁芯，高压绕组在外侧。这主要是从绝缘要求容易满足和便于引出高压分接开关来考虑的。变压器高压绕组常采用连续式结构，绕组的盘（饼）和盘（饼）之间有横向油道，起绝缘、冷却、散热作用。

### 5.1.1.3 绝缘材料及结构

变压器的绝缘材料主要是电瓷、电工层压木板及绝缘纸板（见图5-7）。变压器绝缘结构分为外绝缘和内绝缘两种：外绝缘指的是油箱外部的绝缘，主要是一次、二次绕组引出线的瓷套管，它构成了相与相之间和相对地的绝缘；内绝缘指的是油箱内部的绝缘，主要是绕组绝缘和内部引线的绝缘以及分接开关的绝缘等。

绕组绝缘又可分为主绝缘和纵绝缘两种。主绝缘指的是绕组与绕组之间、绕组与铁芯及油箱之间的绝缘；纵绝缘指的是同一绕组匝间以及层间的绝缘。

#### 5.1.1.4 分接开关（调压装置）

变压器的调压方式分无载调压和有载调压两种。需停电后才能调整分接头电压的称无载调压；可以带电调整分接头电压的称有载调压。

分接开关（见图 5-8）的作用是保证电网电压在合理范围内变动。分接开关一般从高压绕组中抽头，因为高压侧电流小，引线截面积及分接开关的接触面可以减小，减少了分接开关的体积。

图 5-7　各类绝缘材料图　　　　　　图 5-8　各类分接开关（调压装置）图
（a）电瓷；（b）电工层压木板；（c）绝缘纸板

#### 5.1.1.5 无载分接开关

无载分接开关（见图 5-9）又称无励磁分接开关，一般设有 3～5 个分接位置。操作部分装于变压器顶部，经操作杆与分接开关转轴连接。

切换分接开关注意事项：① 切换前应将变压器停电，做好安全措施；② 三相必须同时切换，且处于同一档位置；③ 切换时应来回多切换几次，最后切到所需档位，防止由于氧化膜影响接触效果；④ 切换后须测量三相直流电阻。

#### 5.1.1.6 有载分接开关

有载分接开关（见图 5-10）由选择开关、切换开关及操动机构等部分组成，供变压器在带负荷情况下调整电压。有载调压分接开关上部是切换开关，下部是选择开关。变换分接头时，选择开关的触头是在没有电流通过的情况下动作；切换开关的触头是在通过电流下动作，经过一个过渡电阻过渡，从一个挡转换至另一个挡位。切换开关和过渡电阻器装在绝缘筒内。

图 5-9　无载分接开关图

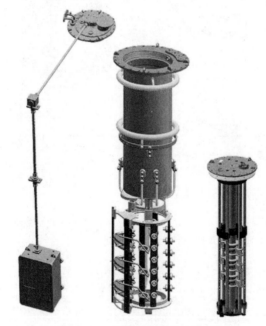

图 5-10　有载分接开关结构图

操动机构经过垂直轴、齿轮盒和绝缘水平轴与有载调压开关相连接，这样就可以从外部操作有载调压开关。有载调压分接开关有单独的安全保护装置，包括储油柜、安全气道和气体继电器。

图 5-11　有载分接开关

### 5.1.1.7　油箱

油箱是油浸式变压器的外壳，变压器的铁芯和绕组置于油箱内，箱内注满变压器油（见图 5-12）。常见油箱有两种类型：

箱式油箱：一般用于中小型变压器。

钟罩式油箱：用于大型变压器。

变压器油的作用就是绝缘和冷却。为防止变压器油的老化，必须采取措施，防止油受潮，减少与空气的接触。

图 5-12　油箱外观图

### 5.1.1.8　储油柜

储油柜也称作油枕，有常规油枕和波纹油枕之分，当变压器油的体积随油温的升降而膨胀或缩小时，油枕就起着储油和补油的作用，以保证油箱内始终充满油。油枕的体积一般为变压器总油量的 8%～10%左右。

常规油枕有三种形式：敞开式、隔膜式和胶囊式。大型变压器为了保证变压器油的性能，防止油的氧化受潮，一般采用隔膜式和胶囊式，以避免油与空气直接接触。

油枕上装有油位计，现在一般采用磁力油位计，变压器的油位计和变压器油的温度相对应，用以监视变压器油位的变化。

敞开式油枕通常使用玻璃管式的油位计，玻璃管旁边标着刻度，油柜上标着相对应的温度。现在一般也采用磁力油位计。

波纹油枕采用膨胀器的位置指示作为油位指示。

隔膜式储油柜结构如图 5-13 所示。

胶囊式储油柜结构如图 5-14 所示。

图 5-13　隔膜式储油柜结构图

图 5-14　胶囊式储油柜结构图

波纹膨胀器储油柜结构如图 5-15 所示。

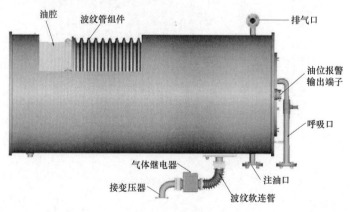

图 5-15　波纹膨胀器储油柜结构图

敞开式储油柜结构如图 5-16 所示。

储油柜内油位情况通过油位计进行，油位计指示原理示意图如图 5-17 所示。

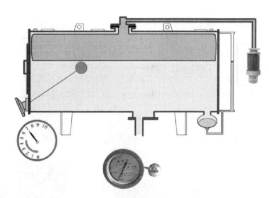

图 5-16　敞开式储油柜结构图　　　　图 5-17　油位计指示原理示意图

变压器油温与油位指示对应位置图如图 5-18 所示。

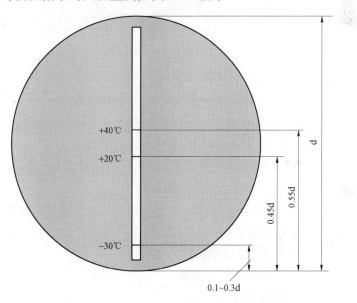

图 5-18　变压器油温与油位指示对应位置图

### 5.1.1.9　呼吸器

呼吸器又叫吸湿器，由油封、容器、干燥剂组成（见图 5-19）。容器内装有干燥剂（如硅胶）；当油枕内的空气随着变压器油体积膨胀或缩小时，排出或吸入的空气都经过呼吸器，呼吸器内的干燥剂吸收空气中的水分，对空气起过滤作用，从而保障了油枕内的空气干燥而清洁。呼吸器内的干燥剂变色超过 1/2 时应及时更换。

有载开关油枕的呼吸器干燥剂更需及时更换，原因是油枕属敞开式油枕，没有胶囊或者隔膜，呼吸器一旦失去吸潮功能，水分就会直接沿管道进入开关内。波纹油枕没有呼吸器。

图 5-19　呼吸器各组件图

### 5.1.1.10　冷却装置

变压器运行时产生的铜损、铁损等损耗都会转变成热量，使变压器的有关部分温度升高。

变压器的冷却方式有：油浸自冷式（ONAN）、油浸风冷式（ONAF）、强迫油循环风冷式（OFAF）、强迫油循环水冷式（OFWF）（见图 5-20）。

冷控系统是根据变压器运行时的温度或负荷高低手动或自动控制投入或退出冷却设备，从而使变压器的运行温度控制在安全范围。

变压器的冷却方式是由冷却介质和循环方式决定的。油浸变压器分为油箱内部冷却和油箱外部冷却，因此油浸变压器的冷却方式是由四个字母代号表示的。

第一个字母：与绕组接触的冷却介质。

O：矿物油或燃点大于 300℃ 的绝缘液体；

K：燃点大于 300℃ 的绝缘液体；

L：燃点不可测出的绝缘液体。

第二个字母：内部冷却介质的循环方式。

N：流经冷却设备和绕组内部的油流是自然的热对流循环；

F：冷却设备中的油流是强迫循环，流经绕组内部的油流是热对流循环；

D：冷却设备中的油流是强迫循环，在主要绕组内的油流是强迫导向循环。

第三个字母：外部冷却介质。

A：空气；W：水。

第四个字母：外部冷却介质的循环方式。

N：自然对流；F：强迫循环（风扇、泵等）。

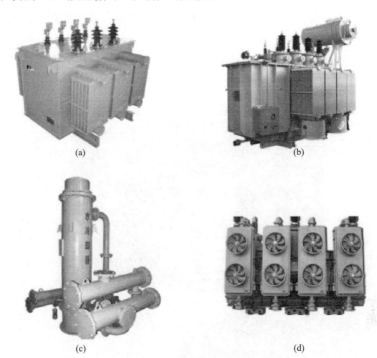

图 5-20　各类冷控系统图
（a）油浸自冷；（b）油浸风冷；（c）强迫油循环水冷；（d）强迫油循环风冷

### 5.1.1.11　油流继电器

油流继电器（见图 5-21）是检测潜油泵工作状态的部件，安装在油泵管路上。当油泵正常工作时，在油流的作用下，继电器安装在管道内部的挡板发生偏转，带动指针指向油流流动侧，同时内部接点闭合，发出运行信号；当油泵发生故障停止或出力不足时，挡板没有偏转或偏转角度不够，指针偏向停止侧，点接通，跳开相应不出力的故障油泵，从而启动备用冷却器，发信号。

### 5.1.1.12　压力释放器（阀）

压力释放器装于变压器的顶部（见图 5-22）。变压器一旦出现故障，油箱内压力增加到一定数值时，压力释放器动作，释放油箱内压力，从而保护了油箱本身。在压力释放过程中，微动开关动作，发出报警信号，也可使其接通跳闸回路，跳开变压器电源开关。

图 5-21　油流继电器图

此时，压力释放器动作，标志杆升起，并突出护盖，表明压力释放器已经动作。当排除故障后，投入运行前，应手动将标志杆和微动开关复归。压力释放器动作压力有 15、25、35、

55kPa 等各种规格，根据变压器设计参数选择。

早期变压器安装的是一种防爆管，作用相当于变压器压力释放阀，同样起到安全阀的作用（见图5–23）。

防爆膜一般用玻璃制作，中间用玻璃刀划十字，降低玻璃机械强度，使其在设定压力下正确动作。

图 5–22　压力释放器（阀）及组件图

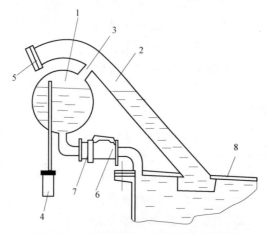

图 5–23　防爆管与变压器油枕间的联通

1—油枕；2—防爆管；3—油机与安全气道的连通管；4—吸湿器；

5—防爆膜；6—气体继电器；7—蝶形阀；8—箱盖

#### 5.1.1.13  电流互感器

俗称升高座，既支撑和固定套管，内部还装入套管式电流互感器，供继电保护和电气仪表用（见图 5-23）。

(a)                    (b)

(c)                    (d)

图 5-24  电流互感器外观图

（a）外壳；（b）线圈；（c）安装 TA 前的变压器；（d）组装完成的外观图

#### 5.1.1.14  气体继电器

（1）基本结构（见图 5-25）。气体继电器也称瓦斯继电器，它是变压器的主要保护装置，安装在变压器油箱与储油柜的连接管上。有 1%～1.5%的倾斜角度，以使气体能流到瓦斯继电器内，当变压器内部故障时，由于油的分解产生的油气流，冲击继电器下挡板，使接点闭合，跳开变压器各侧断路器。若空气进入变压器或内部有轻微故障时，可使继电器上接点动作，发出预报信号，通知相关人员处理。气体继电器上部装有试验及恢复按钮和放气阀门。气体继电器上部有引出线，分别接入跳闸保护及信号。瓦斯应有防雨罩，防止进水。瓦斯继电器应定期进行动作和绝缘校验。

（2）动作原理（见图 5-26～图 5-28）。

1）气体积聚：在变压器油中有自由气体。反应：液体中的气体上升，聚集在瓦斯继电器内并挤压变压器油。随着液面的下降，上浮子也一同下降。通过浮子的运动，将带动一个开关元件（磁性开关管），由此启动报警信号。但下浮子不受影响，因为一定量的气体是可以通过管道向储液罐流动。

开口杯气体继电器

取气盒

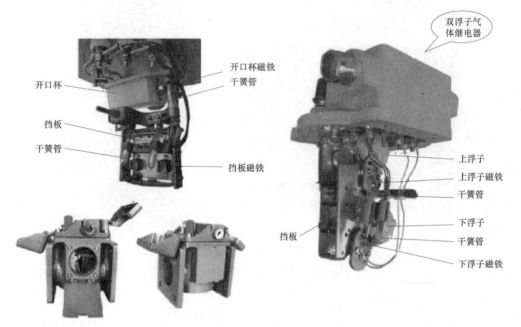

开口杯

开口杯磁铁
干簧管

挡板

干簧管

挡板磁铁

双浮子气体继电器

上浮子
上浮子磁铁
干簧管
下浮子
干簧管
下浮子磁铁

挡板

图 5-25　气体继电器

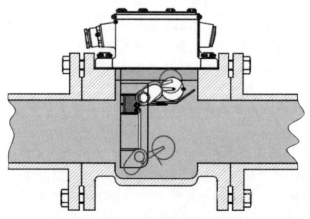

图 5-26　气体继电器动作原理图（轻瓦斯）

2）故障：由于渗漏造成变压器油流失。反应：随着液体水平面的下降，上浮子也同时下沉，此时发出报警信号。当液体继续流失，储液罐、管道和瓦斯继电器被排空。随着液体水平面的下降，下浮子下沉。通过浮子的运动，带动一个开关元件，由此切断连接变压器的电源。

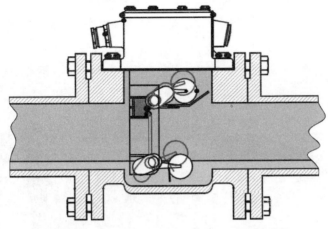

图 5-27　气体继电器动作原理图（重瓦斯）

3）故障：由于一个突发性地不寻常事件，产生了向储液罐方向运动的压力波流。反应：压力波流冲击安装在流动液体中的挡板，压力波流的流速超过挡板的动作灵敏度，挡板顺压力波流的方向运动，开关元件因此被启动。由此变压器跳闸。

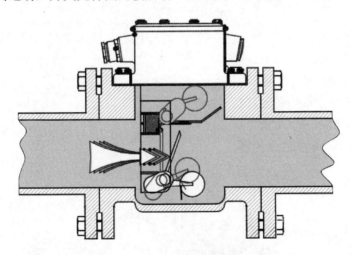

图 5-28　气体继电器油流方向图

### 5.1.1.15　温度计

温度计由温包、导管和压力计组成。将温包安装在箱盖上注有油的安装座中，使油的温度能均匀地传到温包，温包中的气体随温度变化而胀缩，产生压力，使压力计指针转动，指示温度。

变压器还安装有 PT100（铜铂合金）的电阻，该电阻阻值随温度呈线性变化，可以在控制室观察变压器温度。变压器的温度计除指示变压器上层油温和绕组温度以外，另一个作用是作为控制回路的硬接点启动或退出冷却器、发出温度过高的告警信号。

### 5.1.1.16　绝缘套管

变压器绕组的引出线从油箱内穿过油箱盖时，必须经过绝缘套管（见图 5-29），以使带电的引出线与接地的油箱绝缘。绝缘套管一般是瓷制的，它的结构取决于它的电压等级。

10kV 以下的为单瓷制绝缘套管，瓷套内为空气绝缘或变压器油绝缘，中间穿过一根导电铜杆。

110kV 及以上电压等级一般采用全密封油浸纸绝缘电容式套管。套管内注有变压器油，不与变压器本体相通。

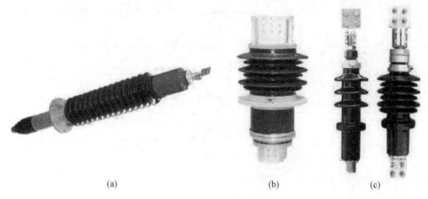

(a)　　　　　　　　(b)　　　　　　　(c)

图 5-29　绝缘套管
（a）110kV 用；（b）35kV 用；（c）10kV 用

### 5.1.2　主要类型

变压器一般可以按照以下几种类型进行分类（电流互感器、电压互感器等非用于传输电能的变压器在其他具体章节中详述）：

#### 5.1.2.1　按相数分类

按相数分，可分为单相变压器和三相变压器。

单相变压器主要用于单相负荷和三相变压器组。

图 5-30 为可用于家庭的变压器。

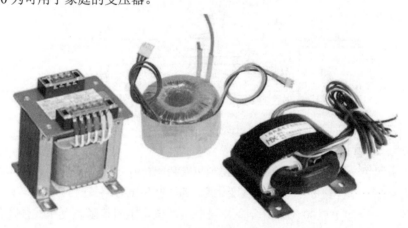

图 5-30　可用于家庭的变压器

三相变压器主要用于三相系统的升、降电压（见图 5-31）。

图 5-31　三相变压器

### 5.1.2.2　按绝缘介质分类

按照绝缘介质区分，可分为干式变压器、油浸式变压器和气体变压器

干式变压器（见图 5-32）依靠空气对流进行冷却，主要用于 10kV 配电变压器。

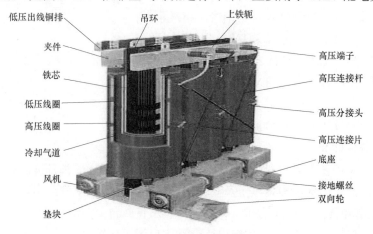

图 5-32　干式变压器

油浸式变压器（见图 5-33）：依靠油作冷却介质，如油浸自冷、油浸风冷、油浸水冷、强迫油循环风冷等。

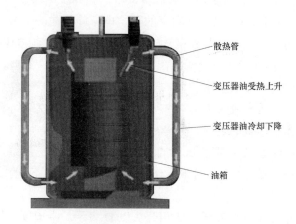

图 5-33　油浸式变压器

### 5.1.2.3 按绕组数目分类

双绕组变压器：用于连接电力系统中的两个电压等级。

三绕组变压器：一般用于电力系统区域变电站中，连接三个电压等级。

自耦变电压：用于连接不同电压的电力系统。也可做为普通的升压或降后变压器用。

### 5.1.3 参数与技术标准

#### 5.1.3.1 型号含义

变压器型号含义如下：

第一个字母：O 表示为自耦；

第二个字母表示相数：S 为三相，D 为单相；

第三个字母：表示冷却方式，F 为油浸风冷；J 油浸自冷；P 强迫油循环；

第四个字母：表示绕组数，双绕组不标；S 为三绕组；F 为分裂绕组；

第五个字母：表示导线材料 L 为铝线，铜线不标；

第六个字母：表示调压方式 Z 有载，无载不标；

数字部分：第一个表示变压器容量，第二个表示变压器使用电压等级。如 SJ–560/10，表示为三相油浸自冷容量为 560kVA 电压为 10kV 的变压器

市区公司采用的 35kV 及以上主变压器一般为三相油浸自冷三绕组变压器，省略油浸自冷标识，型号一般如 SZ7–20000/35，SSZ9–63000/110 等。

#### 5.1.3.2 参数标准

变压器在规定的使用环境和运行条件下，主要技术数据一般都都标注在变压器的铭牌上。主要包括：额定容量、额定电压及其分接、额定频率、绕组联结组以及额定性能数据（阻抗电压、空载电流、空载损耗和负载损耗）和总重。

额定容量（单位：千伏安）：额定电压。额定电流下连续运行时，能输送的容量。

额定电压（单位：千伏）：变压器长时间运行时所能承受的工作电压。为适应电网电压变化的需要，变压器高压侧都有分接抽头，通过调整高压绕组匝数来调节低压侧输出电压。

额定电流（单位：安培）：变压器在额定容量下，允许长期通过的电流。

空载损耗（单位：千伏）：当以额定频率的额定电压施加在一个绕组的端子上，其余绕组开路时所吸取的有功功率。与铁芯硅钢片性能及制造工艺、施加的电压有关。

空载电流（单位：百分比）：当变压器在额定电压下二次侧空载时，一次绕组中通过的电流。一般以额定电流的百分数表示。

负载损耗（单位：千瓦）：把变压器的二次绕组短路，在一次绕组额定分接位置上通入额定电流，此时变压器所消耗的功率。

阻抗电压（单位：百分比）：把变压器的二次绕组短路，在一次绕组慢慢升高电压，当二次绕组的短路电流等于额定值时，此时一次侧所施加的电压。一般以额定电压的百分数表示。

相数和频率：三相开头以 S 表示，单相开头以 D 表示。中国国家标准频率 $f$ 为 50Hz。国外有 60Hz 的国家（如美国）。

温升与冷却：变压器绕组或上层油温与变压器周围环境的温度之差，称为绕组或上层油面的温升。油浸式变压器绕组温升限值为 65K、油面温升为 55K。冷却方式也有多种：油浸自冷、强迫风冷，水冷，管式、片式等。

绝缘水平：有绝缘等级标准。绝缘水平的表示方法举例如下：高压额定电压为 35kV 级，低压额定电压为 10kV 级的变压器绝缘水平表示为 LI200AC85/LI75AC35，其中 LI200 表示该变压器高压雷电冲击耐受电压为 200kV，工频耐受电压为 85kV，低压雷电冲击耐受电压为 75kV，工频耐受电压为 35kV。

联结组标号：根据变压器一。二次绕组的相位关系，把变压器绕组连接成各种不同的组合，称为绕组的联结组。为了区别不同的联结组，常采用时钟表示法，即把高压侧线电压的相量作为时钟的长针，固定在 12 点上，低压侧线电压的相量作为时钟的短针，看短针指在哪一个数字上，就作为该联结组的标号。如 Dyn11 表示一次绕组是（三角形）联结，二次绕组是带有中心点的（星形）联结，组号为（11）点。

## 5.1.4  巡视、维护周期、项目及标准

### 5.1.4.1  巡视周期

主变压器的巡视周期根据所属变电站的巡视周期而定。

### 5.1.4.2  巡视、维护项目及标准

主变压器巡视、日常维护检查项目及标准如表 5–1 所示。

表 5–1　　　　　　　　　　主变压器巡视、日常维护检查项目及标准

| 序号 | 巡视内容 | 要 求 及 标 准 |
|---|---|---|
| 1 | 油位和温度 | 变压器的油位和温度计应正常，储油柜的油位应与制造厂提供的油温、油位曲线相对应，温度计指示清晰 |
| 2 | 指示、灯光、信号 | 显示正常 |
| 3 | 各部位无渗油、漏油 | 重点检查变压器的油泵、压力释放阀、套管接线柱、各阀门、隔膜式储油柜等 |
| 4 | 套管 | 套管油位应正常，套管外部无破损裂纹，无严重油污、无放电痕迹及其他异常现象。检查瓷套，应清洁，无破损、裂纹和打火放电现象 |
| 5 | 声响 | 变压器声响均匀、正常。若变压器附近的噪声较大，应利用探声器来检查 |
| 6 | 冷却器 | 各冷却器手感温度应相近，风扇、油泵、水泵运转正常，油流继电器工作正常。冷却器组数应按规定启用，分布合理，油泵运转应正常，无其他金属碰撞声，无漏油现象，运行中的冷却期的油流继电器应指示在"流动位置"，无颤动现象 |
| 7 | 吸湿器 | 吸湿器完好，吸附剂干燥。吸湿器油封应正常，呼吸应畅通，硅胶潮解变色部分不应超过总量的 2/3。运行中如发现上部吸附剂发生变色，应注意检查吸湿器上部密封是否受潮 |
| 8 | 接头 | 引线电缆、母线接头应接触良好，接头无发热迹象。用红外测温仪检查运行中套管引出线接头的发热情况及本体油位、储油柜、套管等其他部位 |
| 9 | 压力释放阀、安全气道及防爆膜 | 完好无损。压力释放阀的指示杆未突出，无喷油痕迹 |
| 10 | 有载分接开关 | 有载分接开关的分接位置及电源指示应正常。操动机构中机械指示器与控制室内分接开关位置指示应一致。三相联动的应确保分接开关位置指示一致 |
| 11 | 在线滤油装置 | 在线滤油装置工作方式及电源指示应正常。各信号是否发信。有载分接开关调压后一般应启动在线滤油装置，有载分接开关长期无操作，也应半年进行一次带电滤油 |

| 序号 | 巡视内容 | 要 求 及 标 准 |
|------|----------|----------------|
| 12 | 气体继电器 | 气体继电器内应无气体 |
| 13 | 控制箱和二次端子箱、机构箱 | 各控制箱和二次端子箱、机构箱门应关严，无受潮，电缆孔洞封堵完好，温控装置工作正常。冷却控制的各组工作状态符合运行要求 |
| 14 | 接地 | 变压器各部件的接地应完好。检查变压器铁芯接地线和外壳接地线，应良好，铁芯、夹件通过小套管引出接地的变压器，应将接地引线引至适当位置，以便在运行中监测接地线中是否有环流，当运行中环流异常增长变化，应尽快查明原因，严重时应检查处理并采取措施，如环流超过 300mA 又无法消除时，可在接地回路中串入限流电阻作为临时性措施 |
| 15 | 在线监测装置 | 保持良好状态，并及时对数据进行分析、比较 |
| 16 | 事故储油坑 | 卵石层厚度应符合要求，保持储油坑的排油管道畅通，以便事故发生时能迅速排油。室内变压器应有集油池或挡油矮墙，防止火灾蔓延 |
| 17 | 灭火装置 | 状态应正常，消防设施应完善 |
| 18 | 变压器室 | 门、窗、照明应完好，房屋不漏水，温度正常 |
| 19 | 其他 | 现场规程中根据变压器的结构特点补充检查的其他项目 |

## 5.1.5 检修、试验周期及项目

主变压器检修周期如表 5-2 所示。

**表 5-2** 　　　　　　　　　　**主 变 压 器 检 修 周 期**

| 检修类型 | 基本检修项目 | 检 修 周 期 |
|----------|--------------|-------------|
| A 类检修（整体解体） | 包含整体更换、解体检修 | 按照设备状态评价决策进行 |
| B 类检修（局部解体） | 包含部件的解体检查、维修及更换 | 按照设备状态评价决策进行，应符合厂家说明书要求 |
| C 类检修（一般性检修） | 包含本体及附件的检查与维护 | 基准周期35kV 及以下 4 年、110（66）kV 及以上 3 年<br><br>可依据设备状态、地域环境、电网结构等特点，在基准周期的基础上酌情延长或缩短检修周期，调整后的检修周期一般不小于 1 年，也不大于基准周期的 2 倍<br><br>对于未开展带电检测设备，检修周期不大于基准周期的 1.4 倍；未开展带电检测老旧设备（大于20 年运龄），检修周期不大于基准周期<br><br>110（66）kV 及以上新设备投运满 1~2 年，以及停运 6 个月以上重新投运前的设备，应进行检修。对核心部件或主体进行解体性检修后重新投运的设备，可参照新设备要求执行<br><br>现场备用设备应视同运行设备进行检修；备用设备投运前应进行检修<br><br>符合以下各项条件的设备，检修可以在周期调整后的基础上最多延迟 1 个年度：<br>（1）巡视中未见可能危及该设备安全运行的任何异常；<br>（2）带电检测（如有）显示设备状态良好；<br>（3）上次试验与其前次（或交接）试验结果相比无明显差异；<br>（4）上次检修以来，没有经受严重的不良工况 |
| D 类检修（不停电检修） | 包含专业巡视、带电水冲洗、冷却系统部件更换工作、辅助二次元器件更换、金属部件防腐处理、箱体维护 | 依据设备运行工况，及时安排，保证设备正常功能 |

主变压器大修项目如表 5-3 所示。

表 5-3　　　　　　　　　　　主 变 压 器 大 修 项 目

| 序号 | 内　　容 |
|---|---|
| 1 | 吊出芯子或吊开钟罩对铁芯进行检修 |
| 2 | 对绕组、引线及磁屏蔽装置的检修 |
| 3 | 对无载分接开关好有载调压开关的检修 |
| 4 | 对铁芯、穿芯螺丝、压钉和接地片等的检修 |
| 5 | 油箱、套管、风扇、阀门及管道等附属设备的检修 |
| 6 | 冷却器、油泵、风扇、阀门及管道等附属设备的检修 |
| 7 | 保护装置、测量装置及操作控制箱的检查、试验 |
| 8 | 变压器油处理或换油 |
| 9 | 变压器保护装置（净油器、充氮保护及胶囊等）的检修 |
| 10 | 密封垫的更换 |
| 11 | 油箱内部清洁，油箱外壳及附件的除锈、除漆 |
| 12 | 必要时对绝缘进行干燥处理 |
| 13 | 进行固定的测量和试验 |

变压器的小修项目如表 5-4 所示。

表 5-4　　　　　　　　　　　变 压 器 的 小 修 项 目

| 序号 | 内　　容 |
|---|---|
| 1 | 检查并消除已发现的缺陷 |
| 2 | 检查并拧紧套管引出线的接头 |
| 3 | 放出储油柜中的污泥，检查油位计 |
| 4 | 变压器保护装置及放油活门的检修 |
| 5 | 冷却器、储油柜、安全气道及其保护膜的检修 |
| 6 | 套管密封、顶部连接帽密封衬垫的检查，瓷绝缘的检查、清扫 |
| 7 | 各种保护装置及操作控制箱的检修、试验 |
| 8 | 有载调压开关的检修 |
| 9 | 充油套管及本体补充变压器油 |
| 10 | 油箱及附件的检修涂漆 |
| 11 | 进行规定的测量和试验 |

## 5.1.6　常见故障及处理

### 5.1.6.1　变压器本体主保护动作

变压器本体主保护动作处理方式如表 5-5 所示。

表 5–5                         变压器本体主保护动作处理方式

| 分类 | 序号 | 内 容 |
|---|---|---|
| 现象 | 1 | 监控系统发出重瓦斯保护动作、差动保护动作、差动速断保护动作信息，主画面显示主变各侧断路器跳闸，各侧电流、功率显示为零 |
| | 2 | 保护装置发出重瓦斯保护动作、差动保护动作、差动速断保护动作信息 |
| 处理原则 | 1 | 现场检查保护范围内一次设备，重点检查变压器有无喷油、漏油等，检查气体继电器内部有无气体积聚，检查油色谱在线监测装置数据，检查变压器本体油温、油位变化情况 |
| | 2 | 确认变压器各侧断路器跳闸后，应立即停运强油风冷变压器的潜油泵 |
| | 3 | 认真检查核对变压器保护动作信息，同时检查其他设备保护动作信号、一二次回路、直流电源系统和站用电系统运行情况 |
| | 4 | 站用电系统全部失电应尽快恢复正常供电 |
| | 5 | 按照《变电站现场运行专用规程》的规定，调整变压器中性点运行方式 |
| | 6 | 检查运行变压器是否过负荷，根据负荷情况投入冷却器。若变压器过负荷运行，应汇报值班调控人员转移负荷 |
| | 7 | 检查备自投装置动作情况。如果备自投装置正确动作，则退出母联断路器备用电源自投装置。如果备自投装置没有正确动作，检查备自投装置作用断路器具备条件时，退出备用电源自投装置后，立即合上备自投装置动作后所作用的断路器，恢复失电母线所带负载 |
| | 8 | 检查故障发生时现场是否存在检修作业，是否存在引起保护动作的可能因素 |
| | 9 | 综合变压器各部位检查结果和继电保护装置动作信息，分析确认故障设备，快速隔离故障设备 |
| | 10 | 记录保护动作时间及一、二次设备检查结果并汇报 |
| | 11 | 确认故障设备后，应提前布置检修试验工作的安全措施 |
| | 12 | 确认保护范围内无故障后，应查明保护是否误动及误动原因 |

### 5.1.6.2 变压器有载调压重瓦斯动作

变压器有载调压重瓦斯动作处理方式如表 5–6 所示。

表 5–6                         变压器有载调压重瓦斯动作处理方式

| 分类 | 序号 | 内 容 |
|---|---|---|
| 现象 | 1 | 监控系统发出有载调压重瓦斯保护动作信息，主画面显示主变各侧断路器跳闸，各侧电流、功率显示为零 |
| | 2 | 保护装置发出变压器有载调压重瓦斯保护动作信息 |
| 处理原则 | 1 | 现场检查调压开关有无喷油、漏油等，检查气体继电器内部有无气体积聚、干簧管是否破碎 |
| | 2 | 认真检查核对有载调压重瓦斯保护动作信息，同时检查其他设备保护动作信号、一二次回路、直流电源系统和站用电系统运行情况 |
| | 3 | 站用电系统全部失电应尽快恢复正常供电 |
| | 4 | 按照《变电站现场运行专用规程》的规定，调整变压器中性点运行方式 |
| | 5 | 检查运行变压器是否过负荷，根据负荷情况投入冷却器。若变压器过负荷运行，应汇报值班调控人员转移负荷 |
| | 6 | 检查备自投装置动作情况。如果备自投装置正确动作，则退出母联断路器备用电源自投装置。如果备自投装置没有正确动作，检查备自投装置作用断路器具备条件时，退出备用电源自投装置后，立即合上备自投装置动作后所作用的断路器，恢复失电母线所带负载 |

| 分类 | 序号 | 内 容 |
|---|---|---|
| 处理原则 | 7 | 检查故障发生时滤油装置是否启动、现场是否存在检修作业，是否存在引起重瓦斯保护动作的可能因素 |
| | 8 | 综合变压器各部位检查结果和继电保护装置动作信息，分析确认由于调压开关内部故障造成调压重瓦斯保护动作，快速隔离故障变压器 |
| | 9 | 检查有载调压重瓦斯保护动作前，调压开关分接开关是否进行调整，统计调压开关近期动作次数及总次数 |
| | 10 | 记录保护动作时间及一、二次设备检查结果并汇报 |
| | 11 | 确认调压开关内部故障造成瓦斯保护动作后，应提前布置故障变压器检修试验工作的安全措施 |
| | 12 | 确认变压器内部无故障后，应查明有载调压重瓦斯保护是否误动及误动原因 |

### 5.1.6.3 变压器后备保护动作

变压器后备保护动作处理方式如表5–7所示。

表 5–7　　　　　　　　　　　变压器后备保护动作处理方式

| 分类 | 序号 | 内 容 |
|---|---|---|
| 现象 | 1 | 监控系统发出复合电压闭锁过流保护、零序保护、间隙保护等信息，主画面显示主变相应断路器跳闸，电流、功率显示为零 |
| | 2 | 保护装置发出变压器后备保护动作信息 |
| 处理原则 | 1 | 检查变压器后备保护动作范围内是否存在造成保护动作的故障，检查故障录波器有无短路引起的故障电流，检查是否存在越级跳闸现象 |
| | 2 | 认真检查核对后备保护动作信息，同时检查其他设备保护动作信号、一二次回路、直流电源系统和站用电系统运行情况 |
| | 3 | 站用电系统全部失电应尽快恢复正常供电 |
| | 4 | 按照《变电站现场运行专用规程》的规定，调整变压器中性点运行方式 |
| | 5 | 检查运行变压器是否过负荷，根据负荷情况投入冷却器。若变压器过负荷运行，应汇报值班调控人员转移负荷 |
| | 6 | 检查失电母线及各线路断路器，根据调度命令转移负荷 |
| | 7 | 检查故障发生时现场是否存在检修作业，是否存在引起重瓦斯保护动作的可能因素 |
| | 8 | 如果发现后备保护范围内有明显故障点，在隔离故障点后，汇报值班调控人员，按照值班调控人员指令处理 |
| | 9 | 确认出线断路器越级跳闸，在隔离故障点后，汇报值班调控人员，按照值班调控人员指令处理 |
| | 10 | 检查站内无明显异常，应联系检修人员，查明后备保护是否误动及误动原因 |
| | 11 | 记录后备保护动作时间及一、二次设备检查结果并汇报 |
| | 12 | 提前布置检修试验工作的安全措施 |

### 5.1.6.4 变压器着火

变压器着火处理方式如表5–8所示。

表 5–8 变压器着火处理方式

| 分类 | 序号 | 内　　容 |
|---|---|---|
| 现象 | 1 | 监控系统发出重瓦斯保护动作、差动保护动作、排油充氮装置报警、消防总告警等信息，主画面显示主变各侧断路器跳闸，各侧电流、功率显示为零 |
|  | 2 | 保护装置发出变压器重瓦斯保护、差动保护动作信息 |
|  | 3 | 变压器冒烟着火、排油充氮装置启动、自动喷淋系统启动 |
| 处理原则 | 1 | 现场检查变压器有无着火、爆炸、喷油、漏油等 |
|  | 2 | 检查变压器各侧断路器是否断开，保护是否正确动作 |
|  | 3 | 变压器保护未动作或者断路器未断开时，应立即拉开变压器各侧断路器及隔离开关和冷却器交流电源，迅速采取灭火措施，防止火灾蔓延 |
|  | 4 | 如油溢在变压器顶盖上着火时，则应打开下部阀门放油至适当油位；如变压器内部故障引起着火时，则不能放油，以防变压器发生严重爆炸 |
|  | 5 | 灭火后检查直流电源系统和站用电系统运行情况 |
|  | 6 | 按照《变电站现场运行专用规程》的规定，调整变压器中性点运行方式 |
|  | 7 | 检查运行变压器是否过负荷，根据负荷情况投入冷却器。若变压器过负荷运行，应汇报值班调控人员转移负荷 |
|  | 8 | 检查失电母线及各线路断路器，汇报值班调控人员，按照值班调控人员指令处理 |
|  | 9 | 检查故障发生时现场是否存在引起主变压器着火的检修作业 |
|  | 10 | 记录保护动作时间及一、二次设备检查结果并汇报 |
|  | 11 | 变压器着火时应立即汇报上级管理部门，及时报警 |

### 5.1.6.5　变压器套管炸裂

变压器套管炸裂处理方式如表 5–9 所示。

表 5–9 变压器套管炸裂处理方式

| 分类 | 序号 | 内　　容 |
|---|---|---|
| 现象 | 1 | 监控系统发出差动保护、重瓦斯保护动作信息，主画面显示主变各侧断路器跳闸，各侧电流、功率显示为零 |
|  | 2 | 保护装置发出变压器差动保护动作信息 |
|  | 3 | 变压器套管炸裂、严重漏油（无油位） |
| 处理原则 | 1 | 检查变压器套管炸裂情况 |
|  | 2 | 确认变压器各侧断路器跳闸后，应立即停运强油风冷变压器的潜油泵 |
|  | 3 | 认真检查核对变压器差动保护动作信息，同时检查其他设备保护动作信号、一二次回路、直流电源系统和站用电系统运行情况 |
|  | 4 | 站用电系统全部失电应尽快恢复正常供电 |
|  | 5 | 按照《变电站现场运行专用规程》的规定，调整变压器中性点运行方式 |
|  | 6 | 检查运行变压器是否过负荷，根据负荷情况投入冷却器。若变压器过负荷运行，应汇报值班调控人员转移负荷 |
|  | 7 | 检查备自投装置动作情况。如果备自投装置正确动作，则退出母联断路器备用电源自投装置。如果备自投装置没有正确动作，检查备自投装置作用断路器具备条件时，退备用电源自投装置后，立即合上备自投装置动作后所作用的断路器，恢复失电母线所带负载 |
|  | 8 | 快速隔离故障变压器 |
|  | 9 | 记录变压器保护动作时间及一、二次设备检查结果并汇报 |
|  | 10 | 提前布置故障变压器检修试验工作的安全措施 |

### 5.1.6.6　压力释放阀动作

变压器压力释放阀动作处理方式如表 5–10 所示。

表 5–10　　　　　　　　　变压器压力释放阀动作处理方式

| 分类 | 序号 | 内　容 |
|---|---|---|
| 现象 | 1 | 监控系统发出压力释放阀动作告警信息 |
| | 2 | 保护装置发出压力释放阀动作告警信息 |
| 处理原则 | 1 | 现场检查变压器本体及附件，重点检查压力释放阀有无喷油、漏油，检查气体继电器内部有无气体积聚，检查油色谱在线监测装置数据，检查变压器本体油温、油位变化情况 |
| | 2 | 认真检查核对变压器保护动作信息，同时检查其他设备保护动作信号、一二次回路、直流电源系统运行情况 |
| | 3 | 记录保护动作时间及一、二次设备检查结果并汇报 |
| | 4 | 压力释放阀冒油，且变压器主保护动作跳闸时，在未查明原因、消除故障前，不得将变压器投入运行 |
| | 5 | 压力释放阀冒油而重瓦斯保护、差动保护未动作时，应检查变压器油温、油位、运行声音是否正常，检查变压器本体与储油柜连接阀门是否开启、呼吸器是否畅通。并立即联系检修人员进行色谱分析。如果色谱正常，应查明压力释放阀是否误动及误动原因 |
| | 6 | 现场检查未发现渗油、冒油，应联系检修人员检查二次回路 |

### 5.1.6.7　变压器轻瓦斯动作

变压器轻瓦斯动作处理方式如表 5–11 所示。

表 5–11　　　　　　　　　变压器轻瓦斯动作处理方式

| 分类 | 序号 | 内　容 |
|---|---|---|
| 现象 | 1 | 监控系统发出变压器轻瓦斯保护告警信息 |
| | 2 | 保护装置发出变压器轻瓦斯保护告警信息 |
| | 3 | 变压器气体继电器内部有气体积聚 |
| 处理原则 | 1 | 轻瓦斯动作发信时，应立即对变压器进行检查，查明动作原因，是否因聚集空气、油位降低、二次回路故障或是变压器内部故障造成。如气体继电器内有气体，则联系检修人员进行处理 |
| | 2 | 新投运变压器运行一段时间后缓慢产生的气体，如产生的气体不是特别多，一般可将气体放空即可，有条件时可做一次气体分析 |
| | 3 | 若检修部门检测气体继电器内的气体为无色、无臭且不可燃，色谱分析判断为空气，则变压器可继续运行，并及时消除进气缺陷 |
| | 4 | 若检修部门检测气体是可燃的或油中溶解气体分析结果异常，应综合判断确定变压器内部故障，应申请将变压器停运 |
| | 5 | 轻瓦斯动作发信后，如一时不能对气体继电器内的气体进行色谱分析，则可按下面方法鉴别 |
| | 6 | 无色、不可燃的是空气 |
| | 7 | 黄色、可燃的是木质故障产生的气体 |
| | 8 | 淡灰色、可燃并有臭味的是纸质故障产生的气体 |
| | 9 | 灰黑色、易燃的是铁质故障使绝缘油分解产生的气体 |
| | 10 | 变压器发生轻瓦斯频繁动作发信时，应注意检查冷却装置油管路渗漏 |
| | 11 | 如果轻瓦斯动作发信后经分析已判为变压器内部存在故障，且发信间隔时间逐次缩短，则说明故障正在发展，这时应向值班调控人员申请停运处理 |

### 5.1.6.8 异常声响

变压器发出异常声响处理方式如表 5–12 所示。

表 5–12　　　　　　　　变压器发出异常声响处理方式

| 分类 | 序号 | 内　容 |
|---|---|---|
| 现象 | 1 | 变压器声音与正常运行时对比有明显增大且伴有各种噪声 |
| 处理原则 | 1 | 伴有电火花、爆裂声时，立即向值班调控人员申请停运处理 |
| | 2 | 伴有放电的"啪啪"声时，把耳朵贴近变压器油箱，检查变压器内部是否存在局部放电，汇报值班调控人员并联系检修人员进一步检查 |
| | 3 | 声响比平常增大而均匀时，检查是否为过电压、过负荷、铁磁共振、谐波或直流偏磁作用引起，汇报值班调控人员并联系检修人员进一步检查 |
| | 4 | 伴有放电的"吱吱"声时，检查器身或套管外表面是否有局部放电或电晕，可用紫外成像仪协助判断，必要时联系检修人员处理 |
| | 5 | 伴有水的沸腾声时，检查轻瓦斯保护是否报警、充氮灭火装置是否漏气，必要时联系检修人员处理 |
| | 6 | 伴有连续的、有规律的撞击或摩擦声时，检查冷却器、风扇等附件是否存在不平衡引起的振动，必要时联系检修人员处理 |

### 5.1.6.9 强油风冷变压器冷却器全停

变压器强油风冷变压器冷却器全停处理方式如表 5–13 所示。

表 5–13　　　　　　变压器强油风冷变压器冷却器全停处理方式

| 分类 | 序号 | 内　容 |
|---|---|---|
| 现象 | 1 | 监控系统发出冷却器全停告警信息 |
| | 2 | 保护装置发出冷却器全停告警信息 |
| | 3 | 强油循环风冷变压器冷却系统全停 |
| 处理原则 | 1 | 检查风冷系统及两组冷却电源工作情况 |
| | 2 | 密切监视变压器绕组和上层油温温度情况 |
| | 3 | 如一组电源消失或故障，另一组备用电源自投不成功，则应检查备用电源是否正常，如正常，应立即手动将备用电源开关合上 |
| | 4 | 若两组电源均消失或故障，则应立即设法恢复电源供电 |
| | 5 | 现场检查变压器冷却控制箱各负载开关、接触器、熔断器和热继电器等工作状态是否正常 |
| | 6 | 如果发现冷却控制箱内电源存在问题，则立即检查站用电低压配电屏负载开关、接触器、熔断器和站用变压器高压侧熔断器 |
| | 7 | 故障排除后，将各冷却器选择开关置于"停止"位置，再强送动力电源。若成功，再逐路恢复冷却器运行 |
| | 8 | 若冷却器全停故障短时间内无法排除，应立即汇报值班调控人员，申请转移负荷或将变压器停运 |
| | 9 | 变压器冷却器全停的运行时间不应超过规定 |

### 5.1.6.10 油温异常升高

变压器油温异常升高处理方式如表 5–14 所示。

表 5–14                                    变压器油温异常升高处理方式

| 分类 | 序号 | 内　　容 |
|------|------|---------|
| 现象 | 1 | 监控系统发出变压器油温高告警信息 |
| | 2 | 保护装置发出变压器油温高告警信息 |
| | 3 | 变压器油温与正常运行时对比有明显升高 |
| 处理原则 | 1 | 检查温度计指示，判明温度是否确实升高 |
| | 2 | 检查冷却器、变压器室通风装置是否正常 |
| | 3 | 检查变压器的负荷情况和环境温度，并与以往相同情况做比较 |
| | 4 | 温度计或测温回路故障、散热阀门没有打开，应联系检修人员处理 |
| | 5 | 若温度升高是由于冷却器工作不正常造成，应立即排除故障 |
| | 6 | 检查是否由于过负荷引起，按变压器过负荷规定处理 |

#### 5.1.6.11　油位异常

变压器油位异常处理方式如表 5–15 所示。

表 5–15                                    变压器油位异常处理方式

| 分类 | 序号 | 内　　容 |
|------|------|---------|
| 现象 | 1 | 监控系统发变压器油位异常告警信息 |
| | 2 | 保护装置发出变压器油位异常告警信息 |
| | 3 | 变压器油位与油温不对应、有明显升高或降低 |
| 处理原则 | 1 | 检查变压器是否存在严重渗漏缺陷 |
| | 2 | 利用红外测温装置检测储油柜油位 |
| | 3 | 检查吸湿器呼吸是否畅通，注意做好防止重瓦斯保护误动措施 |
| | 4 | 若变压器渗漏油造成油位下降，应立即采取措施制止漏油。若不能制止漏油，且油位计指示低于下限时，应立即向值班调控人员申请停运处理 |
| | 5 | 若变压器无渗漏油现象，油温和油位偏差超过标准曲线，或油位超过极限位置上下限，联系检修人员处理 |
| | 6 | 若假油位导致油位异常，应联系检修人员处理 |

#### 5.1.6.12　套管渗漏、油位异常和末屏放电

变压器套管渗漏、油位异常和末屏放电处理方式如表 5–16 所示。

表 5–16                            变压器套管渗漏、油位异常和末屏放电处理方式

| 分类 | 序号 | 内　　容 |
|------|------|---------|
| 现象 | 1 | 套管表面渗漏有油渍 |
| | 2 | 套管油位异常下降或者升高 |
| | 3 | 末屏接地处有放电声音、电火花 |
| 处理原则 | 1 | 套管严重渗漏或者瓷套破裂，需要更换时，向值班调控人员申请停运处理 |
| | 2 | 套管油位异常时，应利用红外测温装置检测油位，确认套管发生内漏需要吊套管处理时，向值班调控人员申请停运处理 |
| | 3 | 套管末屏有放电声，需要对该套管做试验或者检查处理时，立即向值班调控人员申请停运处理 |
| | 4 | 现场无法判断时，联系检修人员处理 |

### 5.1.6.13 油色谱在线监测装置告警

变压器油色谱在线监测装置告警处理方式如表 5-17 所示。

表 5-17　　　　　　　　　变压器油色谱在线监测装置告警处理方式

| 分类 | 序号 | 内　　　容 |
|---|---|---|
| 现象 | 1 | 变压器本体油色谱在线监测装置发出告警信号 |
| 处理原则 | 1 | 检查监控系统或输变电在线监测系统数据是否正常，是否有告警信息 |
| | 2 | 对装置电源、气压、加热、驱潮、排风等装置进行检查，如确定为在线监测装置故障，应将在线监测装置退出运行，联系检修人员处理 |
| | 3 | 在确认在线监测装置运行正常时，将油色谱在线监测周期改为最短（2h 及以下），继续监视 |
| | 4 | 如特征气体增长速率较快，应立即联系检修人员取油样进行离线油色谱分析 |
| | 5 | 如特征气体增长速率较慢或趋于稳定，应继续监视运行，并汇报上级管理部门，进行综合分析 |
| | 6 | 根据综合分析结果进行缺陷定性及处理 |

## 5.2　电流互感器（线圈类）

### 5.2.1　基本构造

电流互感器（TA）的作用是可以把数值较大的一次电流通过一定的变比转换为数值较小的二次电流，用来进行保护、测量等用途。如变比为 400/5 的电流互感器，可以把实际为 400A 的电流转变为 5A 的电流。

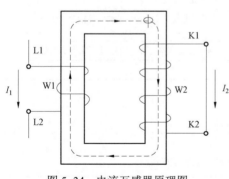

图 5-34　电流互感器原理图

电流互感器的基本原理是电磁感应。电流互感器是由闭合的铁心和绕组组成。它的一次侧绕组匝数很少，串在需要测量的电流的线路中，因此它经常有线路的全部电流流过，二次侧绕组匝数比较多，串接在测量仪表和保护回路中，电流互感器在工作时，它的二次侧回路始终是闭合的，因此测量仪表和保护回路串联线圈的阻抗很小，电流互感器的工作状态接近短路。电流互感器是把一次侧大电流转换成二次侧小电流来测量，二次侧不可开路，见图 5-34。

### 5.2.2　主要类型

电流互感器根据用途、介质能可按以下分类方式进行分类：

#### 5.2.2.1　按用途分类

按照用途不同，电流互感器大致可分为两类：测量用电流互感器以及保护用电流互感器。

（1）测量用电流互感器（或电流互感器的测量绕组）用于在正常工作电流范围内，向测量、计量等装置提供电网的电流信息（见图 5-35）。

图 5-35　电流互感器

在测量交变电流的大电流时，为便于二次仪表测量需要转换为比较统一的电流（国标规定电流互感器的二次额定为 5A 或 1A），另外线路上的电压都比较高如直接测量是非常危险的。电流互感器就起到变流和电气隔离作用。它是电力系统中测量仪表、继电保护等二次设备获取电气一次回路电流信息的传感器，电流互感器将高电流按比例转换成低电流，电流互感器一次侧接在一次系统，二次侧接测量仪表、继电保护等。

正常工作时互感器二次侧处于近似短路状态，输出电压很低。在运行中如果二次绕组开路或一次绕组流过异常电流（如雷电流、谐振过电流、电容充电电流、电感启动电流等），都会在二次侧产生数千伏甚至上万伏的过电压。这不仅给二次系统绝缘造成危害，还会使互感器过激而烧损，甚至危及运行人员的生命安全。

测量用电流互感器的精度等级 0.2/0.5/1/3。0.2/0.5/1/3 表示在 20%～120% 负荷范围内，测量误差不超过 ±0.2%/0.5%/1%/3%，另外还有 0.2S 和 0.5S 级，表示在 1%～120% 负荷范围内，测量误差不超过 ±0.2%/0.5%。

（2）保护用电流互感器主要与继电装置配合，在线路发生短路过载等故障时，向继电装置提供信号切断故障电路，以保护供电系统的安全。保护用电流互感器的工作条件与测量用电流：

保护用电流互感器包括过负荷保护电流互感器、差动保护电流互感器、接地保护电流互感器（零序电流互感器）。

互感器完全不同，保护用互感器只是在比正常电流大几倍几十倍的电流时才开始有效的工作。保护用互感器主要要求绝缘可靠、具备足够大的准确限值系数、具备足够的热稳定性和动稳定性。

保护用互感器在额定负荷下能够满足准确级的要求最大一次电流叫额定准确限值一次电流。准确限值系数就是额定准确限值一次电流与额定一次电流比。当一次电流足够大时铁芯就会饱和起不到反映一次电流的作用，准确限值系数就是表示这种特性。保护用互感器准确等级 5P、10P，表示在额定准确限值一次电流时的允许电流误差为 1%、3%，其复合误差分别为 5%、10%。

线路发生故障时的冲击电流产生热和电磁力，保护用电流互感器必须承受。二次绕组短路情况下，电流互感器在一秒内能承受而无损伤的一次电流有效值，称额定短时热电流。二次绕组短路情况下，电流互感器能承受而无损伤的一次电流峰值，称额定动稳定电流。

保护用电流互感器的精度等级 5P/10P，10P 标示复合误差不超过 10%。

### 5.2.2.2 按绝缘介质分类

按绝缘介质分类，电流互感器可分为以下几大类：

（1）干式电流互感器，由普通绝缘材料经浸漆处理作为绝缘。

（2）浇注式电流互感器，用环氧树脂或其他树脂混合材料浇注成型的电流互感器。

（3）油浸式电流互感器，由绝缘纸和绝缘油作为绝缘，一般为户外型。

（4）气体绝缘电流互感器，主绝缘由气体构成。

### 5.2.2.3 按安装方式分类

（1）贯穿式电流互感器，用来穿过屏板或墙壁的电流互感器。

（2）支柱式电流互感器，安装在平面或支柱上，兼做一次电路导体支柱用的电流互感器。

（3）套管式电流互感器，没有一次导体和一次绝缘，直接套装在绝缘的套管上的一种电流互感器。

（4）母线式电流互感器，没有一次导体但有一次绝缘，直接套装在母线上使用的一种电流互感器。

### 5.2.2.4 按原理分类

电磁式电流互感器，根据电磁感应原理实现电流变换的电流互感器。

### 5.2.3 参数与技术标准

### 5.2.3.1 型号含义

电流互感器型号各字母定义如下：

第一字母：L—电流互感器。

第二字母：A—穿墙式；Z—支柱式；M—母线式；D—单匝贯穿式；V—结构倒置式；J—零序。

接地检测用；W—抗污秽；R—绕组裸露式。

第三字母：Z—环氧树脂浇注式；C—瓷绝缘；Q—气体绝缘介质；W—与微机保护专用。

第四字母：B—带保护级；C—差动保护；D—D 级；Q—加强型；J—加强型 ZG。

第五数字：电压等级产品序号。

### 5.2.3.2 参数标准

额定容量：额定二次电流通过二次额定负荷时所消耗的视在功率。额定容量可以用视在功率 V.A 表示，也可以用二次额定负荷阻抗 Ω 表示。

一次额定电流：允许通过电流互感器一次绕组的用电负荷电流。用于电力系统的电流互感器一次额定电流为 5～25 000A，用于试验设备的精密电流互感器为 0.1～50 000A。电流互感器可在一次额定电流下长期运行，负荷电流超过额定电流值时叫做过负荷，电流互感器长期过负荷运行，会烧坏绕组或减少使用寿命。

二次额定电流：允许通过电流互感器二次绕组的一次感应电流。

额定电流比（变比）：一次额定电流与二次额定电流之比。

额定电压：一次绕组长期对地能够承受的最大电压（有效值以 kV 为单位），应不低于所接线路的额定相电压。电流互感器的额定电压分为 0.5、3、6、10、35、110、220、330、500kV 等几种电压等级。

10%倍数：在指定的二次负荷和任意功率因数下，电流互感器的电流误差为-10%时，一次电流对其额定值的倍数。10%倍数是与继电保护有关的技术指标。

准确度等级：表示互感器本身误差（比差和角差）的等级。电流互感器的准确度等级分为 0.001～1 多种级别，与原来相比准确度提高很大。用于发电厂、变电站、用电单位配电控制盘上的电气仪表一般采用 0.5 级或 0.2 级；用于设备、线路的继电保护一般不低于 1 级；用于电能计量时，视被测负荷容量或用电量多少依据规程要求来选择（见第一讲）。

比差：互感器的误差包括比差和角差两部分。比值误差简称比差，一般用符号 $f$ 表示，它等于实际的二次电流与折算到二次侧的一次电流的差值，与折算二次侧的一次电流的比值，以百分数表示。

角差：相角误差简称角差，一般用符号 $\delta$ 表示，它是旋转 180° 后的二次电流向量与一次电流向量之间的相位差。规定二次电流向量超前于一次电流向量 $\delta$ 为正值，反之为负值，用分（′）为计算单位。

热稳定及动稳定倍数：电力系统故障时，电流互感器受到由于短路电流引起的巨大电流的热效应和电动力作用，电流互感器应该有能够承受而不致受到破坏的能力，这种承受的能力用热稳定和动稳定倍数表示。热稳定倍数是指热稳定电流 1s 内不致使电流互感器的发热超过允许限度的电流与电流互感器的额定电流之比。动稳定倍数是电流互感器所能承受的最大电流瞬时值与其额定电流之比。

### 5.2.4 巡视项目及标准要求

#### 5.2.4.1 油浸式电流互感器

油浸式电流互感器日常巡视要求如表 5-18 所示。

表 5-18　　　　　　　　油浸式电流互感器日常巡视要求

| 序号 | 巡视内容 | 要　求　及　标　准 |
| --- | --- | --- |
| 1 | 设备铭牌及标识 | 设备铭牌应清晰正确，无掉落、褪色现象 |
| 2 | 瓷套 | 外表应清洁，无明显污垢，无破损闪络、裂纹现象，法兰无生锈、无电场不均匀产生的放电声。无渗漏油现象 |
| 3 | 导线及连接板 | 导线无断股、松股现象；接线板无过热变色现象；红外测温应正常 |
| 4 | 本体 | 无异常声响、异常振动机异味 |
| 5 | 底座、法兰 | 底座、法兰等部位无渗漏油；无锈蚀现象 |
| 6 | 金属膨胀器 | 位置指示正常，无弹出现象 |
| 7 | 油位 | 油位、油色应正常，示油玻璃清洁完好，将军帽无严重锈蚀 |
| 8 | 二次接线盒 | 二次接线盒密封良好，无严重锈蚀。电缆引出端封堵完好，必要时红外测温无发热 |
| 9 | 电流互感器端子箱 | 端子箱引线无松动、过热、打火现象，二次线和电缆无腐蚀及损伤，接线端子无氧化锈蚀现象 |
| 10 | 接地 | 接地排应良好，无断开、无锈蚀 |
| 11 | 基础 | 无下沉、倾斜；无严重开裂 |

### 5.2.4.2 SF₆气体绝缘电流互感器

SF₆气体绝缘电流互感器日常巡视要求如表5-19所示。

表5-19           SF₆气体绝缘电流互感器日常巡视要求

| 序号 | 巡视内容 | 要求及标准 |
|------|----------|-----------|
| 1 | 设备铭牌及标识 | 设备铭牌应清晰正确，无掉落、褪色现象 |
| 2 | 瓷套 | 外表应清洁，无明显污垢，无破损闪络、裂纹现象，法兰无生锈、无电场不均匀产生的放电声。复合绝缘材料（硅橡胶）瓷套外表无龟裂、电腐蚀现象 |
| 3 | 导线及连接板 | 导线无断股、松股现象；接线板无过热变色现象；红外测温应正常 |
| 4 | 本体 | 无异常声响、异常振动机异味 |
| 5 | 底座、法兰 | 无锈蚀现象 |
| 6 | SF₆压力 | SF₆压力表指示在正常范围内，气压表玻璃无破损及进水、潮气现象，继电器密封良好 |
| 7 | 金属膨胀器 | 位置指示正常，无弹出现象 |
| 8 | 二次接线盒 | 二次接线盒密封良好，电缆引出端封堵完好，必要时红外测温无发热 |
| 9 | 电流互感器端子箱 | 端子箱引线无松动、过热、打火现象 |
| 10 | 接地 | 接地排应良好，无断开、无锈蚀 |
| 11 | 基础 | 无下沉、倾斜；无严重开裂 |

### 5.2.4.3 树脂浇注电流互感器

树脂浇注电流互感器日常巡视要求如表5-20所示。

表5-20           树脂浇注电流互感器日常巡视要求

| 序号 | 巡视内容 | 要求及标准 |
|------|----------|-----------|
| 1 | 设备铭牌及标识 | 设备铭牌应清晰正确，无掉落、褪色现象 |
| 2 | 外表 | 外表应清洁，表面无积灰、无粉蚀，无开裂和放电现象 |
| 3 | 导线及连接板 | 导线无断股、松股现象；接线板无过热变色现象；红外测温应正常 |
| 4 | 本体 | 无过热、无异常声响、无异常振动。无受潮，外露铁心无锈蚀 |
| 5 | 底座、法兰 | 底座、法兰等部位无渗漏油；无锈蚀现象 |
| 6 | 金属膨胀器 | 位置指示正常，无弹出现象 |
| 7 | 二次接线盒 | 二次接线盒密封良好，电缆引出端封堵完好，必要时红外测温无发热 |
| 8 | 电流互感器端子箱 | 端子箱引线无松动、过热、打火现象 |
| 9 | 接地 | 接地排应良好，无断开、无锈蚀 |
| 10 | 基础 | 无下沉、倾斜；无严重开裂 |

### 5.2.4.4 特殊巡视

特殊巡视要求如表5-21所示。

表 5–21　　　　　　　　　　　　　特 殊 巡 视 要 求

| 序号 | 巡视内容 | 要求及标准 |
|---|---|---|
| 1 | 气温骤变时<br>（高温天气或寒冬） | 寒冻季节导线驰度无过紧现象，向上导线接头无冰胀开列或松脱现象，检查引线接头有无发热现象，必要时进行红外测温。二次接线盒有无发热现象 |
| 2 | 雷雨 | 检查应在雷雨过后，检查外绝缘瓷套有无放电闪络、破裂现象 |
| 3 | 大风天气 | 检查引线摆动情况及有无断股现象；周边有无杂物及飘浮物。互感器晃动情况 |
| 4 | 大雪天气 | 检查引线积雪程度，观察融雪速度，以判断检查接头发热部位；检查有无积冰及严重积雪情况。为了防止外绝缘瓷套过渡受力引起绝缘子破裂，应及时汇报处理严重积雪及冰柱 |
| 5 | 毛毛雨、小雪天气 | 检查外绝缘瓷套有无沿面放电现象；各接头在小雨和小雪后不应有水蒸气上升或立即融化现象，否则表示该接头运行温度较高，应用红外测温仪进一步检查 |
| 6 | 大雾天气 | 检查外绝缘瓷套有无放电打火现象，重点监视污秽瓷质部分 |
| 7 | 夜间巡视 | 检查引线接头有无发红、放电现象 |

## 5.2.5　维护、试验周期及项目

电流互感器维护周期如表 5–22 所示。

表 5–22　　　　　　　　　　　　　电流互感器维护周期

| 检修类型 | 基本检修项目 | 检 修 周 期 |
|---|---|---|
| A 类检修<br>（整体性检修） | 包含整体更换、解体检修 | 按照设备状态评价决策进行，应符合厂家说明书要求 |
| B 类检修<br>（局部性检修） | 包含部件的解体检查、维修及更换 | 按照设备状态评价决策进行，应符合厂家说明书要求 |
| C 类检修<br>（一般性检修） | 包含本体及附件的检查与维护 | 基准周期35kV 及以下 4 年、110（66）kV 及以上 3 年 |
| | | 可依据设备状态、地域环境、电网结构等特点，在基准周期的基础上酌情延长或缩短检修周期，调整后的检修周期一般不小于 1 年，也不大于基准周期的 2 倍 |
| | | 对于未开展带电检测设备，检修周期不大于基准周期的1.4 倍；未开展带电检测老旧设备（大于 20 年运龄），检修周期不大于基准周期 |
| | | 110（66）kV 及以上新设备投运满 1~2 年，以及停运 6 个月以上重新投运前的设备，应进行检修。对核心部件或主体进行解体性检修后重新投运的设备，可参照新设备要求执行 |
| | | 现场备用设备应视同运行设备进行检修；备用设备投运前应进行检修 |
| | | 符合以下各项条件的设备，检修可以在周期调整后的基础上最多延迟 1 个年度：<br>（1）巡视中未见可能危及该设备安全运行的任何异常；<br>（2）带电检测（如有）显示设备状态良好；<br>（3）上次试验与其前次（或交接）试验结果相比无明显差异；<br>（4）没有任何可能危及设备安全运行的家族缺陷；<br>（5）上次检修以来，没有经受严重的不良工况 |

| 检修类型 | 基本检修项目 | 检 修 周 期 |
|---|---|---|
| D类检修（不停电检修） | 包含专业巡视、SF$_6$气体补充、密度继电器校验及更换、压力表校验及更换、辅助二次元器件更换、金属部件防腐处理、箱体维护等不停电工作 | 依据设备运行工况，及时安排，保证设备正常功能 |

电流互感器大修项目如表 5–23 所示。

**表 5–23**              **电流互感器大修项目**

| 序号 | 内 容 |
|---|---|
| 1 | 检查与清洗外壳，处理渗漏油部位与除锈刷漆 |
| 2 | 放出油箱内的油，放油的同时要检查油位计、阀门是否正常。放油后清洗掉油箱内的油垢与杂物 |
| 3 | 检查铁芯的夹紧程度以及是否过热退火，如果过热退火将不能继续使用。检查夹紧螺丝的绝缘 |
| 4 | 检查并清洗绕组绝缘，检查与紧固全部接头及固定其绝缘的支持物 |
| 5 | 检查套管有无损伤及其密封情况。注油式套管应清洗内部、换油。纯瓷套管应检查其屏蔽漆是否完好，必要时重新刷漆 |
| 6 | 对受潮的互感器要进行干燥处理，干燥后注入合格的油或对干式的涂刷绝缘漆 |
| 7 | 根据规程要求，在大修时应做下述测试：测定绕组的绝缘电阻，测定介质损耗，绕组联通套管对外壳的耐压试验 |

电流互感器的小修项目如表 5–24 所示。

**表 5–24**              **电流互感器的小修项目**

| 序号 | 内 容 |
|---|---|
| 1 | 清除外部积尘、油垢 |
| 2 | 检查一、二次绕组接头有无松动、过热的现象 |
| 3 | 检查油位及外部密封情况 |
| 4 | 对不需要吊芯即可处理的缺陷进行处理、补换油与配合试验 |

## 5.3　电压互感器（线圈类）

### 5.3.1　基本构造

电压互感器（TV，见图 5–36）和变压器很相像，都是用来变换线路上的电压。但是变压器变换电压的目的是为了输送电能，因此容量很大，一般都是以千伏安或兆伏安为计算单位；而电压互感器变换电压的目的，主要是用来给测量仪表和继电保护装置供电，用来测量线路的电压、功率和电能，或者用来在线路发生故障时保护线路中的贵重设备、电机和变压器，因此电压互感器的容量很小，一般都只有几伏安、几十伏安，最大也不超过1000kVA。

其工作原理与变压器相同，基本结构也是铁心和一、二次绕组。特点是容量很小且比较恒定，正常运行时接近于空载状态。

电压互感器本身的阻抗很小，一旦二次侧发生短路，电流将急剧增长而烧毁线圈。为此，电压互感器的一次侧接有熔断器，二次侧可靠接地，以免一、二次侧绝缘损毁时，二次侧出现对地高电位而造成人身和设备事故。

测量用电压互感器一般都做成单相双线圈结构，其一次电压为被测电压（如电力系统的线电压），可以单相使用，也可以用两台接成 V–V 形作三相使用。实验室用的电压互感器往往是一次侧多抽头的，以适应测量不同电压的需要。供保护接地用电压互感器还带有一个第三线圈，称三线圈电压互感器。三相的第三线圈接成开口三角形，开口三角形的两引出端与接地保护继电器的电压线圈联接。

图 5–36　TV 外观图

正常运行时，电力系统的三相电压对称，第三线圈上的三相感应电动势之和为零。一旦发生单相接地时，中性点出现位移，开口三角的端子间就会出现零序电压使继电器动作，从而对电力系统起保护作用。

线圈出现零序电压则相应的铁心中就会出现零序磁通。为此，这种三相电压互感器采用旁轭式铁心（10kV 及以下时）或采用三台单相电压互感器。对于这种互感器，第三线圈的准确度要求不高，但要求有一定的过励磁特性（即当原边电压增加时，铁心中的磁通密度也增加相应倍数而不会损坏）。

## 5.3.2　主要类型

电压互感器可根据安装地点、相数、绕组数、绝缘方式、工作原理进行分类。

### 5.3.2.1　按安装地点分类

按安装地点可分为户内式和户外式。35kV 及以下多制成户内式；35kV 以上则制成户外式。

### 5.3.2.2　按相数分类

按相数可分为单相和三相式，35kV 及以上不能制成三相式。

### 5.3.2.3　按绕组数目分类

按绕组数目可分为双绕组和三绕组电压互感器，三绕组电压互感器除一次侧和基本二次侧外，还有一组辅助二次侧，供接地保护用。

#### 5.3.2.4 按绝缘方式分类

按绝缘方式可分为干式、浇注式、油浸式和充气式。干式电压互感器结构简单、无着火和爆炸危险，但绝缘强度较低，只适用于 6kV 以下的户内式装置；浇注式电压互感器结构紧凑、维护方便，适用于 3～35kV 户内式配电装置；油浸式电压互感器绝缘性能较好，可用于 10kV 以上的户外式配电装置；充气式电压互感器用于 $SF_6$ 全封闭电器中。

#### 5.3.2.5 按工作原理分类

按工作原理划分，还可分为电磁式电压互感器，电容式电压互感器和电子式电压互感器。

### 5.3.3 参数与技术标准

#### 5.3.3.1 型号定义

电压互感器型号由以下几部分组成，各部分字母，符号表示内容：

第一个字母：J—电压互感器。

第二个字母：D—单相；S—三相。

第三个字母：J—油浸；Z—浇注；

第四个字母：数字—电压等级（kV）。

例如：JDJ—10 表示单相油浸电压互感器，额定电压 10kV。

#### 5.3.3.2 参数标准

额定一次电压：作为电压互感器性能基准的一次电压值。

额定二次电压：作为互感器性能基准的二次电压值。额定变比，额定一次电压与额定二次电压之比。

准确级：由互感器系统定的等级，其误差在规定使用条件下应在规定的限值之内负荷，二次回路的阻抗，通常以视在功率（VA）表示。

额定负荷：确定互感器准确级可依据的负荷值。

接线方式：电压互感器的常用接线方式有以下几种：

（1）单项式接线,可以用于测量 35kV 及以下中性点不直接接地系统的线电压或 110kV 以上中性点直接接地系统的相对地电压（见图 5–37）。

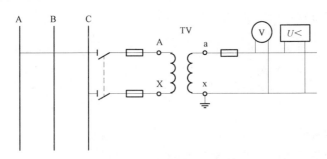

图 5–37　电压互感器单项式接线

（2）V/V 接线是将两台全绝缘单相电压互感器的高、低压绕组分别接于相与相之间构成不完全三角形。这种方法常用语中性点不接地或经消弧线圈接地的 35kV 及以下的高压三相系统中，特别是 10kV 的三相系统中。

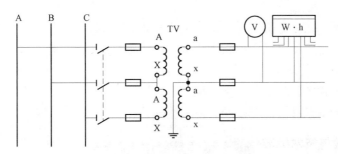

图 5-38　电压互感器 V/V 接线

（3）用三台单相三绕组电压互感器构成 YN，yn，d0 或 YN，y，d0 的接线形式（见图 5-39），广泛应用于 3～220kV 系统中，其二次绕组用于测量相间电压和相对地电压，辅助二次绕组接成开口三角形，供接入交流电网绝缘监视仪表和继电器用。用一台三相五柱式电压互感器代替上述三个单相三绕组电压互感器构成的接线，除铁芯外，其形式与图 3 基本相同，一般只用于 3～15kV 系统。

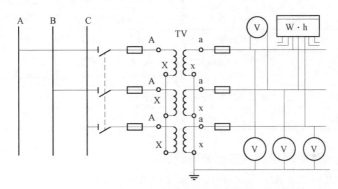

图 5-39　三台单相三绕组电压互感器接线形式

（4）三相三绕组五柱式电压互感器，其一次绕组和主二次绕组接成星形（见图 5-40），并且中性点接地，辅助二次绕组接成开口三角形。故此种电压互感器可以测量线电压和相对地电压，辅助二次绕组可以介入交流电网绝缘监视用的继电器和信号指示器。

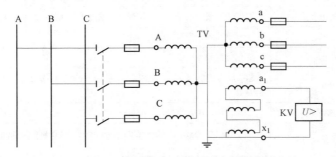

图 5-40　三相三绕组五柱式电压互感器接线

### 5.3.4 巡视项目及标准要求

根据电压互感器绝缘介质不同，巡视项目主要分为：油浸式电压互感器日常巡视、SF$_6$气体绝缘电压互感器日常巡视、树脂浇注电压互感器日常巡视、电容式电压互感器日常巡视以及特殊巡视

#### 5.3.4.1 油浸式电压互感器日常巡视

油浸式电压互感器日常巡视要求如表5-25所示。

表5-25                               油浸式电压互感器日常巡视要求

| 序号 | 巡视内容 | 要求及标准 |
|---|---|---|
| 1 | 设备铭牌及标识 | 设备铭牌应清晰正确，无掉落、褪色现象 |
| 2 | 瓷套 | 外表应清洁，无明显污垢，无破损闪络、裂纹现象，法兰无生锈、无电场不均匀产生的放电声。无渗漏油现象 |
| 3 | 导线及连接板 | 导线无断股、松股现象；接线板无过热变色现象；红外测温应正常 |
| 4 | 本体 | 无异常声响、异常振动机异味 |
| 5 | 底座、法兰 | 底座、法兰等部位无渗漏油；无锈蚀现象 |
| 6 | 油位 | 油位、油色应正常，示油玻璃清洁完好，将军帽无严重锈蚀 |
| 7 | 二次接线盒 | 二次接线盒密封良好，无严重锈蚀，电缆引出端封堵完好，必要时红外测温无发热 |
| 8 | 电压互感器端子箱 | 端子箱引线无松动、过热现象；各小开关、3V0压板均在正常状态。小开关铭牌正确清晰。二次线和电缆无腐蚀及损伤，接线端子无氧化锈蚀现象 |
| 9 | 接地 | 接地排应良好，无断开、无锈蚀 |
| 10 | 基础 | 无下沉、倾斜；无严重开裂 |

#### 5.3.4.2 SF$_6$气体绝缘电压互感器日常巡视

SF$_6$气体绝缘电压互感器日常巡视要求如表5-26所示。

表5-26                           SF$_6$气体绝缘电压互感器日常巡视要求

| 序号 | 巡视内容 | 要求及标准 |
|---|---|---|
| 1 | 设备铭牌及标识 | 设备铭牌应清晰正确，无掉落、褪色现象 |
| 2 | 瓷套 | 外表应清洁，无明显污垢，无破损闪络、裂纹现象，法兰无生锈、无电场不均匀产生的放电声。复合绝缘材料（硅橡胶）瓷套外表无龟裂、电腐蚀现象 |
| 3 | 导线及连接板 | 导线无断股、松股现象；接线板无过热变色现象；红外测温应正常 |
| 4 | 本体 | 无异常声响、异常振动机异味 |
| 5 | 底座、法兰 | 无锈蚀现象 |
| 6 | 油位 | SF$_6$压力表指示在正常范围内，气压表玻璃无破损及进水、潮气现象，继电器密封良好 |
| 7 | 二次接线盒 | 二次接线盒密封良好，电缆引出端封堵完好，必要时红外测温无发热 |
| 8 | 电压互感器端子箱 | 端子箱引线无松动、过热现象；各小开关、3V0压板均在正常状态。小开关铭牌正确清晰 |
| 9 | 接地 | 接地排应良好，无断开、无锈蚀 |

### 5.3.4.3 电容式电压互感器日常巡视

电容式电压互感器日常巡视要求如表 5-27 所示。

表 5-27　　　　　　　　　　　　电容式电压互感器日常巡视要求

| 序号 | 巡视内容 | 要求及标准 |
|---|---|---|
| 1 | 设备铭牌及标识 | 设备铭牌应清晰正确，无掉落、褪色现象 |
| 2 | 外表 | 外表应清洁，表面无裂纹和放电现象 |
| 3 | 导线及连接板 | 导线无断股、松股现象；接线板无过热变色现象；红外测温应正常 |
| 4 | 本体 | 无过热、无异常声响、无异常振动 |
| 5 | 底座、法兰 | 底座、法兰等部位无渗漏油；无锈蚀现象 |
| 6 | 金属膨胀器 | 位置指示正常，无弹出现象 |
| 7 | 互感器端子箱 | 分压电容器低压端子 N 是否与载波回路联接或直接可靠接地 |
| 8 | 接地 | 接地排应良好，无断开、无锈蚀 |
| 9 | 基础 | 无下沉、倾斜；无严重开裂 |
| 10 | 其他 | 330kV 及以上电容式电压互感器分压电容器各节之间防晕罩连接是否可靠；电磁单元各部分是否正常，阻尼器是否接入并正常运行；分压电容器及电磁单元无渗漏油 |

### 5.3.4.4 树脂浇注电压互感器日常巡视

树脂浇注电压互感器日常巡视要求如表 5-28 所示。

表 5-28　　　　　　　　　　　　树脂浇注电压互感器日常巡视要求

| 序号 | 巡视内容 | 要求及标准 |
|---|---|---|
| 1 | 设备铭牌及标识 | 设备铭牌应清晰正确，无掉落、褪色现象 |
| 2 | 外表 | 外表应清洁，表面无积灰、无粉蚀，无开裂和放电现象 |
| 3 | 导线及连接板 | 导线无断股、松股现象；接线板无过热变色现象；红外测温应正常 |
| 4 | 本体 | 无过热、无异常声响、无异常振动。无受潮，外露铁心无锈蚀 |
| 5 | 底座、法兰 | 底座、法兰等部位无渗漏油；无锈蚀现象 |
| 6 | 金属膨胀器 | 位置指示正常，无弹出现象 |
| 7 | 二次接线盒 | 二次接线盒密封良好，电缆引出端封堵完好，必要时红外测温无发热 |
| 8 | 电流互感器端子箱 | 端子箱引线无松动、过热、打火现象 |
| 9 | 接地 | 接地排应良好，无断开、无锈蚀 |
| 10 | 基础 | 无下沉、倾斜；无严重开裂 |

### 5.3.4.5 特殊巡视

特殊巡视要求如表 5-29 所示。

表 5–29 　　　　　　　　　　　 特 殊 巡 视 要 求

| 序号 | 巡视内容 | 要求及标准 |
|---|---|---|
| 1 | 气温骤变时（高温天气或寒冬） | 寒冻季节导线驰度无过紧现象，向上导线接头无冰胀开列或松脱现象；高温季节检查引线接头有无发热现象，必要时进行红外测温。二次接线盒有无发热现象 |
| 2 | 雷雨 | 检查应在雷雨过后，检查外绝缘瓷套有无放电闪络、破裂现象 |
| 3 | 大风天气 | 检查引线摆动情况及有无断股现象；周边有无杂物及飘浮物。互感器晃动情况 |
| 4 | 大雪天气 | 检查引线积雪程度，观察融雪速度，以判断检查接头发热部位；检查有无积冰及严重积雪情况。为了防止外绝缘瓷套过渡受力引起绝缘子破裂，应及时汇报处理严重积雪及冰柱 |
| 5 | 毛毛雨、小雪天气 | 检查外绝缘瓷套有无沿面放电现象；各接头在小雨和小雪后不应有水蒸气上升或立即融化现象，否则表示该接头运行温度较高，应用红外测温仪进一步检查 |
| 6 | 大雾天气 | 检查外绝缘瓷套有无放电打火现象，重点监视污秽瓷质部分 |
| 7 | 夜间巡视 | 检查引线接头有无发红、放电现象 |

### 5.3.5 维护、修试项目及标准

电压互感器维护周期如表 5–30 所示。

表 5–30 　　　　　　　　　　　　　 电压互感器维护周期

| 检修类型 | 基本检修项目 | 检修周期 |
|---|---|---|
| A 类检修（整体性检修） | 包含整体更换、解体检修 | 按照设备状态评价决策进行，应符合厂家说明书要求 |
| B 类检修（局部性检修） | 包含部件的解体检查、维修及更换 | 按照设备状态评价决策进行，应符合厂家说明书要求 |
| C 类检修（一般性检修） | 包含本体及附件的检查与维护 | 基准周期 35kV 及以下 4 年、110（66）kV 及以上 3 年 |
| | | 可依据设备状态、地域环境、电网结构等特点，在基准周期的基础上酌情延长或缩短检修周期，调整后的检修周期一般不小于 1 年，也不大于基准周期的 2 倍 |
| | | 对于未开展带电检测设备，检修周期不大于基准周期的 1.4 倍；未开展带电检测老旧设备（大于 20 年运龄），检修周期不大于基准周期 |
| | | 对核心部件或主体进行解体性检修后重新投运的设备，可参照新设备要求执行 |
| | | 现场备用设备应视同运行设备进行检修；备用设备投运前应进行检修 |
| | | 符合以下各项条件的设备，检修可以在周期调整后的基础上最多延迟 1 个年度：1. 巡视中未见可能危及该设备安全运行的任何异常；2. 带电检测（如有）显示设备状态良好；3. 上次试验与其前次（或交接）试验结果相比无明显差异；4. 上次检修以来，没有经受严重的不良工况 |
| D 类检修（不停电检修） | 包含专业巡视、金属部件防腐处理、框架箱体维护 | 依据设备运行工况，及时安排，保证设备正常功能 |

电压互感器大修项目如表 5–31 所示。

表 5–31　　　　　　　　　　　　　电压互感器大修项目

| 序号 | 内　容 |
|---|---|
| 1 | 检查与清洗外壳，处理渗漏油部位与除锈刷漆 |
| 2 | 放出油箱内的油，放油的同时要检查油位计、阀门是否正常。放油后清洗掉油箱内的油垢与杂物 |
| 3 | 检查铁芯的夹紧程度以及是否过热退火，如果过热退火将不能继续使用。检查夹紧螺丝的绝缘 |
| 4 | 检查并清洗绕组绝缘，检查与紧固全部接头及固定其绝缘的支持物 |
| 5 | 检查套管有无损伤及其密封情况。注油式套管应清洗内部、换油。纯瓷套管应检查其屏蔽漆是否完好，必要时重新刷漆 |
| 6 | 对受潮的互感器要进行干燥处理，干燥后注入合格的油或对干式的涂刷绝缘漆 |
| 7 | 根据规程要求，在大修时应做下述测试：测定绕组的绝缘电阻，测定介质损耗，绕组联通套管对外壳的耐压试验，测量电压互感器一次绕组的直流电阻 |

电压互感器的小修项目如表 5–32 所示。

表 5–32　　　　　　　　　　　　　电压互感器的小修项目

| 序号 | 内　容 |
|---|---|
| 1 | 清除外部积尘、油垢 |
| 2 | 检查一、二次绕组接头有无松动、过热的现象 |
| 3 | 检查油位及外部密封情况 |
| 4 | 对不需要吊芯即可处理的缺陷进行处理、补换油与配合试验 |

# 5.4　电抗器（线圈类）

## 5.4.1　基本构造

电抗器（见图 5–41）也叫电感器，一个导体通电时就会在其所占据的一定空间范围产生磁场，所以所有能载流的电导体都有一般意义上的感性。然而通电长直导体的电感较小，所产生的磁场不强，因此实际的电抗器是导线绕成螺线管形式，称空心电抗器；有时为了让这只螺线管具有更大的电感，便在螺线管中插入铁心，称铁心电抗器。电抗分为感抗和容抗，比较科学的归类是感抗器（电感器）和容抗器（电容器）统称为电抗器，然而由于过去先有了电感器，并且被

图 5–41　电抗器

称为电抗器，所以现在人们所说的电容器就是容抗器，而电抗器专指电感器。

### 5.4.2 主要类型

按结构及冷却介质、按接法、按功能、按用途进行分类。

#### 5.4.2.1 按结构及冷却介质分类

按结构及冷却介质分为空心式、铁芯式、干式、油浸式等，例如：干式空心电抗器、干式铁芯电抗器、油浸铁心电抗器、油浸空心电抗器、夹持式干式空心电抗器、绕包式干式空心电抗器、水泥电抗器等。

#### 5.4.2.2 按连接方式分类

按接法分为并联电抗器和串联电抗器。串联电抗器通常起限流作用，并联电抗器经常用于无功补偿。

220、110、35、10kV 电网中的电抗器是用来吸收电缆线路的充电容性无功的。可以通过调整并联电抗器的数量来调整运行电压。超高压并联电抗器有改善电力系统无功功率有关运行状况的多种功能，主要包括轻空载或轻负荷线路上的电容效应，以降低工频

图 5-42  电抗器

暂态过电压、改善长输电线路上的电压分布等。

#### 5.4.2.3 按功能分类

按功能分为限流和补偿。

#### 5.4.2.4 按用途分类

按用途：按具体用途细分，例如：限流电抗器、滤波电抗器、平波电抗器、功率因数补偿电抗器、串联电抗器、平衡电抗器、接地电抗器、消弧线圈、进线电抗器、出线电抗器、饱和电抗器、自饱和电抗器、可变电抗器（可调电抗器、可控电抗器）、轭流电抗器、串联谐振电抗器、并联谐振电抗器等。

### 5.4.3 参数与技术标准

#### 5.4.3.1 型号含义

电抗器型号由以下几部分组成，各部分字母，符号表示内容：

第一位表示电抗器连接方式，CK 表示串联，BK 表示并联。

第二位表示相数，S 表示三相，D 表示单相。

第三位表示绝缘方式，C 表示环氧浇注，G 表示浸渍式。

第四位表示电抗器容量，单位为千乏（kvar）。

第五位表示系统电压，单位为千伏（kV）。

第六位表示电抗率，单位为百分比（%）。

#### 5.4.3.2 参数标准

额定频率：电抗运行的 50Hz。

相数：单相或三相。

额定电压：电抗器与并联电容器组相串联的回路所接入的电力系统的额定电压。用 $U_{sn}$ 表示。常用的有 6、10、35、66kV。

额定电抗率：是串联电抗器的电抗值与电容器组的容抗值之比。一般有 4.5%、5%、6%、12%、13%。

额定端电压：电抗器通过工频额定电流时，一相绕组两端的电压方均根值，用 $U_n$ 表示。

额定容量：电抗器在工频额定端电压和额定电流时的视在功率，用 $S_n$ 表示。单相电抗器的额定容量为三相电抗器的额定容量的 1/3。

额定电流：与电抗器相串联的电容器组的额定电流，用 $I_n$ 表示。

额定电抗：电抗器通过工频额定电流时的电抗值，用 $X_n$ 表示。

冷却方式的标志：干式空心电抗器，采用空气自然循环冷却方式时，以字母 AN 表示。

### 5.4.4 巡视项目及标准

根据电抗器绝缘介质不同，巡视项目主要分为：干式电抗器日常巡视、油浸式电抗器日常巡视以及特殊巡视。

#### 5.4.4.1 干式电抗器日常巡视内容：

干式电抗器日常巡视要求如表 5–33 所示。

表 5–33　　　　　　　　　干式电抗器日常巡视要求

| 序号 | 巡视内容 | 要求及标准 |
|------|----------|-----------|
| 1 | 本体 | 正常运行中，通过电抗器的工作电流不应超过其额定电流 |
| 2 | 引线 | 无松股、断股、弛度过紧及过松现象（或引排无变色、弯曲变形现象） |
| 3 | 接头 | 无松动、发热或变色现象 |
| 4 | 线圈 | 不变形，绝缘绑扎无断裂，绝缘漆无龟裂现象 |
| 5 | 声音 | 运行声音正常，内部无放电声及其他异声 |
| 6 | 支柱绝缘子 | 无裂纹及放电闪络痕迹，无破损现象，外观清洁。支柱绝缘子（包括支柱）整体无倾斜不稳现象 |
| 7 | 基础 | 无开裂下沉情况 |
| 8 | 接地 | 支柱接地良好，接地引下（线）排无断裂及锈蚀现象 |

#### 5.4.4.2 油浸式电抗器日常巡视

油浸式电抗器日常巡视要求如表 5–34 所示。

表 5–34　　　　　　　　　油浸式电抗器日常巡视要求

| 序号 | 巡视内容 | 要求及标准 |
|------|----------|-----------|
| 1 | 本体 | 正常运行中，通过电抗器的工作电流不应超过其额定电流 |
| 2 | 引线 | 无松股、断股、弛度过紧及过松现象 |
| 3 | 接头 | 无松动、发热或变色现象 |

| 序号 | 巡视内容 | 要求及标准 |
|------|---------|-----------|
| 4 | 瓷套 | 无裂纹及放电闪络痕迹，无破损现象，外表清洁 |
| 5 | 本体油位、气体继电器 | 本体油位正常，气体继电器无积气、漏油现象。检查气体继电器防雨罩盖好 |
| 6 | 压力释放器 | 无漏油现象 |
| 7 | 呼吸器 | 畅通，呼吸器硅胶不变色，硅胶桶无破损 |
| 8 | 温度计 | 指示正确，油温在规程允许的运行范围内，温度计玻璃完好，无进水现象 |
| 9 | 声音 | 运行声音正常，内部无放电声及其他异声 |
| 10 | 本体及附件 | 无渗漏油现象，外表清洁 |
| 11 | 线圈与接头 | 线圈与接头 |
| 12 | 接地 | 外壳接地良好，接地引下线无断裂及锈蚀现象 |

### 5.4.4.3　特殊巡视

特殊巡视要求如表 5-35 所示。

表 5-35　　　　　　　　特 殊 巡 视 要 求

| 序号 | 巡视内容 | 要求及标准 |
|------|---------|-----------|
| 1 | 气温骤变时（高温天气） | 检查引线接头有无发热现象，必要时进行红外测温 |
| 2 | 雷雨 | 检查应在雷雨过后，检查支持绝缘子有无放电闪络、破裂现象 |
| 3 | 大风天气 | 检查引线摆动情况及有无断股现象；周边有无杂物及飘浮物 |
| 4 | 大雪天气 | 检查引线积雪程度，观察融雪速度，以判断检查接头发热部位；检查有无积冰及严重积雪情况。为了防止支持绝缘子过渡受力引起瓷套破裂，应及时汇报处理严重积雪及冰柱 |
| 5 | 毛毛雨、小雪天气 | 检查支持绝缘子有无沿面放电现象；各接头在小雨和小雪后不应有水蒸气上升或立即融化现象，否则表示该接头运行温度较高，应用红外测温仪进一步检查 |
| 6 | 大雾天气 | 检查支持绝缘子有无放电打火现象，重点监视污秽瓷质部分 |
| 7 | 夜间巡视 | 检查引线接头有无发红、放电现象 |

## 5.4.5　维护、修试项目及标准

维护、修试项目及标准如表 5-36 所示。

表 5-36　　　　　　　　维护、修试项目及标准

| 检修类型 | 基本检修项目 | 检 修 周 期 |
|---------|------------|-----------|
| A 类检修（整体性检修） | 包含整体更换、解体检修 | 按照设备状态评价决策进行，应符合厂家说明书要求 |
| B 类检修（局部性检修） | 包含部件的解体检查、维修及更换 | 按照设备状态评价决策进行，应符合厂家说明书要求 |

| 检修类型 | 基本检修项目 | 检 修 周 期 |
|---|---|---|
| C类检修<br>（一般性检修） | 包含本体及附件的检查与维护 | 基准周期35kV及以下4年、110（66）kV及以上3年 |
| | | 可依据设备状态、地域环境、电网结构等特点，在基准周期的基础上酌情延长或缩短检修周期，调整后的检修周期一般不小于1年，也不大于基准周期的2倍 |
| | | 对于未开展带电检测设备，检修周期不大于基准周期的1.4倍；未开展带电检测老旧设备（大于20年运龄），检修周期不大于基准周期 |
| | | 对核心部件或主体进行解体性检修后重新投运的设备，可参照新设备要求执行 |
| | | 现场备用设备应视同运行设备进行检修；备用设备投运前应进行检修 |
| | | 符合以下各项条件的设备，检修可以在周期调整后的基础上最多延迟1个年度：<br>1. 巡视中未见可能危及该设备安全运行的任何异常；<br>2. 带电检测（如有）显示设备状态良好；<br>3. 上次试验与其前次（或交接）试验结果相比无明显差异；<br>4. 上次检修以来，没有经受严重的不良工况 |
| D类检修<br>（不停电检修） | 包含专业巡视、金属部件防腐处理、框架箱体维护 | 依据设备运行工况，及时安排，保证设备正常功能 |

# 5.5 GIS（C-GIS）组合电器（开关类）

## 5.5.1 基本构造

GIS（gas insulated substation）是气体绝缘全封闭组合电器的英文简称。GIS由断路器、隔离开关、接地开关、互感器、避雷器、母线、连接件和出线终端等组成，这些设备或部件全部封闭在金属接地的外壳中，在其内部充有一定压力的SF$_6$绝缘气体，故也称SF$_6$全封闭组合电器。GIS设备自20世纪60年代实用化以来，已广泛运行于世界各地。GIS不仅在高压、超高压领域被广泛应用，而且在特高压领域也被使用。与常规敞开式变电站相比，GIS的优点在于结构紧凑、占地面积小、可靠性高、配置灵活、安装方便、安全性强、环境适应能力强，维护工作量很小，其主要部件的维修间隔不小于20年。

## 5.5.2 主要类型

### 5.5.2.1 按安装位置分类

按安装位置来分，GIS分为户外式和户内式，这两种类型结构基本相同，只是户外式需要附加防气候措施。

### 5.5.2.2 按主接线形式分

按主接线形式来分，GIS有单母线接线、双母线接线、一个半断路器接线、桥形接线和角形接线等多种接线形式。

### 5.5.2.3 按结构形式分

按结构形式来分，GIS 分为三相分筒式、母线三相共筒其余三相分筒式、三相共筒式，其中三相共筒式是 GIS 的发展趋势。

早期的 GIS 是三相分筒式结构，各种高压电器的每一相放在各自独立的接地圆筒形外壳中。其优点是相间影响小，运行中不会出现相间短路故障，而且带电部分采用同轴结构，制造方便，便于采取措施使电场均匀；缺点是体积较大，外壳中感应电流引起的损耗大，外壳数量及密封面较多，增加了漏气的可能。

母线三相共筒其余三相分筒式，是指将三相母线放在一个共同的接地金属圆筒内，三相母线通过绝缘件对称地布置在圆筒内，而断路器、互感器、隔离开关、接地开关等仍采用三相分筒式，这种结构可减少外壳中的损耗。

三相共筒式是将主回路元件的三相装在公共的接地外壳内，通过环氧树脂浇注的绝缘子支撑和隔离。这种 GIS 结构紧凑，占地面积少，节省材料，涡流损失小，现场安装维修工作量少，而且由于 $SF_6$ 气体密封点数和密封长度减小，还降低了漏气量。其缺点是内部电场不均匀，相间影响大，容易出现相间短路。目前 330kV GIS 已经实现了三相共筒，500kV GIS 也已经做到母线三相共筒。

GIS 一般根据主接线形式分为若干个间隔，每个间隔完成一定的功能，通过各间隔的组合满足不同接线的要求。每个间隔又可由绝缘隔板分割为若干个气室或气隔，如断路器气室、母线气室等。每个气室都装有充放气接口和气体压力、密度监测仪表。为了控制 $SF_6$ 气体中水分的含量和分解产物的浓度，GIS 各气室中均配置有吸附剂。在具有开断元件的气室中，吸附剂具有吸附水分和 $SF_6$ 分解产物的双重作用。在没有开断元件的气室中，吸附剂主要用来吸附气体中的水分。

图 5–43 为一 110kV 单母线接线的 GIS 整体结构图。母线采用三相共筒结构方式，置

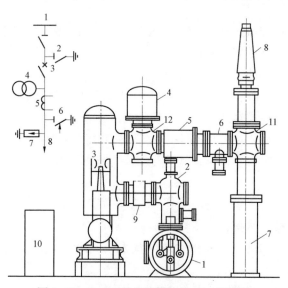

图 5–43　110kV 单母线接线的 GIS 结构图

1—母线；2—带接地刀闸的隔离开关；3—断路器；4—电压互感器；5—电流互感器；6—快速关合接地开关；

7—避雷器；8—电缆终端；9—弹性波纹管；10—操动机构；11、12—三通接头

于 GIS 底部圆筒中，并分别由支持绝缘子固定。一个三通接头连接避雷器、快速接地开关和电缆终端，另一个三通接头连接电压互感器、电流互感器及断路器的一个出线端，断路器的另一出线端则与隔离开关相连。为减小因温度变化或安装误差所引起的机械应力，在断路器和隔离开关之间等处还装设有弹性波纹管，可起到活动密封的作用。

### 5.5.3　参数与技术标准

#### 5.5.3.1　型号含义

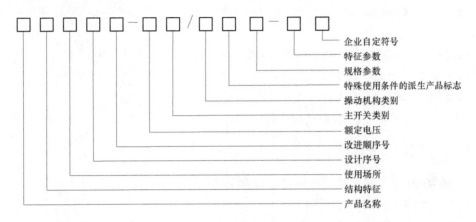

第一位字母：ZF 表示封闭式组合电器；ZH 表示复合式组合电器；ZC 表示敞开式组合电器。

第二位字母：G 表示固定式，一般略。

第三位字母：N 表示户内用；W 表示户外用。

第四位字母：表示设计序号。

第五位字母：表示改进顺序号。

第六位字母：表示额定电压。

第七位字母：L 表示配 $SF_6$ 断路器；Z 表示配真空断路器，一般略。

第八位字母：CT 表示弹簧机构，CD 表示电磁机构，CY 表示液压机构，CQ 表示气动机构，CZ 表示重锤机构，CJ 表示电动机机构，CS 表示人（手）力机构。

第九位字母：TH 表示湿热带地区；TA 表示干热带地区；N 表示凝露地区；W 表示污秽地区；G 表示高海拔地区；H 表示严寒地区；F 表示化学腐蚀地区，一般略。

第十位字母：一般为额定电流，以安培值表示。

第十一位字母：一般为额定短路开断电流，以千安值表示。

第十二位字母：略。

如组合电器全型号 ZFN6–110（L）/Y1250–40，表示户内型，设计序号为 6，额定电压为 110kV，主开关为配液压操动机构的六氟化硫断路器，额定电流是 1250A，额定短路开断电流是 40kA。

一般可缩写为产品基本型号：ZFN6–110（L），或 ZF6–110。

#### 5.5.3.2　参数标准

额定电压：GIS 的额定电压取电气设备的最高电压。按 GB156 规定，一般取 72.5、126（123）、252（245）、363、550kV。

额定绝缘水平：包括额定雷电冲击耐受电压（峰值）（相对地、相间及断口间）、额定短时工频耐受电压（有效值）（相对地、相间及断口间）、额定操作冲击耐受电压（峰值）（相对地、相间及断口间）。

额定频率：50Hz。

额定电流：按 GB762 规定，一般为 800、1250、1600、2000、2500、3150、4000、5000、6300A。

额定短时耐受电流：按 GB 11022—89 规定，一般为 23、31.5、40、50、63、80、100。

额定峰值耐受电流：等于 2.5 倍额定短时耐受电流。

额定短路持续时间：按 GB 11022—89，一般为 2s。

绝缘气体额定密度：一般由制造厂商选定。

### 5.5.4　巡视项目及标准

110kV GIS 巡视内容包括日常巡视及特殊巡视项目

#### 5.5.4.1　110kV GIS 日常巡视

110kV GIS 日常巡视要求如表 5–37 所示。

表 5–37　　　　　　　　　　110kV GIS 日常巡视要求

| 序号 | 巡视内容 | 要求及标准 |
|---|---|---|
| 1 | 设备铭牌及标识 | 设备铭牌应清晰正确，无掉落、褪色现象 |
| 2 | 外观检查 | 无变形、无锈蚀、连接无松动；传动元件的轴、销齐全无脱落、无卡涩；箱门关闭严密；GIS 设备运行（开关、流变、闸刀、线路压变、避雷器）无异常声音、气味等 |
| 3 | 气室压力 | 在正常范围内，阀门开启指示位置与吊牌相符，并定期记录压力值 |
| 4 | 闭锁 | 防误闭锁装置完好、齐全、无锈蚀 |
| 5 | 位置指示器 | 与实际运行方式相符 |
| 6 | 套管 | 完好、无裂纹、无损伤、无放电现象 |
| 7 | 避雷器 | 在线监测仪指示正确，并定期记录在线监测仪的动作计数器及泄漏电流，并与原始值比较。户外 GIS 设备避雷器泄漏电流表玻璃完整，无进水受潮现象 |
| 8 | 带电显示器 | 指示正确，与实际运行方式相符 |
| 9 | 汇控柜 | 指示正常，无异常信号发出；操作切换开关与实际运行方式相符；控制、电源开关位置正常；连锁位置指示正常；柜内运行设备正常；封堵严密、良好；加热器及驱潮电阻正常 |
| 10 | 接地 | 接地排、接地螺栓表面无锈蚀，压接牢固 |
| 11 | 设备室 | 通风系统运转正常，$SF_6$ 气体含量不大于 1000mL/L。无异常声音、异常气味 |
| 12 | 基础 | 无下沉、倾斜 |

### 5.5.4.2 特殊巡视

特殊巡视要求如表 5-38 所示。

**表 5-38** 特 殊 巡 视 要 求

| 序号 | 巡视内容 | 要求及标准 |
|---|---|---|
| 1 | 气温骤变时（高温天气） | 检查各气室压力在正常范围内 |
| 2 | 潮湿天气或雨后 | 检查室内湿度，汇控箱内加热器工作是否正常，有无积露等现象，户外 GIS 设备表计等防雨罩完好，各机构箱无进水、受潮、积露等现象 |

## 5.5.5 维护、修试项目及标准

组合电器检修项目及周期如表 5-39 所示。

**表 5-39** 组合电器检修项目及周期

| 检修类型 | 基本检修项目 | 检 修 周 期 |
|---|---|---|
| A 类检修（整体性检修） | 包含整体更换、解体检修 | 按照设备状态评价决策进行，应符合厂家说明书要求 |
| B 类检修（局部性检修） | 包含部件的解体检查、维修及更换 | 按照设备状态评价决策进行，应符合厂家说明书要求 |
| C 类检修（一般性检修） | 包含本体及附件的检查与维护 | 基准周期 35kV 及以下 4 年 |
| | | 可依据设备状态、地域环境、电网结构等特点，在基准周期的基础上酌情延长或缩短检修周期，调整后的检修周期一般不小于 1 年，也不大于基准周期的 2 倍 |
| | | 对于未开展带电检测设备，检修周期不大于基准周期的 1.4 倍；未开展带电检测老旧设备（大于 20 年运龄），检修周期不大于基准周期 |
| | | 对核心部件或主体进行解体性检修后重新投运的设备，可参照新设备要求执行 |
| | | 现场备用设备应视同运行设备进行检修；备用设备投运前应进行检修 |
| | | 符合以下各项条件的设备，检修可以在周期调整后的基础上最多延迟 1 个年度：<br>1. 巡视中未见可能危及该设备安全运行的任何异常；<br>2. 带电检测（如有）显示设备状态良好；<br>3. 上次试验与其前次（或交接）试验结果相比无明显差异；<br>4. 没有任何可能危及设备安全运行的家族缺陷；<br>5. 上次检修以来，没有经受严重的不良工况 |
| D 类检修（不停电检修） | 包含专业巡视、$SF_6$ 气体补充、液压油过滤及补充、空压机润滑油更换、密度继电器校验及更换、压力表校验及更换、辅助二次元器件更换、金属部件防腐处理、传动部件润滑处理、箱体维护、互感器二次接线检查维护、避雷器泄漏电流监视器（放电计数器）检查维护、带电检漏及堵漏处理等不停电工作 | 依据设备运行工况，及时安排，保证设备正常功能 |

组合电器日常维护项目如表 5–40 所示。

表 5–40　　　　　　　　　　　　组合电器日常维护项目

| 序号 | 项目 | 内　容 |
|---|---|---|
| 1 | 汇控柜维护 | 结合设备停电进行清扫。必要时可增加清扫次数，但必须采用防止设备误动的可靠措施 |
| | | 加热装置在入冬前应进行一次全面检查并投入运行，发现缺陷及时处理 |
| | | 驱潮防潮装置应长期投入，在雨季来临之前进行一次全面检查，发现缺陷及时处理 |
| | | 汇控柜体消缺及柜内驱潮加热、防潮防凝露模块和回路、照明回路作业消缺，二次电缆封堵修补的维护要求参照本通则端子箱部分相关内容 |
| 2 | 高压带电显示装置维护 | 高压带电显示装置显示异常，应进行检查维护 |
| | | 对于具备自检功能的带电显示装置，利用自检按钮确认显示单元是否正常 |
| | | 对于不具备自检功能的带电显示装置，测量显示单元输入端电压：若有电压则判断为显示单元故障，自行更换；若无电压则判断为传感单元故障，联系检修人员处理 |
| 3 | 指示灯更换 | 更换显示单元前，应断开装置电源，拆解二次线时应做绝缘包扎处理 |
| | | 维护后，应检查装置运行正常，显示正确 |
| | | 指示灯指示异常，应进行检查 |
| | | 测量指示灯两端对地电压：若电压正常则判断为指示灯故障，自行更换；若电压异常则判断为回路其他单元故障，联系检修人员处理 |
| | | 更换指示灯前，应断开相关电源，并用万用表测量电源侧确无电压 |
| | | 更换时，运维人员应戴手套，拆解二次线时应做绝缘包扎处理 |
| | | 维护后，应检查指示灯运行正常，显示正确 |
| | | 对于位置不利于更换或与控制把手一体的指示灯，应建议停电更换，防止因短路造成机构误动 |
| 4 | 储能空开更换 | 储能空开不满足运行要求时，应进行更换 |
| | | 更换储能空开前，应断开上级电源，并用万用表测量电源侧确无电压 |
| | | 更换时，运维人员应戴手套，打开的二次线应做好绝缘措施 |
| | | 更换后检查极性、相序正确，确认无误后方可投入储能空开 |
| 5 | 组合电器红外热像检测 | 1000kV 精确测温每月一次；330～750kV 迎峰度夏前、迎峰度夏期间、迎峰度夏后各开展 1 次精确测温；220kV 及以下，迎峰度夏前和迎峰度夏中各开展 1 次精确测温 |
| | | 检测本体及进出线电气连接、汇控柜等处，对电压互感器隔室、避雷器隔室、电缆仓隔室、接地线及汇控柜内二次回路重点检测 |
| | | 检测中若发现罐体温度异常偏高，应尽快上报处理 |
| | | 配置智能机器人巡检系统的变电站，可由智能机器人完成红外普测和精确测温，由专业人员进行复核 |

# 5.6　开关柜（开关类）

## 5.6.1　基本构造

开关柜（switch cabinet）是一种电气设备，开关柜外线先进入柜内主控开关，然后进入分控开关，各分路按其需要设置。如仪表、自控、电动机磁力开关、各种交流接触器等，有的还设高压室与低压室开关柜，设有高压母线，如发电厂等，有的还设有为保主要设备的低周减载。

开关柜的主要作用是在电力系统进行发电、输电、配电和电能转换的过程中，进行开合、控制和保护用电设备。

开关柜（见图5-44）内的部件主要有断路器、隔离开关、负荷开关、操作机构、互感器以及各种保护装置等组成。开关柜的分类方法很多，如通过断路器安装方式可以分为移开式开关柜和固定式开关柜；或按照柜体结构的不同，可分为敞开式开关柜、金属封闭开关柜、和金属封闭铠装式开关柜；根据电压等级不同又可分为高压开关柜，中压开关柜和低压开关柜等。主要适用于发电厂、变电站、石油化工、冶金轧钢、轻工纺织、厂矿企业和住宅小区、高层建筑等各种不同场合。

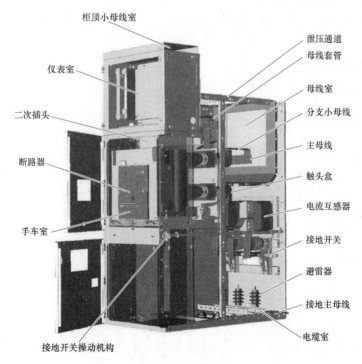

图5-44　开关柜

## 5.6.2　电器元件

开关柜柜内常用一次电器元件（主回路设备）包括：电流互感器、电压互感器、接地开关、避雷器、隔离开关、高压断路器、高压接触器、高压熔断器、变压器、高压带电显示器、绝缘件（如穿墙套管、触头盒、绝缘子、绝缘热缩（冷缩）护套）、高压电抗器、负荷开关、高压单相并联电容器等。

柜内常用的主要二次元件（又称二次设备或辅助设备，是指对一次设备进行监察、控制、测量、调整和护的低压设备），常见的有继电器，电度表，电流表，电压表，功率表（如图），功率因数表，频率表，熔断器，空气开关，转换开关，信号灯，电阻，按钮，微机综合保护装置等。

### 5.6.3 主要类型

#### 5.6.3.1 按电压等级分类

按照电压等级分类通常将 AC1000V 及以下称为低压开关柜（如 PGL、GGD、GCK、GBD、MNS 等）、AC1000V 以上称为高压开关柜（如 GG-1A、XGN15、KYN48 等），有时也将高压柜中电压为 AC10kV 的称为中压柜（如 XGN15 型 10kV 环网柜）。

#### 5.6.3.2 按电压波形分类

按电压波形分为交流开关柜、直流开关柜。

#### 5.6.3.3 按内部结构分类

按内部结构，可分为抽出式开关柜（如 ZS3.2、GCS、GCK、MNS 等）、固定式开关柜（如 GGD 等）。

#### 5.6.3.4 按用途分类

按用途可分为进线柜、出线柜、计量柜、补偿柜（电容柜）、转角柜、母线柜。

### 5.6.4 参数与技术标准

开关柜型号由以下几部分组成，各部分字母，符号表示内容：

第一位为产品形式，K 表示金属封闭铠装式，J 表示金属封闭间隔式，X 表示金属封闭箱式；

第二位为结构特征代号，G 表示固定式，Y 表示移式；

第三位为使用条件，N 表示户内用，W 表示户外用；

第四位为设计序号；

第五位为改进代号，A 表示第一次改进，B 表示第二次改进，以此类推；

第六位为额定电压，单位为千伏（kV）；

第七位为主开关类型，S 表示配少油断路器，L 表示配 SF$_6$ 断路器，Z 表示配真空断路器，F 表示配负荷开关，FR 表示配符合开关+熔断器，JR 表示配接触器+熔断器，G 表示配隔离开关；

第八位为断路器操作机构，D 表示电磁式，T 表示弹簧式，S 表示手力操作，Z 表示重锤操作，Q 表示气动操作，Y 表示液压操作；

第九位为开关柜的额定电流，单位为安培（A）；

第十位为开关柜的额定短路开断电流或额定短时耐受电流，单位为千安（kA）；

如 KYN1B-10，表示 10kV 改进型户内移开式金属封闭铠装柜。

参数定义如下：

额定电压：开关设备所在系统的最高电压上限，一般有 3.6、7.2、12、24、40.5kV；

额定频率：开关设备所在系统的额定频率，一般为 50Hz；

额定电流：开关设备在规定使用和性能条件下能持续通过的电流有效值最大值，一般有 630、1250、3150、4000A；

额定短时耐受电流（热稳定电流）：在规定使用和性能条件下，在规定的短时间内，开关设备在合闸位置能够承载的最大电流有效值、一般有 20、25、31.5、40、50kA；

额定峰值耐受电流（动稳定电流）：在规定使用和性能条件下，在规定的短时间内，开关设备在合闸位置能够承载的最大电流峰值，一般取热稳定电流的 2.55 倍，一般有 50、63、80、100、130kA；

额定短路持续时间：开关设备在合闸未知能承载额定短时耐受电流的时间间隔，一般有 0.5、1、2、3、4s；

防护等级（IP）：根据国际电工委员会（International Electrotechnical Commission（IEC）制定的电器防尘防水防护等级，第一个数字表示防尘等级，第二个数字表示防水等级，数字越大表示防护等级越高。特征数字不作要求时以 X 代替。

## 5.6.5  巡视项目及标准

开关柜日常巡视要求如表 5-41 所示。

表 5-41 开关柜日常巡视要求

| 序号 | 巡视内容 | 要求及标准 |
|------|----------|-----------|
| 1 | 标志牌 | 名称、编号齐全、完好 |
| 2 | 外观检查 | 无异音、无过热、无变形等异常 |
| 3 | 表计 | 柜面上表计指示正常 |
| 4 | 操作方式切换开关 | 正常在"远控"位置 |
| 5 | 操作把手及闭锁位置 | 正确、无异常 |
| 6 | 高压带电显示装置 | 指示正确 |
| 7 | 位置指示器 | 指示正确 |
| 8 | 开关计数器 | 动作正确 |
| 9 | 电源小开关 | 位置正确 |
| 10 | 柜内电缆进出孔和备用进出孔 | 均应用环氧树脂挡板和防火堵泥封堵严实 |
| 11 | 柜体接地 | 应牢固，接地铜排应满足设计要求 |
| 12 | 接地 | 外壳接地良好，接地引下线无断裂及锈蚀现象 |

## 5.6.6  维护、修试项目及标准

开关柜检修项目及周期如表 5-42 所示。

表 5–42　　　　　　　　　　　　　开关柜检修项目及周期

| 检修类型 | 基本检修项目 | 检修周期 |
|---|---|---|
| A 类检修<br>（整体性检修） | 包含整体更换、解体检修 | 按照设备状态评价决策进行，应符合厂家说明书要求 |
| B 类检修<br>（局部性检修） | 包含部件的解体检查、维修及更换 | 按照设备状态评价决策进行，应符合厂家说明书要求 |
| C 类检修<br>（一般性检修） | 包含本体及附件的检查与维护 | 基准周期 35kV 及以下 4 年 |
| | | 可依据设备状态、地域环境、电网结构等特点，在基准周期的基础上酌情延长或缩短检修周期，调整后的检修周期一般不小于 1 年，也不大于基准周期的 2 倍 |
| | | 对于未开展带电检测设备，检修周期不大于基准周期的 1.4 倍；未开展带电检测老旧设备（大于 20 年运龄），检修周期不大于基准周期 |
| | | 对核心部件或主体进行解体性检修后重新投运的设备，可参照新设备要求执行 |
| | | 现场备用设备应视同运行设备进行检修；备用设备投运前应进行检修 |
| | | 符合以下各项条件的设备，检修可以在周期调整后的基础上最多延迟 1 个年度：<br>1. 巡视中未见可能危及该设备安全运行的任何异常；<br>2. 带电检测（如有）显示设备状态良好；<br>3. 上次试验与其前次（或交接）试验结果相比无明显差异；<br>4. 没有任何可能危及设备安全运行的家族缺陷；<br>5. 上次检修以来，没有经受严重的不良工况 |
| D 类检修<br>（不停电检修） | 包含专业巡视、辅助二次元器件更换、柜体防腐处理、零部件维护、SF$_6$ 气体充气等不停电工作 | 依据设备运行工况，及时安排，保证设备正常功能 |

开关柜日常维护项目如表 5–43 所示。

表 5–43　　　　　　　　　　　　　开关柜日常维护项目

| 序号 | 项目 | 内　容 |
|---|---|---|
| 1 | 高压带电显示装置维护 | 发现高压带电显示装置显示异常，并且自检异常，应进行检查维护 |
| | | 测量显示单元输入电压，如输入电压正常，为显示单元故障；如输入电压不正常，则为感应器故障，应联系检修人员处理 |
| | | 高压带电显示装置更换显示单元或显示灯前，应断开装置电源，并检测确无工作电压 |
| | | 接触高压带电显示装置显示单元前，应检查感应器及二次回路正常，无接近、触碰高压设备或引线的情况 |
| | | 如需拆、接二次线，应逐个记录拆卸二次线编号、位置，并做好拆解二次线的绝缘 |
| | | 高压带电显示装置维护后，应检查装置运行正常，显示正确 |
| 2 | 开关柜红外测温 | 1000kV 变电站内开关柜中精确测温每个月不少于 1 次；330～750kV 变电站开关柜，迎峰度夏前、迎峰度夏期间、迎峰度夏后各开展 1 次精确测温；220kV 及以下变电站，迎峰度夏前和迎峰度夏中各开展 1 次精确测温 |
| | | 新安装及 A、B 类检修重新投运后 1 周内 |
| | | 迎峰度夏（冬）、大负荷、检修结束送电、保电期间和必要时增加检测频次 |

| 序号 | 项目 | 内　容 |
|---|---|---|
| 2 | 开关柜红外测温 | 检测范围包含开关柜母线裸露部位、开关柜柜体、开关柜控制仪表室端子排、空开 |
| | | 重点检测开关柜柜体及进、出线电气连接处 |
| | | 检测方法应按照 DL/T 664《带电设备红外诊断应用规范》执行 |
| | | 红外热像图显示应无异常温升、温差和（或）相对差，注意与同等运行条件下相同开关柜进行比较。当柜体表面温度与环境温度温差大于 20K 或与其他柜体相比较有明显差别时（应结合开关柜运行环境、运行时间、柜内加热器运行情况等进行综合判断），应停电由检修人员检查柜内是否有过热部位 |
| | | 测量时记录环境温度、负荷及其近 3 小时内的变化情况，以便分析参考 |
| 3 | 暂态地电压局部放电检测 | 暂态地电压局部放电检测至少一年一次，每年迎峰度夏（冬）前应开展一次 |
| | | 新投运和解体检修后的设备，应在投运后 1 个月内进行一次运行电压下的检测，记录开关柜每一面的测试数据作为初始数据，以后测试中作为参考 |
| | | 对存在异常的开关柜设备，在该异常不能完全判定时，可根据开关柜设备的运行工况缩短检测周期 |
| | | 应在设备投入运行 30min 后，方可进行带电测试 |
| | | 检测前应检查开关柜设备上无其他作业，开关柜金属外壳应清洁并可靠接地 |
| | | 检测中应尽量避免干扰源（如气体放电灯、排风系统电机）等带来的影响；信号线应完全展开，避免与电源线（若有）缠绕一起，必要时可关闭开关室内照明灯及通风设备 |
| | | 雷电时禁止进行检测 |
| | | 测试现场出现明显异常情况时（如异音、电压波动、系统接地等），应立即停止测试工作并撤离现场 |
| | | 若开关柜检测结果与环境背景值、历史数据或邻近开关柜检测结果的差值大于 20dBmV，应查明原因 |

# 5.7　环网柜（开关类）

## 5.7.1　基本构造

环网柜（Ring Main Unit）（见图 5-45）是一组输配电气设备（高压开关设备）装在金属或非金属绝缘柜体内或做成拼装间隔式环网供电单元的电气设备，其核心部分采用负荷开关和熔断器，具有结构简单、体积小、价格低、可提高供电参数和性能以及供电安全等优点。它被广泛使用于城市住宅小区、高层建筑、大型公共建筑、工厂企业等负荷中心的配电站以及箱式变电站中。

环网是指环形配电网，即供电干线形成一个闭合的环形，供电电源向这个环形干线供电，从干线上再一路一路

图 5-45　环网柜

地通过高压开关向外配电。这样的好处是，每一个配电支路既可以从它的左侧干线取电源，又可以从它右侧干线取电源。当左侧干线出了故障，它就从右侧干线继续得到供电，而当右侧干线出了故障，它就从左侧干线继续得到供电，这样一来，尽管总电源是单路供电的，但从每一个配电支路来说却得到类似于双路供电的实惠，从而提高了供电的可靠性。

环网柜的额定电流都不大，因而环网柜的高压开关一般不采用结构复杂的断路器而采取结构简单的带高压熔断器的高压负荷开关。负荷开关是带有简单灭弧装置的一种开关电器，使用 $SF_6$ 气体作为绝缘和灭弧介质的负荷开关称为 $SF_6$ 负荷开关，它可以作为关合和开断负荷电流及过载电流用，亦可以作为关合和开断空载线路、空载变压器及电容器组等，凡具有接通、断开和接地功能的三工作位负荷开关，都有结构简单、价格便宜的特点。只是负荷开关不能断开短路电流。

综上所述，环网柜用负荷开关操作正常电流，而用熔断器切除短路电流，这两者结合起来取代了断路器。当然这只能局限在一定容量内。

### 5.7.2 主要类型

#### 5.7.2.1 按绝缘介质分类

按绝缘介质分类，环网柜一般分为空气绝缘和 $SF_6$ 绝缘两种。柜体中，配空气绝缘的负荷开关主要有产气式、压气式、真空式，配 $SF_6$ 绝缘的负荷开关为 $SF_6$ 式，由于 $SF_6$ 气体封闭在壳体内，它形成的隔断断口不可见。环网柜中的负荷开关，一般要求三工位，即切断负荷，隔离电路、可行靠接地。产气式、压气式和 $SF_6$ 式负荷开关易实现三工位，而真空灭弧室只能开断，不能隔离，所以一般真空负荷环网开关柜在负荷开关前再加上一个隔离开关，以形成隔离断口。

#### 5.7.2.2 按使用场所分类

按使用场所分类，环网柜可分为户内环网和户外环网。

户内环网一般用于高压侧的配电，由进线柜、计量柜、PT 柜、变压器出线柜组成，对于用电要求较高的用户，进线必须采用双电源切换柜。七楼所说的"现在也有人将负荷开关及熔断器组合的高压开关柜叫环网柜，主要是容易和用断路器的开关柜区分开来"不太准确，环网柜也有装断路器的方案。

户外环网一般用于城市电网，采用共箱式的 $SF_6$ 环网柜，这种柜型最大的特点是防护等级高，可以做到 IP67，适合用于户外，并且能短时间浸水。环网供电的方案一般采用一路环进，一路环出，两到三回做做出线回路，即形成手拉手的环网供电模式。

为保证供电的可靠性，连续性，采用两个进线供电，这就形成了一个环.采用 $SF_6$ 负荷开关，3 工位（合闸，分闸，接地），分线路，变压器。

### 5.7.3 巡视项目及标准

环网柜日常巡视要求见表 5-44。

表 5-44                  环网柜日常巡视要求

| 序号 | 巡视内容 | 要求及标准 |
|---|---|---|
| 1 | 外观 | 有无渗水、柜体内是否受潮 |
| 2 | 分、合闸位置指示 | 分、合闸位置指示 |
| 3 | 带电显示器 | 正确显示 |
| 4 | 基础周围环境 | 有无建筑施工和挖掘 |
| 5 | 门锁 | 完好 |
| 6 | UPS 电源 | 运行正常 |
| 7 | 室内温度 | 是否过高,温控装置是否正常 |
| 8 | 各种设备、各部接点 | 有无过热、烧伤、熔接等异常现象 |
| 9 | 其他 | 有无异音、异味现象;通风口有无堵塞;各种标志、警示是否齐全、清晰;室内照明、防火设施是否完善 |

# 5.8 断路器(开关类)

## 5.8.1 基本构造

高压断路器(或称高压开关,见图 5-46)它不仅可以切断或闭合高压电路中的空载电流和负荷电流,而且当系统发生故障时通过继电器保护装置的作用,切断过负荷电流和短路电流,它具有相当完善的灭弧结构和足够的断流能力,可分为:油断路器(多油断路器、少油断路器)、六氟化硫断路器(SF$_6$断路器)、压缩空气断路器、真空断路器等。

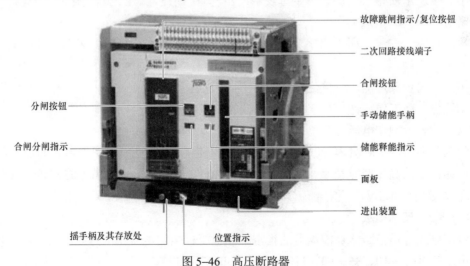

故障跳闸指示/复位按钮
二次回路接线端子
合闸按钮
手动储能手柄
储能释能指示
面板
进出装置

分闸按钮
合闸分闸指示
摇手柄及其存放处
位置指示

图 5-46  高压断路器

高压断路器的主要结构大体分为:导流部分,灭弧部分,绝缘部分,操作机构部分。

高压开关的主要类型按灭弧介质分为:油断路器,空气断路器,真空断路器,六氟化硫断路器，固体产气断路器，磁吹断路器。

### 5.8.2　主要类型

#### 5.8.2.1　按灭弧介质分类

按其灭弧的不同，可分为油断路器（多油断路器、少油断路器）、六氟化硫断路器（SF$_6$断路器）、真空断路器、压缩空气断路器等。

多油式断路器采用变压器油作为灭弧介质和触头开断后的弧隙绝缘介质以及带电部分与接地外壳之间绝缘介质。

少油式断路器采用变压器油作为灭弧介质和触头开断后的弧隙绝缘介质。

六氟化硫断路器采用具有优良灭弧和绝缘性能的 SF$_6$ 气体作为灭弧介质的断路器称为。其开断能力强，体积小；但结构复杂，耗材多。

真空断路器利用真空的高介质强度来灭弧的断路器，其灭弧速度快，寿命长，体积小。

压缩空气断路器采用压缩空气作为灭弧介质和触头开断后的弧隙绝缘介质。其灭弧能力强，压缩迅速，但结构复杂，耗材多。

#### 5.8.2.2　按操作性质分类

断路器按操作性质可分为：电动机构，气动机构，液压机构，弹簧储能机构，手动机构。

### 5.8.3　参数与技术标准

#### 5.8.3.1　型号定义

国产高压断路器的型号一共有 6 个部分组成，各部分的含义如下所示：

第一位表示断路器类型，用字母表示；Z：真空断路器、L：六氟化硫断流器、S：少油断路器、D：多油断路器；

第二位表示安装场所，用字母表示；N：户内式、W：户外式；表示设计序列号，用数字表示；

第三位表示额定电压（单位：kV）；

第四位补充工作特性，用字母表示；G 改进型、F：分相操作；

第五位表示额定电流（单位 A）；

第六位表示额定断流容量（MVA）或开断电流（kA）；

例如：一款高压断路器型号为：ZN10–10/300–750，表示室内真空断路器，设计序号为 10、额定电压 10kV、额定电流 300A、额定断流容量 750MVA。

#### 5.8.3.2　技术参数

额定电压：是指断路器能承受的正常工作电压。额定电压指的是线电压。国家规定，额定电压等级有：10、35、60、110、220、330kV 及 500kV。

最高工作电压：考虑到输电线路有电压降，线路供电端母线额定电压高于受电端母线额定电压，这样断路器可能在高于额定电压下长期工作，为此，规定了断路器有一最高工作电压。按国家标准，对额定电压在 220kV 及以下的设备，其最高工作电压为额定电压的

1.15 倍。对于 330kV 的设备，规定为 1.1 倍。

额定电流：是指铭牌上所表明的断路器可以长期通过的工作电流。

额定断路电流：在额定电压下，断路器能可靠切断的最大电流。称为额定断路电流。它表明了断路器的断路能力。

合闸时间：对有操作机构的断路器，自发出合闸信号（即合闸线圈加上电压）起，到断路器接通时为止所需的时间。一般合闸时间大于分闸时间。

分闸时间：是指从发出跳闸信号（跳闸线圈加电压）起，到断路器断开至三相电弧完全熄灭时为止所需的全部时间。一般分闸时间为 0.03～0.12s。

### 5.8.4 巡视项目及标准

根据断路器结构形式及绝缘介质不同，巡视项目可分为敞开式 $SF_6$ 断路器日常巡视、油断路器日常巡视、真空断路器日常巡视、断路器操作机构日常巡视、隔离开关日常巡视以及特殊巡视。

#### 5.8.4.1 敞开式 $SF_6$ 断路器日常巡视

敞开式 $SF_6$ 断路器日常巡视要求见表 5–45。

表 5–45 敞开式 $SF_6$ 断路器日常巡视要求

| 序号 | 巡视内容 | 要求及标准 |
| --- | --- | --- |
| 1 | 标志牌 | 名称、编号齐全、完好 |
| 2 | 套管、绝缘子 | 无断裂、裂纹、损伤、放电现象 |
| 3 | 分、合闸位置指示器 | 与实际运行状态相符 |
| 4 | 软连接及各导流压接点 | 压接良好，无过热色变、断股现象 |
| 5 | 控制、信号电源 | 正常，无异常信号发出 |
| 6 | $SF_6$ 气体压力表或密度表 | 在正常范围内，并记录压力值 |
| 7 | 端子箱电源开关 | 完好，名称标识齐全，封堵良好，箱门关闭严密 |
| 8 | 连杆、传动机构 | 无弯曲、变形、锈蚀，轴销齐全 |
| 9 | 接地螺栓 | 压接良好，无锈蚀 |
| 10 | 基础 | 无下沉、倾斜 |

#### 5.8.4.2 油断路器日常巡视

油断路器日常巡视要求见表 5–46。

表 5–46 油断路器日常巡视要求

| 序号 | 巡视内容 | 要求及标准 |
| --- | --- | --- |
| 1 | 标志牌 | 名称、编号齐全、完好 |
| 2 | 本体 | 无油迹、无锈蚀、无放电、无异音 |
| 3 | 套管、绝缘子 | 完好，无断裂、裂纹、损伤、放电现象 |

| 序号 | 巡视内容 | 要求及标准 |
|---|---|---|
| 4 | 引线 | 连接部位无发热、变色现象 |
| 5 | 放油阀 | 关闭严密，无渗油 |
| 6 | 油位 | 在正常范围内，油色正常 |
| 7 | 位置指示器 | 与实际运行状态相符 |
| 8 | 连杆、转轴、拐臂 | 无裂纹、变形 |
| 9 | 端子箱 | 电源开关完好，名称标识齐全，封堵良好，箱门关闭严密 |
| 10 | 接地螺栓 | 压接良好，无锈蚀 |
| 11 | 基础 | 无下沉、倾斜 |

### 5.8.4.3 真空断路器日常巡视

真空断路器日常巡视要求见表 5–47。

表 5–47　　　　　　　　　真空断路器日常巡视要求

| 序号 | 巡视内容 | 要求及标准 |
|---|---|---|
| 1 | 标志牌 | 名称、编号齐全、完好 |
| 2 | 灭弧室 | 无放电、无异声、无破损、无变色 |
| 3 | 绝缘子 | 无断裂、裂纹、损伤、放电现象 |
| 4 | 绝缘拉杆 | 完好，无裂纹 |
| 5 | 连杆、转轴、拐臂 | 无变形、无裂纹、变色现象 |
| 6 | 引线 | 连接部位接触良好，无发热、变色现象 |
| 7 | 位置指示器 | 与实际运行状态相符 |
| 8 | 端子箱 | 电源开关完好，名称标识齐全，封堵良好，箱门关闭严密 |
| 9 | 接地螺栓 | 压接良好，无锈蚀 |
| 10 | 基础 | 无下沉、倾斜 |

### 5.8.4.4 断路器操动机构日常巡视

断路器操动机构日常巡视要求见表 5–48。

表 5–48　　　　　　　　　断路器操动机构日常巡视要求

| 序号 | 巡视内容 | 要求及标准 |
|---|---|---|
| 1 | 储能电源（非断路器检修状态） | 应常合上 |
| 2 | 机构箱（或控制柜）门 | 关闭严密，无进水现象 |
| 3 | 机构箱中加热器、恒温器 | 使用是否正常 |
| 4 | 端子箱内二次线和端子排 | 完好，无受潮、锈蚀、发霉等现象；电缆孔洞应用耐火材封堵严密 |
| 5 | 弹簧操作机构 | 应在储能位置（检查牵引杆位置、合闸弹簧状态或者储能指示器储能指示） |

| 序号 | 巡视内容 | 要求及标准 |
|------|----------|-----------|
| 6 | 操作液压（气压）压力 | 正常，微动开关位置正确 |
| 7 | 液压机构油位 | 在正常范围，各连接管道、接头、压力表、油泵无渗漏油现象（气动操作各连接管道、接头、压力表、储气罐、压缩机无漏气声），每天起泵次数不超厂家规定次数 |

## 5.8.5　维护、修试项目及标准

断路器形式多样，维护和修试标准不同，本章节以几款较为典型的断路器为例进行介绍，包括进口 10kV VD4 真空断路器、国产 10kV VS1 真空断路器以及进口 35kV HD4 六氟化硫断路器。

### 5.8.5.1　10kV　VD4 型真空断路器

10kV VD4 真空断路器是 ABB 公司生产的 10kV 户内型真空断路器。在维护和保养方面，通常仅需要对操作机构做间或性的清扫或润滑。VD4 真空断路器在开关柜内的安装形式既可以使固定式，也可以使可移开式的，还可安装于框架上使用。

（1）修试项目。VD4 真空断路器修试项目包括：

1）检查断路器处于分闸状态，机构处于释能状态，并切断辅助回路电源；

2）断路器外观及连接件检查；

3）断路器表面、机构清洁、润滑；

4）机构内部紧固件、定位销检查；

5）分、合闸脱扣器检查；

6）辅助开关检查；

图 5-47　VD4 真空断路器

7）检查电气元件连接牢固；

8）检查电机；

9）检查断路器分合闸最低动作电压，机械指示正确；

10）开关特性测试；

11）电气试验（测回路电阻、耐压试验）；

12）继保整组试验；

13）检查现场工具有无遗漏，自验收合格；

14）运行部门验收合格；

15）恢复设备状态，并清理施工场地。

（2）维护检修工艺如图 5-48～图 5-56 所示。

图 5-48　操动机构需润滑的部位示意图

——上下固定螺栓

——此处标有辅助开关型号

——塞规塞入处

图 5-49　更换辅助开关示意图

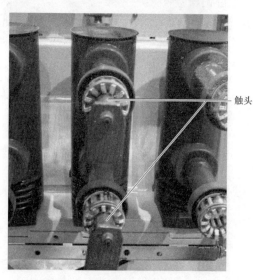

——触头

图 5-50　带触臂主回路电阻的测量

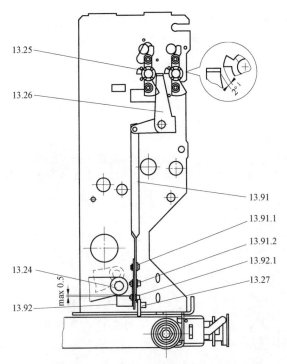

图 5-51 检查合闸联锁间隙

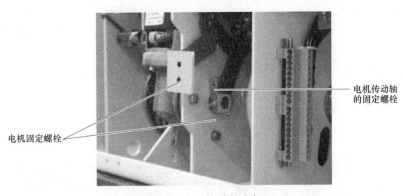

图 5-52 更换储能电机

图 5-53 整流桥组件背面螺栓

图 5-54 整流桥组件正面螺栓

图 5-55　脱扣器在整流桥组件上的位置

图 5-56　脱扣器背部的标签

图 5-57　HD 型六氟化硫断路器

### 5.8.5.2　35kV HD4 型六氟化硫断路器

35kV HD4 断路器是西门子公司生产的六氟化硫断路器。

修试项目。HD4 型六氟化硫断路器修试项目包括本体外观检查；机构及传动部位外观检查；弹簧操动机构检查、润滑、尺寸复核；$SF_6$ 系统检查；电气试验等。

现场作业流程如图 5-58 所示。

HD4 型六氟化硫断路器检修内容和工艺标准如表 5-49 所示。

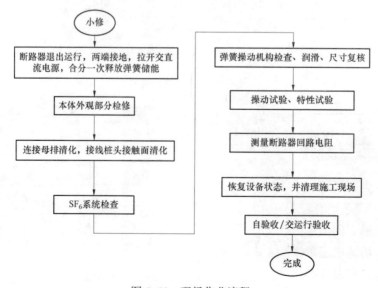

图 5-58　现场作业流程

表 5-49　　　　　　　　　　　HD4 型六氟化硫断路器检修内容和工艺标准

| 序号 | 检修内容 | 工艺标准 | 注意事项 |
|---|---|---|---|
| 1 | 本体外观检查 | 瓷套用干净揩布仔细清揩，表面应光洁完整无裂纹，瓷套与法兰浇铸表面浇装无脱落。<br>本体所有连接螺栓（包括支架）紧固，锈烂的予以调换。<br>金属锈蚀部位应除锈、涂防锈漆及灰漆，必要时更换严重锈蚀的零件。<br>检查接地排（线）应完好，接地螺栓紧固，如锈烂应给予调换。<br>主接线桩头测接触电阻不大于 $20\mu\Omega$，否则清化接触面处理。<br>提升杆及传动连杆、拐臂安装牢固可靠 | 按力矩表要求紧固，见附表 |
| 2 | 机构及传动部位外观检查 | 打开传动箱检查传动杆和外拐臂连接情况，检查螺栓、拼帽紧固程度；<br>检查机构箱内无凝露和无锈蚀以及机构箱无渗、漏水；<br>机构箱门封条无老化变形，关闭严密；<br>机构箱内部二次元器件及连接线检查；<br>加热器完好，投切正常 | 螺栓紧固无锈蚀，相关二次元器件及连接线完好。<br>传动部件涂低温润滑脂 |
| 3 | 弹簧操动机构检查、润滑、尺寸复核 | 检查弹簧机构内各转动、传动部位，并进行清洁和润滑（先用无水酒精擦拭，然后用 2# 低温润滑脂重新润滑）。<br>检查开口销、C 型销，齐全完整。<br>检查储能保持位置，定位件与滚子扣接时，扣接位置在定位圆柱面的中部附近；合闸时能可靠脱扣。<br>定位件与滚子的调整：调节定位件与合闸按钮之间连杆的长度实现。<br>行程开关的调整：通过调节行程开关本身的位置及其安装板来实现。<br>缓冲器检查。<br>操作检查：进行 3 次分合操作，检查合、分闸情况，记录储能电机储能时间。操作计数器功能检查并记录数据。<br>分合闸指示器位置检查，断路器在合闸或分闸位置时，位置指示器应与断路器内部触头位置对应。<br>储能指示器位置检查，指示正确 | 在润滑时注意勿将润滑脂滴落在行程开关、中间继电器、辅助开关等电气元件及接线端子上，必要时采取适当防护措施。<br>要求挂弹簧拐臂到储能位置时，使行程开关接点断开，保证行程开关行程有裕度，以免顶坏行程开关。<br>油缓冲应无渗、漏油，油位符合要求；橡皮缓冲应无开裂、老化、变形现象。<br>操作无卡涩，缓冲正常，辅助开关、行程开关动作正确，电机储能时间应小于规定要求时间。轴套和螺母无松动现象 |
| 4 | $SF_6$ 系统检查 | 检查 $SF_6$ 压力是否为额定压力（详见具体设备标准/20℃），低于额定压力应补气。<br>密度继电器校验。报警压力、闭锁压力（详见具体设备标准/20℃） | 充气前冲洗管道保证管道干燥；充气中控制充气流量。<br>校验时关闭本体阀门 |
| 5 | 电气试验 | 测量回路电阻<br>动作电压校验<br>时间特性试验<br>$SF_6$ 气体含水量测量<br>$SF_6$ 气体检漏 | 用直流 100A 回路电阻仪测量开关主回路电阻 |

## 5.8.6　危险点及防护措施

### 5.8.6.1　人身风险

（1）开关交/直流电源未拉开在机构上进行工作，可能导致人身低压触电伤害。

（2）储能弹簧储能压力未释放，在机构上进行工作，可能导致人身机械伤害。

（3）进入场地未正确佩戴安全帽，可能导致人身伤害。

（4）当有人在进行断路器操作机构检修工作时，操作断路器可能导致人身伤害或设备损坏。

（5）使用清洗剂或润滑脂不当，进入眼睛、嘴巴导致人身伤害。

（6）走错仓位，误入带电间隔可能造成人身伤亡。

（7）误打开开关柜内帘门，可能造成人身伤亡。

（8）电源线盘漏电保护器失效，可能导致人员触电。

#### 5.8.6.2 电网风险

邻近设备均在运行中，接电源线时跑错仓位、误开端子箱、误拉刀闸，将导致设备停运事故。

#### 5.8.6.3 设备风险

（1）检修工具使用不规范，对柜体磕碰，造成设备外绝缘损坏。

（2）检修工艺执行不到位，造成传动部件变形、卡涩。

（3）手车操作不当，无防倾倒措施，造成手车倾倒损坏。

# 5.9 母　线

### 5.9.1 基本构造

母线（bus line）指用高导电率的铜（铜排）、铝质材料制成的，用以传输电能，具有

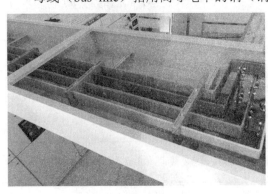

汇集和分配电力能力的产品。电站或变电站输送电能用的总导线。通过它，把发电机、变压器或整流器输出的电能输送给各个用户或其他变电所。

母线采用铜排或者铝排，其电流密度大，电阻小，集肤效应小，无须降容使用。电压降小也就意味着能量损耗小，最终节约投资。而对于电缆来讲，由于电缆芯是多股细铜线，其根面积较同电流等级的母线要大。并且其"集肤效应"严重，减少了电流额定值，增加

图 5-59　母线

了电压降，容易发热。线路的能量损失大，容易老化。

在变电站中，一般采取母线槽方式实现母线的封闭运行，既能降低母线守尘污、水汽影响，保证绝缘水平，同时能防止误碰，提高安全水平。母线槽是由金属板（钢板或铝板）为保护外壳、导电排、绝缘材料及有关附件组成的系统。它可制成标准长度的段节，并且每隔一段距离设有插接分线盒，也可制成中间不带分线盒的馈电型封闭式母线。为馈电和安装检修带来了极大的方便。

一般户外母线通过加装热缩套管等方式，提高母线防水、抗污及绝缘性能。

### 5.9.2 主要类型

#### 5.9.2.1 按外形和结构分类

母线按外形和结构，大致分为以下三类：

（1）硬母线：包括矩形母线、圆形母线、管形母线等。

（2）软母线：包括铝绞线、铜绞线、钢芯铝绞线、扩径空心导线等。

（3）封闭母线：包括共箱母线、分相母线等。

### 5.9.2.2　按材料分类

母线材料有铜、铝、钢三种：

（1）铜母线。机械强度大，电阻率低，但价格高。多用在有腐蚀性气体的屋外配电装置中。

（2）铝母线。重量轻，仅为铜的30%，但电阻率较大，为铜的电阻率的1.7～2倍。广泛用于屋内配电装置中。

（3）钢母线。机械强度高，价格低，但其电阻率大，为铜电阻率的6～8倍。用于交流电时，有很大的磁滞和涡流损耗，故适用于工作电流不大于300～400A的小容量电路中。

软母线经常采用多股钢芯铝绞线，硬母线多用铝排或铜排。

### 5.9.3　参数及技术标准

额定电压：电气设备（包括用电、供电设备）长期稳定工作的标准电压。

额定电流：用电设备在额定电压下，按照额定功率运行时的电流。

工频耐受电压：指负载正常工作时承受的额定峰值电压。直流电压是峰值电压的1.73分之一，也就是交流电压的有效值。

雷电冲击耐受电压：当雷电打到线路上或避雷线上感应到线路上，雷电流沿着导线传输到避雷器上，通过避雷器削波剩下的残压，这个残压就是雷电冲击耐受电压。

地震烈度：地震引起的地面震动及其影响的强弱程度。

绝缘电阻：电气设备和电气线路最基本的绝缘指标。对于低压电气装置的交接试验，常温下电动机、配电设备和配电线路的绝缘电阻不应低于0.5MΩ（对于运行中的设备和线路，绝缘电阻不应低于1MΩ/kV）。

介电强度：一种材料作为绝缘体时的电强度的量度。它定义为试样被击穿时，单位厚度承受的最大电压，表示为伏特每单位厚度。物质的介电强度越大，它作为绝缘体的质量越好。

IP（Ingress Protection）防护等级：由IEC（International Electrotechnical Commission）所起草，将电器依其防尘防湿气之特性加以分级。IP防护等级是由两个数字所组成，第1个数字表示电器防尘、防止外物侵入的等级（这里所指的外物含工具，人的手指等均不可接触到电器内之带电部分，以免触电），第2个数字表示电器防湿气、防水侵入的密闭程度，数字越大表示其防护等级越高。

### 5.9.4　巡视项目及标准

根据母线结构形式不同，巡视项目分为软母线日常巡视及硬母线日常巡视。

### 5.9.4.1　软母线日常巡视

软母线日常巡视要求见表5–50。

**表 5-50** 软母线日常巡视要求

| 序号 | 巡视内容 | 要求及标准 |
|---|---|---|
| 1 | 导线 | 无断股、松股（灯笼花状）、闪络烧伤、晃荡、锈蚀、弛度过紧过松现象。导线表面无麻面、无毛刺无发热、变色的现象。母线上无悬挂物 |
| 2 | 绝缘子 | 母线绝缘子无裂缝、无破损，无放电及闪络痕迹，外观清洁。导线和金具，晴天无可见电晕 |
| 3 | 线夹 | 接头应紧固，无发热、变色、锈蚀、移动、变形的现象 |
| 4 | 接地 | 所有母线构架接地良好，接地引下（线）排无断裂及锈蚀现象 |
| 5 | 周围环境 | 无杂草堆，塑料带等受风易飘的杂物 |

#### 5.9.4.2 硬母线日常巡视

硬母线日常巡视要求见表 5-51。

**表 5-51** 硬母线日常巡视要求

| 序号 | 巡视内容 | 要求及标准 |
|---|---|---|
| 1 | 绝缘子 | 母线支持（柱）绝缘子或 V 型绝缘子串应无裂缝、无破损，无放电及闪络痕迹，外观清洁 |
| 2 | 连接处 | 母线各连接处接头螺丝无松动，无发热变色或相色漆变色的现象，伸缩节（或伸缩部位）应完好，无断裂、过热现象 |
| 3 | 夹头 | 母线夹头不松动，母线无异常放电声及振动声，硬母线焊接处无脱焊及开裂现象，整体母线平直一线，无严重的扰度过大变形现象 |
| 4 | 接地 | 所有母线构架接地良好，接地引下（线）排无断裂及锈蚀现象 |

### 5.9.5 维护、修试项目及标准

新装和检修后母线应符合以下基本要求：

（1）母线应具有足够的机械强度。户外母线在运行时要承受风、雪、覆冰的作用力，要承受在母线作业时工具和人体的作用力，还要承受短路电流的冲击力。在这些力的作用下，母线不应发生断线和变形。

（2）母线在长期负荷电流流过时，发热温度不应超过允许值；当短路电流流过时，要具有足够的热稳定性。

（3）各相带电部分之间、带电部分对地应保持足够的距离。

（4）导线联接处应保持良好的接触，并应有防腐蚀、防震动、防伸缩损坏的措施。

（5）母线要排列整齐、美观，便于监视和维护。

定期维护应满足一下要求：

（1）为判断母线接头处是否发热，应观察母线的涂漆有无变色现象，对流过大负荷电流的接头，可用红外测温仪或半导体点温度计测量接头处温度。当测试结果超过下列数值时，则应减少负荷或停止运行。裸母线及其接头处为 70℃；接触面有锡覆盖层为 85℃；有银覆盖层时为 95℃；闪光焊接时为 100℃。

（2）每隔半年至一年要进行一次绝缘子清扫，特别污秽的地区，应增加清扫次数。

（3）配合配电装置的试验和检修，检查母线接头、金桔的紧固情况和完整性，对状态

不良的部件应及时修复。

（4）配合电气设备的检修，对母线、母线的金具进行清扫，除去支持架的锈斑，更换锈蚀的螺栓及部件，涂刷防护漆等。

### 5.9.6　危险点及防护措施

#### 5.9.6.1　人身风险

在户外母线作业上作业，应密切关注天气变化。在5级及以上的大风以及暴雨、雷电、冰雹、大雾、沙尘暴等恶劣天气下，应停止露天高处作业。

在强电场下工作，工作人员应加装临时接地线或使用保安地线，工作时与相邻带电开关柜及功能隔室保持足够的安全距离或采取可靠的隔离措施，防止意外送电或误碰有电部位。

使用电动工器具参照该工具的安全使用注意事项执行。

#### 5.9.6.2　电网风险

工作中误碰有电母线，造成设备保护动作跳闸及人身、设备伤害。

#### 5.9.6.3　设备风险

吊重型管母时应多点起吊，防止拱弯。选用合适的吊装设备和正确的吊点，设置揽风绳控制方向，并设专人指挥。

焊接场所采取可靠地防风、防雨、防雪、防冻、防火等措施。

施工用工器具及施工工艺，严防对绝缘层产生损坏。

## 5.10　电　容　器

### 5.10.1　基本构造

高压电容器（见图5-60）是电力系统的无功电源之一，用于提高电网的功率因数、降低线路损耗、提高电能质量和稳定性均起着十分重要的作用。

高压电容器主要由出线瓷套管、电容元件组和外壳等组成。外壳用薄钢板密封焊接而成，出线瓷套管焊在外壳上（见图5-61）。接线端子从出线瓷套管中引出。外壳内的电容元件组（又称芯子）由若干个电容元件连接而成。电容元件是用电容器纸、膜纸复合或纯薄膜作介质，用铝铂作极板卷制而成的。

为适应各种电压等级电容器耐压的要求，电容元件可接成串联或并联。单台三相

图5-60　电容器

电容器的电容元件组在外壳内部接成三角形。在电压为 10kV 及以下的高压电容器内，每个电容元件上都串有一个熔丝，作为电容器的内部短路保护。有些电容器设有放电电阻，当电容器与电网断开后，能够通过放电电阻放电，一般情况下 10min 后电容器残压可降至 75V 以下。

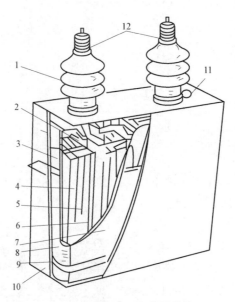

图 5-61 电容器结构

1—出线瓷套管；2—出现连接片；3—连接片；4—电容元件；5—出现连线片固定板；6—组间绝缘；
7—包封件；8—夹板；9—紧箍；10—外壳；11—封口盖；12—接线端子

## 5.10.2 参数与技术标准

高压电容器的型号及含义如下：

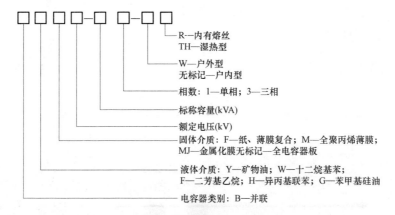

标称容量：电容器所能够填装的电荷的总量。

额定电压：电气设备（包括用电、供电设备）长期稳定工作的标准电压。

电介质：电工中一般认为电阻率超过 $10\Omega \cdot cm$ 的物质便归于电介质。电介质的带电粒子是被原子、分子的内力或分子间的力紧密束缚着，因此这些粒子的电荷为束缚电荷。电介质包括气态、液态和固态等范围广泛的物质，也包括真空。

并联电容器：主要用于补偿电力系统感性负荷的无功功率，以提高功率因数，改善电压质量，降低线路损耗。

相数：一般指在强电中火线的使用数。

熔丝：即我们通常讲的保险丝，保险丝（fuse）也被称为电流保险丝，IEC127 标准将它定义为"熔断体（fuse-link）"。其主要是起过载保护作用。

## 5.10.3　巡视项目及标准

电容器巡视要求包括日常巡视及特殊巡视。

电容器日常巡视要求如表 5-52 所示。

表 5-52　　　　　　　　　　　电容器日常巡视要求

| 序号 | 巡视内容 | 要求及标准 |
|---|---|---|
| 1 | 各部位 | 无渗油、漏油 |
| 2 | 套管 | 无破损裂纹、无严重油污、无放电痕迹及其他异常 |
| 3 | 引线接头 | 无发热迹象 |
| 4 | 熔丝 | 无熔断 |
| 5 | 接地 | 外壳及构架接地良好 |
| 6 | 各控制箱和二次端子箱、机构箱 | 应关严，无受潮，温控装置工作正常 |
| 7 | 各类指示、灯光、信号 | 应正常 |
| 8 | 五防闭锁 | 电容器柜或网门五防闭锁良好 |
| 9 | 门、窗、照明 | 电容器室的门、窗、照明应完好，房屋不漏水，温度正常 |
| 10 | 其他 | 现场运行规程中根据电容器的结构特点补充检查的其他项目 |

### 5.10.4 检修项目及标准

电容器检修项目及标准见表 5–53。

表 5–53　　　　　　　　　　　　　　电容器检修项目及标准

| 检修类型 | 基本检修项目 | 检修周期 |
|---|---|---|
| A 类检修<br>（整体性检修） | 包含整体更换、解体检修 | 按照设备状态评价决策进行 |
| B 类检修<br>（局部性检修） | 包含部件的解体检查、维修及更换 | 按照设备状态评价决策进行 |
| C 类检修<br>（一般性检修） | 包含检查、维护 | 基准周期 35kV 及以下 4 年、110（66）kV 及以上 3 年 |
| | | 可依据设备状态、地域环境、电网结构等特点，在基准周期的基础上酌情延长或缩短检修周期，调整后的检修周期一般不小于 1 年，也不大于基准周期的 2 倍 |
| | | 对于未开展带电检测设备，检修周期不大于基准周期的 1.4 倍；未开展带电检测老旧设备（大于 20 年运龄），检修周期不大于基准周期 |
| | | 110（66）kV 及以上新设备投运满 1～2 年，以及停运 6 个月以上重新投运前的设备，应进行检修。对核心部件或主体进行解体性检修后重新投运的设备，可参照新设备要求执行 |
| | | 现场备用设备应视同运行设备进行检修；备用设备投运前应进行检修 |
| | | 符合以下各项条件的设备，检修可以在周期调整后的基础上最多延迟 1 个年度：<br>1. 巡视中未见可能危及该设备安全运行的任何异常；<br>2. 带电检测（如有）显示设备状态良好；<br>3. 上次试验与其前次（或交接）试验结果相比无明显差异；<br>4. 上次检修以来，没有经受严重的不良工况 |
| D 类检修<br>（不停电检修） | 包含专业巡视、辅助二次元器件更换、金属部件防腐处理、框架箱体维护 | 依据设备运行工况，及时安排，保证设备正常功能 |

### 5.10.5 危险点及防护措施

由于高压电容器具有存储电能的特点，因此在工作前应将电容器组内各高压设备充分放电。防止剩余电流对人员造成伤害。

注意事项：

（1）高压设备套管无裂纹、破损，无闪络放电痕迹。

（2）电容器无渗漏油、鼓肚。

（3）各部件油漆完好，无锈蚀。

（4）各电气连接部位接触良好、无过热。

（5）充油集合式电容器罩杯油封应完好，硅胶不应自上而下变色，储油柜油位指示应正常，油位计内部无油垢，油位清晰可见。

（6）对已运行的非全密封放电线圈进行检查，发现受潮应及时更换。

（7）充油式互感器油位正常，无渗漏。

（8）对所有绝缘部件进行清扫。

# 5.11 熔 断 器

## 5.11.1 基本构造

熔断器（fuse）（见图 5-62）是指当电流超过规定值时，以本身产生的热量使熔体熔断，断开电路的一种电器。熔断器是根据电流超过规定值一段时间后，以其自身产生的热量使熔体熔化，从而使电路断开；运用这种原理制成的一种电流保护器。熔断器广泛应用于高低压配电系统和控制系统以及用电设备中，作为短路和过电流的保护器，是应用最普遍的保护器件之一。

图 5-62　熔断器

## 5.11.2 工作原理

熔断器利用金属导体作为熔体串联于电路中，当过载或短路电流通过熔体时，因其自身发热而熔断，从而分断电路。熔断器结构简单，使用方便，广泛用于电力系统、各种电工设备和家用电器中作为保护器件。

## 5.11.3 主要类型

插入式熔断器：它常用于 380V 及以下电压等级的线路末端，作为配电支线或电气设备的短路保护用。

螺旋式熔断器：熔体上的上端盖有一熔断指示器，一旦熔体熔断，指示器马上弹出，可透过瓷帽上的玻璃孔观察到，它常用于机床电气控制设备中。螺旋式熔断器。分断电流较大，可用于电压等级 500V 及其以下、电流等级 200A 以下的电路中，作短路保护。

封闭式熔断器：封闭式熔断器分有填料熔断器和无填料熔断器两种。有填料熔断器一般用方形瓷管，内装石英砂及熔体，分断能力强，用于电压等级 500V 以下、电流等级 1kA 以下的电路中。无填料密闭式熔断器将熔体装入密闭式圆筒中，分断能力稍小，用于 500V 以下，600A 以下电力网或配电设备中。

快速熔断器：快速熔断器主要用于半导体整流元件或整流装置的短路保护。由于半导体元件的过载能力很低。只能在极短时间内承受较大的过载电流，因此要求短路保护具有快速熔断的能力。快速熔断器的结构和有填料封闭式熔断器基本相同，但熔体材料和形状不同，它是以银片冲制的有 V 形深槽的变截面熔体。

自复熔断器：采用金属钠作熔体，在常温下具有高电导率。当电路发生短路故障时，短路电流产生高温使钠迅速汽化，汽态钠呈现高阻态，从而限制了短路电流。当短路电流消失后，温度下降，金属钠恢复原来的良好导电性能。自复熔断器只能限制短路电流，不能真正分断电路。其优点是不必更换熔体，能重复使用。

### 5.11.4　参数与技术标准

额定电压：电气设备（包括用电、供电设备）长期稳定工作的标准电压。

额定电流：用电设备在额定电压下，按照额定功率运行时的电流。

负荷电流：负荷电流就是说在正常运行的情况下，负载所吸收的电流

熔断特性：机组起停颇策和负荷剧烈变化，使导体和绝缘产生热应力，也会使绝缘变形及损伤，因此还要求绝缘具有一定的弹性和强度。

安秒特性：对熔体来说，其动作电流和动作时间特性即熔断器的安秒特性，也叫反时延特性，即：过载电流小时，熔断时间长；过载电流大时，熔断时间短。

电阻率：电阻率是用来表示各种物质电阻特性的物理量。某种物质所制成的原件（常温下 20°C）的电阻与横截面积的乘积与长度的比值叫做这种物质的电阻率。

### 5.11.5　巡视项目及标准

熔断器日常巡视要求见表 5–54。

表 5–54　　　　　　　　　　　　熔断器日常巡视要求

| 序号 | 巡视内容 | 要求及标准 |
| --- | --- | --- |
| 1 | 瓷件 | 无裂纹、闪络、破损及脏污 |
| 2 | 熔丝管 | 无弯曲、变形 |
| 3 | 触头 | 接触良好，无过热、烧损、熔化现象 |
| 4 | 组装 | 各部件的组装良好、无松动、脱落 |
| 5 | 引线接点 | 良好，与各部间距离合适 |
| 6 | 安装 | 牢固、相间距离、倾斜角符合规定 |
| 7 | 操作机构 | 灵活，无锈蚀现象 |

# 6

# 二次保护自动化设备

## 6.1 总 论

### 6.1.1 继电保护的作用

随着自动化技术的发展，电力系统的正常运行、故障期间以及故障后的恢复过程中，许多控制操作日趋高度自动化。这些控制操作的技术与装备大致可分为两大类：① 电力系统自动化（控制）；② 电力系统继电保护与安全自动装置。

电力系统继电保护一词泛指继电保护技术和由各种继电保护装置组成的继电保护系统，包括继电保护的原理设计、配置、整定、调试等技术，也包括由获取电量信息的电压、电流互感器二次回路，经过继电保护装置到断路器跳闸线圈的一整套具体设备，如果需要利用通信手段传送信息，还包括通信设备。

电力系统继电保护的基本任务是：

（1）自动、迅速、有选择性地将故障元件从电力系统中切除，使故障元件免于继续遭到损坏，保证其他无故障部分迅速恢复正常运行。

（2）反应电力设备的不正常运行状态，并根据运行维护条件，而动作于发出信号或跳闸。此时一般不要求迅速动作，而是根据对电力系统及其元件的危害程度规定一定的延时，以免暂短的运行波动造成不必要的动作和干扰引起的误动。

### 6.1.2 保护装置的构成（见图6-1）

图6-1 保护装置的构成

（1）测量比较元件。测量比较元件测量通过被保护的电力元件的物理参量，并与给定的值进行比较，根据比较的结果，给出"是"、"非"、"0"或"1"性质的一组逻辑信号，从而判断保护装置是否应该启动。根据需要继电保护装置往往有一个或多个测量比较元件。

常用的测量比较元件有：被测电气量超过给定值动作的过量继电器，如过电流继电器、过电压继电器、高周波继电器等；被测电气量低千给定值动作的欠量继电器，如低电压继电器、阻抗继电器、低周波继电器等；被测电压、电流之间相位角满足一定值而动作的功率方向继电器等。

（2）逻辑判断元件。根据测量比较元件输出逻辑信号的性质、先后顺序、持续时间等装置按一定的逻辑关系判定故障的类型和范围，最后确定是否应该使断路器跳闸、或不动作，并将对应的指令传给执行输出部分。

（3）执行输出元件。执行输出元件根据逻辑判断部分传来的指令，发出跳开断路器的跳闸脉冲及相应的动作信息、发出警报或不动作。

### 6.1.3　继电保护的工作回路

在继电保护的工作回路中一般包括：将通过一次电力设备的电流、电压线性地传变为适合继电保护等二次设备使用的电流、电压，并使一次设备与二次设备隔离的设备，如电流、电压互感器及其与保护装置连接的电缆等；断路器跳闸线圈及与保护装置出口间的连接电缆，指示保护装置动作情况的信号设备；保护装置及跳闸、信号回路设备的工作电源等。

可见，为安全可靠地完成继电保护的工作任务，继电保护回路中的任一个元件及其连线都必须时时刻刻正确工作。

### 6.1.4　电力系统继电保护的工作配合

每一套保护都有预先严格划定的保护范围（有时也称保护区），只有在保护范围内发生故障，该保护才动作。保护范围划分的基本原则是任一个元件的故障都能可靠地被切除并且造成的停电范围最小，或对系统正常运行的影响最小。一般借助于断路器实现保护范围的划分。

为了确保故障元件能够从电力系统中被切除，一般每个重要的电力元件配备两套保护，一套称为主保护，一套称为后备保护。实践证明，保护装置拒动、保护回路中的其他环节损坏、断路器拒动、工作电源不正常乃至消失等时有发生，造成主保护不能快速切除故障，这时需要后备保护来切除故障。

一般下级电力元件的后备保护安装在上级（近电源侧）元件的断路器处，称为远后备保护。当多个电源向该电力元件供电时，需要在所有电源侧的上级元件处配置远后备保护。远后备保护动作将切除所有上级电源侧的断路器，造成事故扩大。同时，远后备保护的保护范围覆盖所有下级电力元件的主保护范围，它能解决远后备保护范围内所有故障元件任何原因造成的不能切除问题。远后备保护的配置、配合需要一定的系统接线条件，在高压电网中往往不能满足灵敏度的要求因而采用近后备附加断路器失灵保护的方案。近后备保护与主保护安装在同一断路器处，当主保护拒动时，由后备保护启动断路器跳闸；当断路器失灵时，由失灵保护启动跳开所有与故障元件相连的电源侧断路器。

由后备保护动作切除故障，一般会扩大故障造成的影响。为了最大限度的缩小故障对电力系统正常运行产生的影响，应保证由主保护快速切除任何类型的故障，一般后备保护都延时动作，等待主保护确实不动作后才动作。因此，主保护与后备保护之间存在动作时间和动作灵敏度的配合。

由上述可见，电力系统中的每一个重要元件都必须配备至少两套保护，电力系统的每一处都在保护范围的覆盖下，系统任意点的故障都能被自动发现并切除。

## 6.1.5 对继电保护的基本要求

动作于跳闸的继电保护，在技术上一般应满足四个基本要求，即可靠性（安全性和信赖性）、选择性、速动性和灵敏性。这几个基本要求之间，必须根据具体电力系统运行的主要矛盾和矛盾的主要方面，配置、配合、整定每个电力元件的继电保护。

继电保护的科学研究、设计、制造和运行的大部分工作一也是围绕如何处理好这四者的辩证统一关系进行的。相同原理的保护装置在电力系统的不同位置的元件上如何配置和配合，相同的电力元件在电力系统不同位置安装时如何配置相应的继电保护，才能最大限度地发挥被保护电力系统的运行效能，充分体现着继电保护工作的科学性和继电保护工程实践的技术性。

## 6.1.6 微机继电保护装置

曾经，由于我国大量使用整流型或晶体管型继电保护装置。因此调试工作量大，尤其是一些复杂的保护，调试一套保护常常需要较长的时间。究其原因，这类保护装置是布线逻辑，保护的每一种功能都由相应的器件和连线来实现。为确保保护装置完好，需要把所具备的各种功能通过模拟试验来校核一遍。微机继电保护则不同，它的硬件是一台计算机，各种复杂的功能是由相应的程序来实现。即微机保护是由只会做几种单调的、简单操作的硬件，配以程序，把许多简单操作组合而完成各种复杂功能的。因而只要用简单的操作就可以检验微机的硬件是否完好。

计算机在程序指挥下，有极强的综合分析和判断能力，因而微机继电保护装置可以实现常规保护很难办到的自动纠错，即自动地识别和排除干扰，防止由于干扰而造成误动作。另外微机继电保护装置有自诊断能力，能够自动检测出计算机本身硬件的异常部分，配合多重化可以有效地防止拒动，因此可靠性很高。

使用微型计算机后，如果配置一台打印机或其他设备，可以在系统发生故障后提供多种信息。如保护各个部分的动作顺序和动作记录，故障类型和相别及故障前后电压和电流的波形记录等，还可以提供故障点到保护安装处的距离。这样有助于运行部门对事故的分析处理。

由于计算机保护的特性主要由程序决定，所以不同原理的保护可以采用通用的硬件，只要改变程序就可以改变保护的特性和功能，因此可灵活地适应电力系统运行方式的变化。

采用微型计算机构成保护，使原有型式的继电保护装置中存在的技术问题，可以找到新的解决办法。如对距离保护如何区分振荡和短路，如何识别变压器差动保护励磁涌流和内部故障等问题，都提供了许多新的原理和解决方法。

计算机继电保护的主要部分是计算机本体，它被用来分析计算电力系统的有关电量和判定系统是否发生故障，然后决定是否发出跳闸信号。此外，还必须配备自电力系统向计算机输入有关信息的输入接口部分和计算机向电力系统输出控制信息的输出接口部分，计算机还必须有人机联系部分。

计算机继电保护也是一个对电磁干扰很敏感的设备，为了防止来自电流、电压输入回路的干扰，在引入电流互感器和电压互感器的电流、电压时，在输入信号处理部分装设起隔离、屏蔽作用的变换器及采取一些相应的抗干扰措施。变换器除屏蔽作用外，还将输入的电流、电压的最大值变换成计算机设备所允许的最大电压值。此外，为满足采样的需要还要经过低通滤波器，然后才将有关信息输入到计算机的采样及 A/D 变换部分。

数字式计算机的基本功能是进行数值及逻辑运算。为了使计算机能从电力系统的状态量的情况来判断电力系统是否发生故障，就必须将电流互感器和电压互感器送来的电流、电压的模拟量变成数字量，这就需要经过采样及 A/D 转换两个环节。

当实时的采样数据送入计算机系统后，计算机根据由给定的数学模型编制的计算程序对采样数据作实时的计算分析，判断是否发生故障，故障的范围、性质，是否应该跳闸等，然后决定发出跳闸命令，决定是否给出相应信号，是否打印结果等。

### 6.1.7　微机继电保护优、缺点

从微机继电保护出现以来，人们都不断对它的发展、前途和优缺点等作出过评述和估计。微机保护与传统的保护装置相比有以下显著特点：

（1）由于采用了微机技术和软件编程方法，大大提高了继电保护的性能指标。

（2）由于很多功能都集中到一个微机保护装置中，使保护装置的硬件设计简洁。

（3）由于集成了完善的自检功能，减少了维护、运行的工作量，带来了较高的可用性。

（4）由软件实现的动作特性和保护逻辑功能不受温度变化、电源波动、使用年限的影响。

（5）硬件较通用，装置体积较小，盘位数量较少，装置功耗低。

（6）更加人性化的人机交互，就地的键盘操作及显示。

（7）简洁可靠地获取信息，通过串行口同 PC 通信就地或远方控制。

（8）采用标准的通信协议，使装置能够同上位机系统通信。

利用计算机的记忆能力，可以方便地获取故障分量并保持较长时间且有较好的准确性；利用计算机的强有力的运算能力，可以将自动控制理论的一些成果引入继电保护。由于这些理论的应用，可以使继电保护的动作特性得到一些根本上改进。这方面的发展已引起重视和初步应用。

### 6.1.8　电力系统安全自动装置

电力系统安全目动装置，在通常情况下指的是备用电源和备用设备目动投入及其厂用电快速切换、输电线路自动重合闸、同步发电机自动调节励磁、按频率自动减负荷、按电

压自动减负荷、自动解列、自动调频等。同步发电机自动并列、线路自动并网也属于电力系统安全自动装置内容。

备用电源和备用设备自动投入、输电线路自动重合闸可提高供电可靠性，厂用电快速切换可保证厂用电的安全可靠运行；同步发电机自动调节励磁可保证系统电压水平、提高电力系统稳定性以及加快故障切除后电压的恢复过程；按频率自动减负荷可防止电力系统因事故发生功率缺额时频率的过度降低，保证了电力系统的稳定运行；按电压自动减负荷可防止电力系统无功不足时引发的系统失去稳定运行的可能性；自动解列装置可防止系统稳定性破坏时引起系统长期大面积停电和对重要地区的破坏性停电；自动调频装置可保证电力系统正常运行时有功功率的自动平衡，使系统频率在规定范围内变动，同时使有功功率分配合理，提高了系统运行的经济性；同步发电机自动并列装置不仅保证了同步发电机并列操作的正确性和操作的安全性，同时也加快了发电机并列的过程。

上述这些安全自动装置在电力系统中应用相当普遍，直接为电力系统安全、经济运行和保证电能质量服务，发挥着极其重要的作用。

### 6.1.9 继电保护班组工作职责

市区供电公司电网运检部变电（配电）二次运检班，担负着整个上海市区范围内 33 个 110kV 变电站，97 个 35kV 变电站和 887 座配电站的继电保护工作。主要职责为承担上海市区里（包括黄浦区、虹口区、静安区、长宁区、部分杨浦区）变配电站内继电保护设备的新站验收、改造工程验收、运行维护、继电保护设备校验、抢修消缺、重大活动特级保电等工作。

班组职责具体职责如下：

（1）负责所管辖范围内继电保护及安全自动装置的安装、改造、调试、维护工作。

（2）负责班组所管辖设备的资料整理及台账建立和更新。

（3）负责收集、整理设备状态信息，并对设备状态进行评价，按检修计划开展状态检修工作。

（4）负责收集设备故障或保护装置动作相关资料，并进行分析上报。

（5）负责班组所管辖设备反事故措施计划的实施。

（6）参与上级组织的事故调查，并提出本专业范围内的意见。

（7）负责班组所辖设备的运行工况分析。

（8）负责管理班组的施工器具、安全工器具、仪器仪表、备品备件。

（9）负责搞好本班组文明生产工作。

（10）负责完成上级交办的其他任务。

简单地来说，工作的主要任务就是确保在发生故障的情况下，尽快地将故障切除，使得停电范围最小化，保障供电范围最大化，实现电力供应的可持续性。

变电（配电）二次运检班在本年度工作中继续确保继电保护动作正确率 100%，顺利完成上级布置的各项重大市政工程任务、改造工程和保电任务。

# 6.2 线 路 保 护

## 6.2.1 线路保护的概述

线路保护的任务是有选择地、快速地、可靠地切除输、配电线路发生的各种故障，根据电网的形式及其发生故障的种类，市区供电公司的线路保护有过流保护、接地保护（零序过流保护）、电流速断保护、重合闸保护、纵联电流保护、间歇性接地保护这几种。

## 6.2.2 过流保护

过流保护分为定时限过流保护、反时限过流保护。

定时限过流保护是为了实现过流保护的动作选择性，各保护的动作时间一般按阶梯原则进行整定。即相邻保护的动作时间，自负荷向电源方向逐级增大，且每套保护的动作时间是恒定不变的，与短路电流的大小无关。

定时限过流保护的特点：

（1）各段保护的动作时限是固定的，与短路电流的大小无关。

（2）各级保护的时限特性呈阶梯形，越靠近电源动作时限越长。

（3）每一段线路的定时限过流保护，除保护本线路外，还作为相邻下一级线路的后备保护。

反时限过流保护指同一线路不同地点短路时，由于短路电流不同，保护具有不同的动作时限，在线路靠近电源端短路电流较大，动作时间较短的保护。

反时限过流保护的特点：

反时限过流保护的优点是在线路靠近电源处短路时保护动作时限较短；缺点是时限配合较复杂，虽然每条线路靠近电源端短路时动作时限比末端短路时动作时限短，但当线路级数较多时，总的动作时限仍然很长。

## 6.2.3 接地保护（零序过流保护）

零序保护通常采用三段式，零序Ⅰ段为零序电流速断（见图6-2），只保护线路一部分；零序保护Ⅱ段为时限零序速断，可保护线路全长，并与相邻线路相配合，动作时限为0.5s；零序Ⅲ为后备段，作为本线路及相邻线路的后备保护。

以某厂继电器为例，当装置用于不接地或小电流接地系统，接地故障时的零序电流很小时，可以用接地试跳的功能来隔离故障。这种情况要求零序电流由外部专用的零序 TA 引入，不能够用软件自产。

当装置用于小电阻接地系统，接地零序电流相对较大时，可以用直接跳闸方法来隔离故障。相应的，装置提供了两段零序过流保护以及一段独立的零序过流反时限保护，其中零序Ⅰ段、零序Ⅱ段为定时限保护，零序过流反时限保护的反时限特性的选择同上述过流反时限。

零序电流既可以由外部专用的零序 TA 引入，也可用软件自产（辅助参数定值中有"零序电流自产"控制字）。

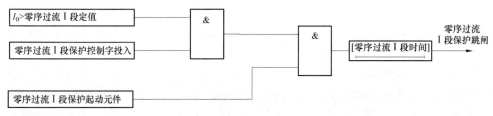

图 6-2　零序过流 I 段保护逻辑框图

零序过流 II 段和 III 段保护逻辑与零序过流 I 段保护逻辑类似。

### 6.2.4　电流速断保护

定时限保护为了获得选择性，保护的动作时间必须按着阶梯原则来选择。倘若线路区段很多，则靠近电源的保护装置的动作时间就会很长。这是过流保护装置的原理性缺点。

为了克服过流保护装置的这种缺点，提出了无时限电流速断保护。这种保护装置的特点是：

（1）将保护范围限定在本段线路上，即不延伸至下一段，因此，在时间上就不需要与下段线路配合，这样便可做成瞬动保护。

（2）既然这种保护装置的保护范围不超出本段线路，则这种保护的动作电流可按躲过被保护路线外部短路的最大短路电流来整定，以保证有选择地动作。

电流速断保护的灵敏度用保护范围来表示，按规程规定，其最小保护范围一般不应小于被保护线路全长的 15%～20%。

### 6.2.5　重合闸保护

对 110kV 及以上的架空线路和电缆与架空线的混合线路，当其上有断路器时，就应装设自动重合闸；在用高压熔断器保护的线路上，一般采用自动重合熔断器；此外，在供电给地区负荷的电力变压器上，以及发电厂和变电所的母线上，必要时也可以装设自动重合闸。

110kV 及以下架空线路或架空电缆混合线路中电缆比例比较小的线路采用三相一次重合闸，市区电力公司所采用的也是此重合闸方式。

#### 6.2.5.1　自动重合闸的基本要求

（1）在下列情况下不希望重合闸重合时，重合闸不应动作：

1）由值班人员手动操作或通过遥控装置将断路器断开时。

2）手动投入断路器，由于线路上有故障，而随即被继电保护将其断开时。因为在这种情况下，故障是属于永久性的，它可能是由于检修质量不合格，隐患未消除或者保安的接地线忘记拆除等原因所产生，因此再重合一次也不可能成功。

3）当断路器处于不正常状态（例如操动机构中使用的气压、液压降低等）而不允许实现重合闸时。

（2）当断路器由继电保护动作或其他原因而跳闸后，重合闸均应动作，使断路器重新合闸。

（3）自动重合闸装置的动作次数应符合预先的规定。如一次式重合闸应该只动作 1 次，当重合于永久性故障而再次跳闸以后，不应该再动作；对二次式重合闸应该能够动作 2 次，当第二次重合于永久性故障而跳闸以后，不应该再动作。

（4）自动重合闸在动作以后，一般应能自动复归，准备好下一次再动作。但对 10kV 及以下电压的线路，如当地有值班人员时，为简化重合闸的实现，也可以采用手动复归的方式。

（5）自动重合闸装置的合闸时间应能整定，并有可能在重合闸以前或重合闸以后加速继电保护的动作，以便更好地与继电保护相配合，加速故障的切除。

（6）双侧电源的线路上实现重合闸时，应考虑合闸时两侧电源间的同步问题，并满足所提出的要求。

为了能够满足第（1）、（2）项所提出的要求，应优先采用由控制开关的位置与断路器位置不对应的原则来启动重合闸，即当控制开关在合闸位置而断路器实际上在断开位置的情况下，使重合闸启动，这样就可以保证不论是任何原因使断路器跳闸以后，都可以进行一次重合。

### 6.2.5.2　某厂继电器重合闸功能为例

装置提供三相一次重合闸功能。其启动方式为经保护启动。设置"停用重合闸"功能软压板，可遥控实现重合闸功能投退。重合闸方式包括检线路无压母线有压、检线路有压母线无压、检线路无压母线无压和检同期方式，四种方式可组合使用，检无压方式不含检同期功能；重合闸方式可通过控制字实现。当四种方式都不投入时，为不检方式。

重合闸只有在充电完成后才投入，在无放电条件的情况下，线路在合位运行经 15s 后充电。

下列条件均可给重合闸放电：

（1）重合闸未启动且开关在分位 15s；

（2）停用重合闸开入；

（3）停用重合闸软压板或控制字投入；

（4）控制回路断线；

（5）线路 TV 断线（检线路无压投入时）；

（6）母线 TV 断线（检母线无压投入时）；

（7）低频减载动作；

（8）间歇性接地保护动作过流保护（Ⅰ段、Ⅱ段、Ⅲ段和反时限）、零序过流保护（Ⅰ段、Ⅱ段和反时限）、过流加速、零序加速保护动作后，检测到无流条件满足，将启动重合闸。当连续满足重合闸条件的时间达到"重合闸时间"定值后，发重合闸令，若计时过程中合闸条件不满足，则计时器清零，并继续检测合闸条件是否满足，对于在 600s 内一致无法满足重合闸出口条件的，则判重合闸失败，重合闸元件经过 500ms 返回。

低频减载和间歇性接地保护动作闭锁重合闸。

图 6-3 为重合闸保护逻辑框图。

图 6-3　重合闸保护逻辑框图

## 6.2.6　纵联电流保护

按照保护动作原理，纵联保护可以分为两类：

（1）方向比较式纵联保护。两侧保护装置将本侧的功率方向、测量阻抗是否在规定的方向、区段内的判别结果传送到对侧，每侧保护装置根据两侧的判别结果，区分是区内故障还是区外故障。这类保护在通道中传送的是逻辑信号，而不是电气量本身，传送的信息量较少，但对信息可靠性要求很高。按照保护判别方向所用的原理可将方向比较式纵联保护分为方向纵联保护和距离纵联保护。

（2）纵联电流差动保护。这类保护利用通道将本侧电流的波形或代表电流相位的信号传送到对侧，每侧保护根据对两侧电流的幅值和相位比较的结果区分是区内故障还是区外故障。可见这类保护在每侧都直接比较两侧的电气量，称为纵联电流差动保护。这类保护的信息传输量大，并且要求两侧信息同步采集，实现技术要求较高。

市区电力公司在实际工作中采用纵联电流差动保护。

### 6.2.7　间隙性接地保护

以某厂继电器为例，装置具备一段间歇性接地保护。设有 1 个定值"间歇性接地跳闸时间"，2 个控制字"间歇性接地保护投入"和"间歇性接地 $3U_0$ 闭锁"。

间歇性接地保护（见图 6–4）采用外接零序电流 $3I_0$ 和自产零序电压 $3U_0$。当 $3I_0$ 达到 150A（一次值）以上，如果投入"间歇性接地 $3U_0$ 闭锁"控制字则还要同时满足 $3U_0$ 大于 10V（二次值），经 20ms 延时（即故障至少持续一个周波），则确认此次故障脉冲的产生，间歇性接地保护启动，时间元件开始计数。故障脉冲消失时，启动展宽 1000ms，在展宽的 1000ms 内如果再次有故障脉冲，则在新的故障脉冲消失时再重新展宽 1000ms，以后依次展宽，期间时间元件一直计数，当计时达到"间歇性接地跳闸时间"的整定值后，如果"间歇性接地保护投入"控制字投入，则出口跳闸。如果在展宽的 1000ms 内没有新的故障脉冲出现，则间歇性接地保护返回，时间计数器清零。

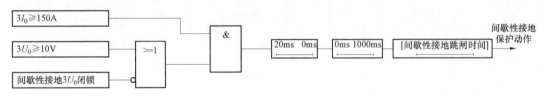

图 6–4　间歇性接地保护逻辑框图

间隙性接地保护注意事项：

（1）"间歇性接地保护投入"控制字退出时，间歇性接地保护退出。

（2）间歇性接地保护不启动重合闸。

（3）间歇性接地保护门槛值固定为一次值 150A，在程序中自动根据"设备参数"中的零序 TA 额定一次值、零序 TA 额定二次值折算成二次值，必须根据实际情况整定零序 TA 额定一次值和零序 TA 额定二次值。

### 6.2.8　线路保护配置、范围及跳闸原则

#### 6.2.8.1　10kV 终端线

10kV 终端线保护配置总体原则如下：

（1）10kV 终端线路电源侧配置一套定时限或反时限电流保护，送 K 型站的出线可配置一套纵差保护。

（2）10kV 架空线另加装一套前加速过流、零流保护并设三相一次重合闸装置，重合闸时间一般设为 0.7～1.0s。

（3）为了提高对间隙性接地故障的灵敏度，部分线路另加装一套间隙性接地零流保护，一次定值一般 150A，3V0 闭锁电压 10V，5.5s 跳闸，并闭锁重合闸。

（4）10kV 终端线路可配置按周减载安全自动装置。

（5）10kV 若为不接地系统，则零流保护取消。

10kV 终端线具体保护配置如表 6-1 所示。

表 6-1　　　　　　　　　　　　　10kV 终端线具体保护配置

| 保护名称 | 保护范围 | 时间（s） | 动作 | 相关电流互感器 | 相关电压互感器 |
|---|---|---|---|---|---|
| 纵差（送 K 型站） | 线路全线 | 0 | 两侧跳闸 | 两侧开关 | 无 |
| 前加速过流（送架空线） | 线路全线，伸进下级线路末端 | 0 | 跳闸 | 本侧开关 | 无 |
| 前加速零流（送架空线） | 线路全线，伸进下级线路末端 | 0 | 跳闸 | 本侧开关 | 无 |
| 定/反时限过流 | 线路全线，伸进下级线路末端 | 1.5 | 跳闸 | 本侧开关 | 无 |
| 定时限零流 | 线路全线，伸进下级线路末端 | 3.5 | 跳闸 | 本侧开关 | 无 |
| 间隙接地零流 | 线路全线，伸进下级线路末端，经过渡电阻接地故障 | 5.5 | 跳闸 | 本侧开关 | 电源母线 |

#### 6.2.8.2　10kV 互馈线

10kV 互馈线保护配置总体原则如下：

（1）10kV 互馈线在终端线保护基础上增加一套线路纵差保护，但过流、零流保护与出线保护无级差。

（2）10kV 互馈线两侧均必须配置完全的保护装置。

（3）10kV 互馈线投入供负荷时须遵循以下规则：

1）电源侧保护必须全部投入，而负荷侧保护除纵差外全部停用；

2）互馈线保护与所带出线保护同级，故下级出线故障时可能造成出线与互馈线同时跳闸。

10kV 互馈线具体保护配置如表 6-2 所示。

表 6-2　　　　　　　　　　　　　10kV 互馈线具体保护配置

| 保护名称 | 保护范围 | 时间（s） | 动作 | 相关电流互感器 | 相关电压互感器 |
|---|---|---|---|---|---|
| 纵差 | 线路全线 | 0 | 两侧跳闸 | 两侧开关 | 无 |
| 定/反时限过流 | 线路全线，伸进下级线路末端 | 1.5 | 跳闸 | 本侧开关 | 无 |
| 定时限零流 | 线路全线，伸进下级线路末端 | 3.5 | 跳闸 | 本侧开关 | 无 |

### 6.2.8.3 终端线（送线路变压器组或内桥）

35kV 终端线保护配置总体原则如下：

（1）35kV 终端线路电源侧配置一套阶段式电流保护，负荷侧保护为相应 35kV 主变压器保护。

（2）35kV 线路如有架空线则一般需装设三相一次重合闸装置，重合闸时间一般设为 0.7～1.0s。

（3）35kV 终端线路可配置按周减载安全自动装置。

35kV 终端线具体保护配置如表 6-3 所示。

表 6-3　　　　　　　　　35kV 终端线具体保护配置

| 保护名称 | 保护范围 | 时间（s） | 动作 | 相关电流互感器 | 相关电压互感器 |
|---|---|---|---|---|---|
| 电流速断 | 线路全线，伸入下一级变压器高压侧，但不伸出下一级变压器 | 0 | 跳闸 | 本侧开关 | 无 |
| 电流电压速断 | 线路全线，伸入下一级变压器高压侧，但不伸出下一级变压器 | 0 | 跳闸 | 本侧开关 | 电源母线 |
| 过流 3 段 | 线路全线，伸入下级 10kV 线路 | 2.5 | 跳闸 | 本侧开关 | 无 |
| 零流 1 段 | 线路全线，伸入下一级变压器高压侧 | 1 | 跳闸 | 本侧开关 | 无 |
| 零流 2 段 | 线路全线，伸入下一级变压器高压侧 | 2.5 | 跳闸 | 本侧开关 | 无 |

### 6.2.8.4 35kV 互馈线或送开关站线路

35kV 互馈线或送开关站线路保护配置总体原则如下：

（1）35kV 互馈线在终端线路保护基础上增加一套线路纵差保护，且过流 1、2 段带延时以和下级线路配合。

（2）35kV 互馈线两侧均必须配置完全的保护装置。

（3）35kV 互馈线投入供负荷时须遵循以下规则：

1）电源侧保护保护必须全部投入，而负荷侧保护除纵差外全部停用；

2）35kV 互馈线保护与 35kV 送开关站线路保护同级，原则上不可带此类出线；

35kV 互馈线具体保护配置如表 6-4 所示。

表 6-4　　　　　　　　　35kV 互馈线具体保护配置

| 保护名称 | 保护范围 | 时间（s） | 动作 | 相关电流互感器 | 相关电压互感器 |
|---|---|---|---|---|---|
| 纵差 | 线路两侧流变之间 | 0 | 两侧跳闸 | 两侧开关 | 无 |
| 电流速断 | 线路全线，伸入下一级变压器高压侧，但不伸出下一级变压器 | 0.6 | 跳闸 | 本侧开关 | 无 |
| 电流电压速断 | 线路全线，伸入下一级变压器高压侧，但不伸出下一级变压器 | 0.6 | 跳闸 | 本侧开关 | 电源母线 |
| 过流 3 段 | 线路全线，伸入下级 10kV 线路 | 2.9 | 跳闸 | 本侧开关 | 无 |
| 零流 1 段 | 线路全线，伸入下一级变压器高压侧 | 1.5 | 跳闸 | 本侧开关 | 无 |
| 零流 2 段 | 线路全线，伸入下一级变压器高压侧 | 2.9 | 跳闸 | 本侧开关 | 无 |

### 6.2.8.5 110kV 终端线（送线路变压器组或内桥）

110kV 终端线保护配置总体原则如下：

（1）110kV 终端线送线路变压器组或内桥接线时，电源侧配置一套阶段式距离或电流保护，负荷侧保护为相应 110kV 主变压器保护。

（2）110kV 线路如有架空线则一般需装设三相一次重合闸装置，重合闸时间一般设为 2.0s。

110kV 终端线具体保护配置如表 6–5 所示。

表 6–5                            110kV 终端线具体保护配置

| 保护名称 | 保护范围 | 时间（s） | 动作 | 相关电流互感器 | 相关电压互感器 |
|---|---|---|---|---|---|
| 电流速断/相间距离 1 段 | 线路全线，伸入下一级变压器高压侧，但不伸出下一级变压器 | 0 | 跳闸 | 本侧开关 | 无/电源母线 |
| 电流电压速断/相间距离 2 段 | 线路全线，伸入下一级变压器高压侧，但不伸出下一级变压器 | 0.6 | 跳闸 | 本侧开关 | 电源母线 |
| 过流 3 段/相间距离 3 段 | 线路全线，伸入下一级变压器，且能保护到变压器中、低压侧 | 2.6 | 跳闸 | 本侧开关 | 无/电源母线 |
| 零流 1 段/接地距离 1 段 | 线路全线，伸入下一级变压器高压侧 | 0 | 跳闸 | 本侧开关 | 无/电源母线 |
| 零流 2 段/接地距离 2 段 | 线路全线，伸入下一级变压器高压侧 | 0.6 | 跳闸 | 本侧开关 | 无/电源母线 |
| 零流 3 段/接地距离 3 段 | 线路全线，伸入下一级变压器高压侧 | 1.1 | 跳闸 | 本侧开关 | 无/电源母线 |
| 零流 4 段 | 线路全线经过渡电阻接地，定值小于 300A | 2 | 跳闸 | 本侧开关 | 无 |

### 6.2.8.6 110kV 终端线（送串供接线）

110kV 终端线保护配置总体原则如下：

（1）110kV 终端线送串供接线时，电源侧一套纵差保护以及一套阶段式距离或电流保护，其距离 1 段与电流速断保护带延时。

（2）110kV 各负荷侧间串供线路两侧均配置一套纵差保护以及一套二阶段式电流保护（仅发信）。

110kV 终端线串供接线（电源侧）具体保护配置如表 6–6 所示。

表 6–6                         110kV 终端线串供接线（电源侧）具体保护配置

| 保护名称 | 保护范围 | 时间（s） | 动作 | 相关电流互感器 | 相关电压互感器 |
|---|---|---|---|---|---|
| 纵差 | 线路两侧流变之间 | 0 | 两侧跳闸 | 两侧开关 | 无 |
| 电流速断/相间距离 1 段 | 线路全线，伸入下一级变压器高压侧，但不伸出下一级变压器 | 0.3 | 跳闸 | 本侧开关 | 无/电源母线 |
| 电流电压速断/相间距离 2 段 | 线路全线，伸入下一级变压器高压侧，但不伸出下一级变压器 | 0.6 | 跳闸 | 本侧开关 | 电源母线 |
| 过流 3 段/相间距离 3 段 | 线路全线，伸入下一级变压器，且能保护到变压器中、低压侧 | 2.6 | 跳闸 | 本侧开关 | 无/电源母线 |

| 保护名称 | 保护范围 | 时间（s） | 动作 | 相关电流互感器 | 相关电压互感器 |
|---|---|---|---|---|---|
| 零流1段/接地距离1段 | 线路全线，伸入下一级变压器高压侧 | 0.3 | 跳闸 | 本侧开关 | 无/电源母线 |
| 零流2段/接地距离2段 | 线路全线，伸入下一级变压器高压侧 | 0.6 | 跳闸 | 本侧开关 | 无/电源母线 |
| 零流3段/接地距离3段 | 线路全线，伸入下一级变压器高压侧 | 1.1 | 跳闸 | 本侧开关 | 无/电源母线 |
| 零流4段 | 线路全线经过渡电阻接地，定值小于300A | 2 | 跳闸 | 本侧开关 | 无 |

### 6.2.9  110KV 及以下典型线路微机保护装置的调试

（1）对保护装置端子连接、插件焊接、插件与插座固定、切换开关、按钮等机械部分检查并清扫。要求连接可靠，接触良好，回路清洁。

1）保护屏后接线、插件外观检查。包括保护屏检查、屏内接线检查、保护屏内装置检查。

2）保护硬件跳线检查。检查 CPU、DSP 是否有跳线。

3）保护屏上压板检查。检查压板端子接线是否符合反措要求、压板端子接线压接是否良好、压板外观检查情况。

4）屏蔽接地检查。检查保护引入、引出电缆是否为屏蔽电缆、检查全部屏蔽电缆的屏蔽层是否两端接地、检查保护屏底部的下面是否构造一个专用的接地铜网格，保护屏的专用接地端子是否经大于 $6mm^2$ 耐的铜线连接到此铜网格上，并检查各接地端子的连接处连接是否可靠。

（2）回路绝缘检查：

1）直流回路绝缘检查。确认直流电源断开后，将 CPU 插件、MON I 插件、开入插件拔出，对地用 1000V 绝缘电阻表全回路测试绝缘。要求绝缘大于 $10M\Omega$。

2）交流电压回路绝缘检查。将交流电压断开后，在端子排内部将电压回路短接，拔出 A/D 插件，对地用 500V 绝缘电阻表全回路测试绝缘。要求绝缘大于 $20M\Omega$。

3）交流电流回路绝缘检查。确认各间隔交流电流已短接退出后，在端子排内部将电流回路短接，拔出 A/D 插件，对地用 500V 绝缘电阻表全回路测试绝缘。要求绝缘大于 $20M\Omega$。

（3）通入试验电源，检查保护基本信息（版本及校验码）并打印。版本满足省公司统一版本要求。

（4）装置直流电源检查：

1）快速拉合保护装置直流电源，装置启动正常。

2）缓慢外加直流电源至 80%额定电压，要求装置启动正常。

3）逆变稳压电源检测。

（5）装置通电初步检查。

1）保护装置通电后，先进行全面自检。自检通过后，装置运行灯亮。除可能发"TV

断线"信号外，应无其他异常信息。此时，液晶显示屏出现短时的全亮状态，表明液晶显示屏完好。

2）保护装置时钟及 GPS 对时，保护复归重起检查。

a. 检查保护装置时钟及 GPS 对时，要求装置时间与 GPS 时间一致。

b. 改变装置秒数，检查装置硬对时功能正常。要求对时功能正常。

c. 检查保护复归重启。要求功能检查正常。

3）检验键盘正常。

4）检查打印机与保护联调正常。进行本项试验之前，打印机应进行通电自检。将打印机与微机保护装置的通信电缆连接好。将打印机的打印纸装上，并合上打印机电源。保护装置在运行状态下，按保护柜（屏）上的"打印"按钮，打印机便自动打印出保护装置的动作报告、定值报告和自检报告，表明打印机与微机保护装置联机成功。

（6）交流回路校验。

1）在端子排内短接电流回路及电压回路并与外回路断开后，检查保护装置零漂。

2）在电压输入回路输入三相正序电压，每相 50V，检查保护装置内电压精度。误差要求小于 3%。

3）输入三相正序电流，每相 5A，检查保护装置内电流精度、相角，误差要求小于 3%。

（7）开入量检查。

1）投退功能压板。开入均正确。

2）检查其他开入量状态。开入均正确。

（8）开出量检查。

1）拉开装置直流电源，装置告直流断线。要求告警正确，输出接点正确。

2）模拟 TV 断线、TA 断线，装置告警，要求告警正确，输出接点正确。

（9）定值及定值区切换功能检查。

1）核对保护装置定值。现场定值与定值单一致。

2）检查保护装置定值区切换，功能切换正常。

3）检查各侧 TA 变比系数，要求与现场 TA 变比相符。

4）检查定值单上的变压器联结组别、额定容量及各侧电压参数。要求于实际的变压器联结组别、额定容量及各侧电压参数一致。

（10）保护功能校验（以某厂家继电器为例）。

1）过流保护的校验。

a. 定时限过流保护的校验项目：

——95%不动作：将整定值的 0.95 倍电流输入继电器，继电器可靠不动作。

——1.05 倍动作：将整定值的 1.05 倍电流输入继电器，继电器可靠动作（误差范围：整定值±2.5%或±0.01$I_n$ 中较大者）。

——延时定值：将整定值的 1.2 倍电流输入继电器，使保护动作，此时的计时器所显示的数值即为保护延时时间（误差范围：≤延时定值×1%+35ms）。

b. 反时限过流保护的校验项目：

——95%不动作：将整定值的 0.95 倍电流输入继电器，继电器可靠不动作。

——1.05 倍动作：将整定值的 1.05 倍电流输入继电器，继电器可靠动作（误差范围：整定值±2.5%或±0.01$I_n$ 中较大者）。

——2 倍、3 倍、5 倍动作时间：将整定值的 2 倍、3 倍、5 倍电流分别输入继电器，使保护动作，此时的计时器所显示的数值即为保护 2 倍、3 倍、5 倍时间（误差范围：≤延时定值×1%+35ms）。

2）零流保护的校验。

a. 定时限零流保护的校验项目：

——95%不动作：将整定值的 0.95 倍电流输入继电器，继电器可靠不动作。

——1.05 倍动作：将整定值的 1.05 倍电流输入继电器，继电器可靠动作（误差范围：整定值±2.5%或±0.02$I_n$ 中较大者）。

——延时定值：将整定值的 1.2 倍电流输入继电器，使保护动作，此时的计时器所显示的数值即为保护延时时间（误差范围：≤延时定值×1%+35ms）。

b. 反时限零流保护的校验项目。

——95%不动作：将整定值的 0.95 倍电流输入继电器，继电器可靠不动作。

——1.05 倍动作：将整定值的 1.05 倍电流输入继电器，继电器可靠动作（误差范围：整定值±2.5%或±0.02$I_n$ 中较大者）。

——2 倍、3 倍、5 倍动作时间：将整定值的 2 倍、3 倍、5 倍电流分别输入继电器，使保护动作，此时的计时器所显示的数值即为保护 2 倍、3 倍、5 倍时间（误差范围：≤延时定值×1%+35ms）。

3）电流速断保护的校验。

a. 过流速断保护的校验项目：

——95%不动作：将整定值的 0.95 倍电流输入继电器，继电器可靠不动作。

——1.05 倍动作：将整定值的 1.05 倍电流输入继电器，继电器可靠动作（误差范围：整定值±2.5%或±0.01$I_n$ 中较大者）。

——1.2 倍动作时间：将整定值的 1.2 倍电流输入继电器，使保护动作，此时的计时器所显示的数值即为 1.2 倍动作时间。

b. 零流速断保护的校验项目：

——95%不动作：将整定值的 0.95 倍电流输入继电器，继电器可靠不动作。

——1.05 倍动作：将整定值的 1.05 倍电流输入继电器，继电器可靠动作（误差范围：整定值±2.5%或±0.02$I_n$ 中较大者）。

——1.2 倍动作时间：将整定值的 1.2 倍电流输入继电器，使保护动作，此时的计时器所显示的数值即为 1.2 倍动作时间。

（11）整组试验及验收传动。

1）新投产和全部校验时应用 80%保护直流电源和开关控制电源进行开关传动试验。

2）保护装置投运压板、跳闸及合闸压板应投上。

3）进行传动断路器试验之前，控制室和开关站均应有专人监视，并应具备良好的通信联络设备，以便观察断路器和保护装置动作相别是否一致，监视中央信号装置的动作及声、光信号指示是否正确。如果发生异常情况时，应立即停止试验，在查明原因并改正后再继续进行。

传动断路器试验应在确保检验质量的前提下，尽可能减少断路器的动作次数。根据此原则一般进行以下试验项目。

1）传动断路器试验和动作信号检查：

a. 整定的重合闸方式下，模拟 A 相 I 段范围瞬时性接地故障。

b. 整定的重合闸方式下，模拟 B 相永久性接地故障。

c. 整定的重合闸方式下，模拟 BC 相间瞬时性故障。

d. 重合闸停用方式下，模拟 C 相 I 段范围瞬时性接地故障。

分别用远方操作和就地操作开关，检查操作开关过程中测控信号是否正确及是否有异常现象发生。

2）开关量输入的整组试验。在进行定期部分检验时，与母差保护装置相关的开关量整组试验免做。保护装置进入"保护状态"菜单后，选择开入显示子菜单，校验开关量输入变化情况。

a. 闭锁重合闸：合上断路器，使保护充电。投闭锁重合闸压板，检查合闸充电由"1"变为"0"。

b. 断路器跳闸位置：断路器分别处于合闸状态和分闸状态时，校验断路器跳闸位置开关量状态。

c. 压力闭锁重合闸：模拟断路器液（气）压压力低闭锁重合闸触点动作，校验压力闭锁重合闸乡关量状态。

d. 断路器合闸后位置：进行断路器手动合闸操作，对断路器合闸后位置开关量状态进行校验。

3）重合闸检验。重合闸压板投入，零序保护压板投入。

（12）回路绝缘检查。直流回路绝缘检查。确认直流电源断开，将直流正负极性短接后，对地用 1000V 绝缘电阻表全回路测试绝缘。要求绝缘大于 10MΩ。

（13）TA 校验。

1）TA 伏安特性，每相加入 0.5A 至拐点以上，约取 6 点电流进行试验，记录相对应的电压值，成伏安特性曲线。要求测出的电流、电压曲线符合要求。

2）用双臂电桥测量每相 TA 的电阻和回路电阻。根据回路情况，要求各相 TA 的电阻和回路电值基本平衡。

3）用 1000V 绝缘电阻表测每相 TA 及回路绝缘。要求绝缘大于 20MΩ。

（14）保护装置二次通电。

（15）保护校验存在的问题。对本次保护校验存在的问题做好记录。

（16）投运前定值与开入量状态的核查。进入"定值"菜单，打印出按定值整定通知单整定的保护定值，定值报告应与定值整定通知单一致。在正常运行压板显示状态，查看保护投入压板与实际运行状态一致。

（17）保护校验结论：保护可以（或不可以）投入运行。

# 6.3 电容器保护

在电力系统中，为了提高母线电压质量，降低电能损耗，让系统稳定运行，一般使用并联电容器来实现对系统无功功率的补偿。与其他补偿无功功率的设备相比，并联的电容器组拥有安装快、投资方便、运行费用低等优势。电容器的安全运行对于保障电力系统的安全、经济运行有着重要的作用。

特别要指出的是并联电容器组可以接成星形（包括双星形），也可接成三角形。而相同容量的电容器接成三角形时，发出的无功功率是星形连接的 3 倍，但每相电容器上承受的电压是星形连接时的 $\sqrt{3}$ 倍（绝缘的要求相应提高）。

## 6.3.1 电容器保护配置及保护范围

### 6.3.1.1 电容器保护配置

根据并联补偿电容器组，规程要求装设以下保护：

（1）对电容器组和断路器之间连接线的短路，可装设带有短时限的电流速断和过电流保护，动作于跳闸。

（2）对电容器内部故障及其引出线短路，宜对每台电容器分别装设专用的熔断器。

（3）当电容器组中故障电容器切除到一定数量，引起电容器端电压超过 110%额定电压，保护应将断路器断开，对不同接线的电容器组，可采用不同的保护方式。

（4）电容器组的单相接地保护。

（5）对电容器组的过电压应装设过电压保护，带时限动作于信号或跳闸。

（6）对母线失压应装设低电压保护，带时限动作于信号或跳闸。

（7）对于电网中出现的高次谐波有可能导致电容器过负载时，电容器组宜装设过负载保护，带时限动作于信号或跳闸。

采用微机电容器保护，其保护的配置和参数的设定都可在装置上方便地设置。保护功能分为外部和内部两种。

### 6.3.1.2 电容器保护的范围

市区范围内的电容器保护主要有过电流保护、零序电流保护、过电压保护、不平衡电压、不平衡电流等。

电容器过流保护及零序电流保护的范围，主要就是由电流互感器至电容器组的末端，当发生故障的时候，直接跳开 10kV 电容器开关。

不平衡电压或不平衡电流保护，为反映电容器内部故障的保护，一般只选取其中一套作为保护。电流互感器接在电容器组内部，两套电容器的中性点之间，保护范围就是整个电容器组。而过电压保护主要反映的是母线电压偏高，根据整定书要求可以选择发信，也可以选择跳闸。

### 6.3.2 电容器保护继电器校验

各厂家继电器在接线方式上略有差异，本节以市区供电公司所使用的某一厂家继电器为例，简述继电器校验

#### 6.3.2.1 保护继电器简介及保护功能说明

市区范围内所使用的电容器保护装置适用于 110kV 及以下电压等级的非直接接地系统或小电阻接地系统中所装设并联电容器的保护及测控，适用于单Y、双Y、△形接线电容器组。装置全面支持数字化变电站功能，既可以接入常规电磁式互感器，同时也具备电子式互感器接口和支持 IEC 61850–9–2 采样值传输协议，支持 IEC 61850 规约和实时 GOOSE 功能。图 6–5 为此型保护装置的典型应用配置，其接线方式不一定与实际应用完全相符。

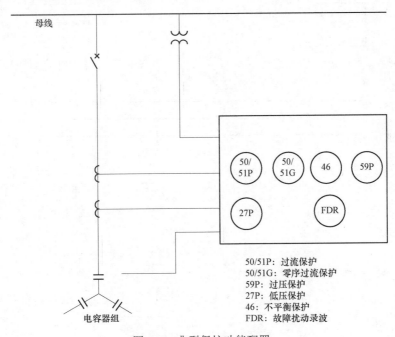

50/51P：过流保护
50/51G：零序过流保护
59P：过压保护
27P：低压保护
46：不平衡保护
FDR：故障扰动录波

图 6–5　典型保护功能配置

根据需要，不同的不平衡保护配置图如图 6–6～图 6–8 所示。

该继电器提供保护功能包括：

（1）两段定时限过流保护和一段反时限过流保护。

（2）两段零序过流保护/小电流接地选线和零序过流反时限保护。

（3）过电压保护。

（4）低电压保护。

（5）三路不平衡电流保护。

（6）独立的操作回路。

另外还包括以下异常告警功能：事故总信号；TWJ 异常报警；频率异常报警；母线 TV 断线报警；控制回路断线报警；接地报警；CT 断线报警。

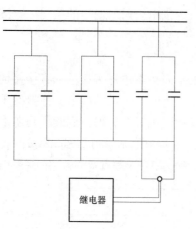

图 6-6　不平衡电流保护配置图

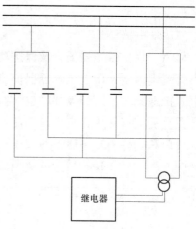

图 6-7　不平衡电压保护配置图

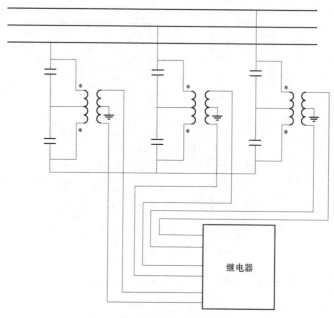

图 6-8　不平衡差压保护配置图

表 6-7～表 6-11 为各保护继电器可测量的定值范围及误差。

表 6-7　　　　　　　　　　　　　　　过　流　保　护

| 电流定值范围 | $0.05 \times I_n \sim 30 \times I_n$ |
|---|---|
| 电流定值误差 | ≤电流定值×±2.5%或±$0.01I_n$ 中较大者 |
| 延时定值范围 | 0.00s～100.00s |
| 延时定值误差 | ≤延时定值×1%+35ms |

| 表 6-8 | 零 流 保 护 |
|---|---|
| 电流定值范围 | 0.05～30.0A（外接） |
| 电流定值误差 | ≤电流定值×±2.5%或±0.02A 中较大者 |
| 延时定值范围 | 0.00～100.00s |
| 延时定值误差 | ≤延时定值×1%+35ms |

| 表 6-9 | 过 电 压 保 护 |
|---|---|
| 电压定值范围 | 100～200.0V |
| 电压定值误差 | ≤电压定值×±2.5%或±0.1V 中较大者 |
| 延时定值范围 | 0.00～100.00s |
| 延时定值误差 | ≤延时定值×1%+35ms |

| 表 6-10 | 低 电 压 保 护 |
|---|---|
| 电压定值范围 | 2.0～100.0V |
| 电压定值误差 | ≤电压定值×±2.5%或±0.1V 中较大者 |
| 延时定值范围 | 0.00～100.00s |
| 延时定值误差 | ≤延时定值×1%+35ms |

| 表 6-11 | 不 平 衡 电 流 保 护 |
|---|---|
| 电流定值范围 | 0.05～30A |
| 电流定值误差 | ≤电流定值×±2.5%或±0.02A 中较大者 |
| 延时定值范围 | 0.00～100.00s |
| 延时定值误差 | ≤延时定值×1%+35ms |

#### 6.3.2.2 保护继电器动作原理

（1）过流保护。

保护继电器设两段过流保护和一段反时限保护，各段有独立的电流定值和时间定值以及控制字。

过流Ⅰ段和过流Ⅱ段固定为定时限保护，过流反时限保护可以经"过流反时限投入"控制字投入，整定"过流反时限动作曲线类型"选择反时限特性类型。特性 1、2、3 采用了国际电工委员会标准（IEC255-4）和英国标准规范（BS142.1966）规定的三个标准特性方程，分别列举如下：

特性 1（一般反时限）：$t = \dfrac{0.14}{(I/I_p)^{0.02} - 1} t_p$

特性 2（非常反时限）：$t = \dfrac{13.5}{(I/I_p) - 1} t_p$

特性 3（极端反时限）：$t = \dfrac{80}{(I/I_p)^2 - 1} t_p$

以上方程式中，$t$ 为动作时间；$I_p$ 为电流基准值，取过流反时限保护定值；$t_p$ 为时间常数，取过流反时限时间因子。

过流保护逻辑图如图 6-9 所示。

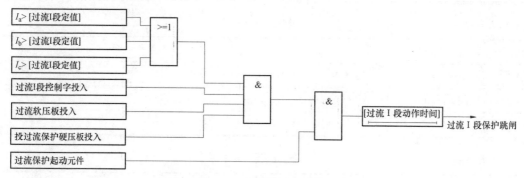

图 6-9　过流保护逻辑图

过流Ⅱ段、反时限保护逻辑和过流Ⅰ段保护类似。

过流保护跳电容器组主开关。

（2）零序保护（接地保护）。

当装置用于小电流接地系统，接地故障时的零序电流很小时，可以用接地试跳的功能来隔离故障。这种情况要求零序电流由外部专用的零序 TA 引入。

当装置用于小电阻接地系统，接地零序电流相对较大时，可以用直接跳闸方法来隔离故障。相应的，本装置提供了两段零序过流保护以及一段零序过流反时限保护，反时限特性和过流反时限特性相同。

零序保护逻辑图如图 6-10 所示。

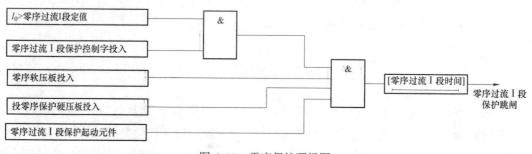

图 6-10　零序保护逻辑图

零序过流Ⅱ段、反时限保护逻辑与零序过流Ⅰ段保护逻辑类似。零序保护跳电容器组主开关。

（3）过电压保护。

为防止系统稳态过电压造成电容器损坏，设置过电压保护。过电压保护逻辑图如图 6-11 所示。

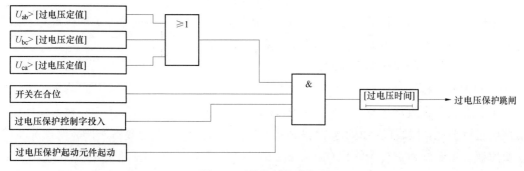

图 6-11　过流保护逻辑图

过电压保护跳电容器组主开关。

（4）低电压保护。

电容器组失电后，若在其放电完成之前重新带电，可能会使电容器组承受合闸过电压，本装置为此设置了低电压保护。装置提供了"投低电压保护"压板以方便运行人员投退低电压保护。

低电压保护逻辑图如图 6-12 所示。

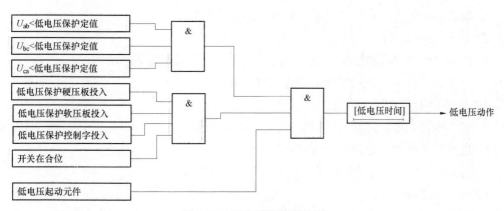

图 6-12　低电压保护逻辑图

低电压保护跳电容器组主开关。

（5）不平衡保护。装置设置三路不平衡电流保护，主要反应电容器组的内部故障（见图 6-13）。

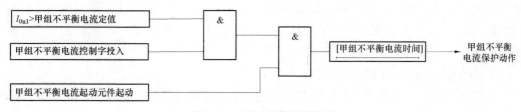

图 6-13　不平衡保护逻辑图

乙组不平衡电流、丙组不平衡电流与甲组不平衡电流类似。

甲组不平衡电流保护动作跳开甲组分支断路器，乙组不平衡电流保护动作跳开乙组分支断路器，丙组不平衡电流保护动作跳开丙组分支断路器。

### 6.3.2.3 保护继电器装置校验调试

（1）作业流程。

电容器校验在现场进行作业时，首先需要进行工作许可，许可后工作负责人要向工作班成员进行交底，然后根据现场安全措施票完成安全措施，并对电容器保护屏检查及清扫、检查压板及屏蔽线，进行绝缘检查。

做完整组试验后，对校验工具进行整理、收纳，然后恢复安全措施并进行工作终结、做好记录进行汇报，然后结束工作票。

（2）对于微机型继电器保护校验项目、技术要求及校验报告如下：

1）清扫、紧固、外部检查。

a. 检查装置内、外部是否清洁无积尘、无异物；清扫电路板的灰尘。

b. 检查各插件插入后接触良好，闭锁到位。

c. 切换开关、按钮、键盘等应操作灵活、手感良好。

d. 压板接线压接可靠性检查，螺丝紧固。

e. 检查保护装置的箱体或电磁屏蔽体与接地网可靠连接。

2）逆变电源工况检查。

a. 检查电源的自启动性能：拉合直流开关，逆变电源应可靠启动。

b. 进入装置菜单，记录逆变电源输出电压值。

3）软件版本及 CRC 码检验

a. 进入装置菜单，记录装置型号、CPU 版本信息。

b. 进入装置菜单，记录管理版本信息。

注意事项：与最新定值通知单核对校验码及程序形成时间。

4）交流量的调试。

a. 零漂检验。进行本项目检验时要求保护装置不输入交流量。进入保护菜单，检查保护装置各 CPU 模拟量输入，进行三相电流和零序电流、三相电压和线路电压通道的零漂值检验；要求零漂值均在 $0.01I_n$（或 0.05V）以内。检验零漂时，要求在一段时间（C 3min）内零漂值稳定在规定范围内。

b. 模拟量幅值特性检验。用保护测试仪同时接入装置的三相电压和线路电压输入，三相电流和零序电流输入。调整输入交流电压和电流分别为额定值的 120%、100%、50%、10% 和 2%，要求保护装置采样显示与外部表计误差应小于 3%。在 2% 额定值时允许误差10%。

不同的 CPU 应分别进行上述试验。

在试验过程中，如果交流量的测量误差超过要求范围时，应首先检查试验接线、试验方法、外部测量表计等是否正确完好，试验电源有无波形畸变，不可急于调整或更换保护装置中的元器件。

部分检验时只要求进行额定值精度检验。

c. 模拟量相位特性检验。按上文 2 项规定的试验接线和加交流量方法，将交流电压和交流电流均加至额定值。检查各模拟量之间的相角，调节电流、电压相位，当同相别电压和电流相位分别为 0、45、90 时装置显示值与表计测量值应不大于 30°。

部分检验时只要求进行选定角度的检验。

5）开入、出量调试。

a. 开关量输入测试。进入保护菜单检查装置开入量状态，依次进行开入量的输入和断开，同时监视液晶屏幕上显示的开入量变位情况。要求检查时带全回路进行，尽量不用短接触点的方式，保护装置的压板、切换开关、按钮等直接操作进行检查，与其他保护接口的开入或与断路器机构相关的开入进行实际传动试验检查。

b. 输出触点和信号检查。配合整组传动进行试验，不单独试验。全部检验时要求直流电源电压为 80%额定电压值下进行检验，部分检验时用全电压进行检验。

6）逻辑功能测试。首先，仔细核对整定书上电容器保护类型，一般有过电流、欠电压、过电压、零流、不平衡电压（3V0）等保护。

a. 过电流保护、零序过流保护、过电压保护、不平衡电压保护

以上几个保护，校验类型相似，就是在微机继电器上加入模拟的保护电流（电压），模拟相间故障或者单相故障，按照校验故障的类型，根据整定书决定故障电流或故障电压的大小，使得保护在 0.95 倍定值时，应可靠不动作；在 1.05 倍定值时应可靠动作；在 1.2 倍定值下，测量保护的动作时间，以秒为单位，时间误差应不大于 5%。

b. 欠电压保护。断路器在合位，加入三相对称电压，保护在 1.05 倍定值时，应可靠不动作；在 0.95 倍定值时应可靠动作；在 0.7 倍定值时，测量欠电压保护的动作时间，时间误差应不大于 5%。加入电流大于欠压闭锁电流，重新进行上述试验，欠压保护不应动作。

c. TA、TV 断线功能检查。包括 TA 断线告警功能检测（单相、两相断线）、TV 断线告警功能检测（单相、两相断线）及 TV 断线告警闭锁电压保护。闭锁逻辑功能在全部校验时进行，部分校验只做告警功能。

7）整组试验。整组试验时，统一加模拟故障电流，断路器处于合闸位置。进行传动断路器试验之前，控制室和开关站均应有专人监视，并应具备良好的通信联络设备，以便观察断路器动作情况，监视中央信号装置的动作及声、光信号指示是否正确。如果发生异常情况时，应立即停止试验，在查明原因并改正后再继续进行。

a. 整组动作时间测量。本试验是测量从模拟故障至断路器跳闸的动作时间。要求测量断路器的跳闸时间并与保护的出口时间比较，其时间差即为断路器动作时间，一般应不大于 80ms。

b. 与中央信号、远动装置的配合联动试验。根据微机保护与中央信号、远动装置信息传送数量和方式的具体情况确定试验项目和方法。要求所有的硬接点信号都应进行整组传动，不得采用短接触点的方式。对于综合自动化站，还应检查保护动作报文的正确性。保

证整个电容器二次回路的正确，继电器及开关合分闸正常。

# 6.4 低 周 减 载

## 6.4.1 低周减载保护概述

### 6.4.1.1 基本原理

为了提高供电质量，保证重要用户供电的可靠性，当系统中出现有功功率缺额引起频率、电压下降时，根据频率、电压下降的程度，自动断开一部分用户，阻止频率、电压下降，以使频率、电压迅速恢复到正常值，这种保护叫做自动低频、低压减载保护，也称按周波保护。它不仅可以保证对重要用户的供电，而且可以避免频率、电压下降引起的系统瓦解事故。

低周减载装置是专门监测系统频率的保护装置。当电压大于整定值、电流大于整定值时，系统负荷过重，频率下降。下降的速度（滑差）小于整定值，当频率下降到整定值时就出口动作，投了低周保护压板出口的开关就会被跳掉，甩掉部分系统负荷，保证系统正常运行。低周减载保护主要由低周波继电器构成，当系统所需无功功率较大时，系统电压可能会先于周波崩溃，从而使低周波继电器失灵，此时可附加一个带 0.5s 时限的低电压元件作为后备保护。

常用的微机型低周减载保护可实现分散式的频率控制，当系统频率低于设定值时，经可设定的延时时间，保护动作。保护可独立投退电压闭锁、滑差闭锁和欠流闭锁。电压闭锁当系统电压低于设定值时闭锁保护。滑差闭锁当系统发生故障时，频率下降过快超过滑差频率定值时闭锁保护。欠流闭锁当系统电流过小（例如小于 0.5A）时闭锁保护。

### 6.4.1.2 实现方式

低周减载保护在变电站的实现方式分两种：分布式和集中式。

分布式，低周保护作为保护装置的一个模块，在单个间隔的保护装置里面配置。各个间隔的保护装置中低周定值可以根据保护线路的重要程度，经过整定计算，选择不同的定值和响应时间，并且可以通过保护压板投退。调度每年都需要根据现实情况来重新制定低周减载线路的轮换和定值。

集中式的低周减载装置，在中央控制室配置专用的保护屏，或者是安装在压变保护盘上。保护定值一般分为两轮，每轮都对几条出线实现控制。好处是定值设置和校验相对比较方便，但是安装上比分布式复杂，因为是一个保护装置控制多台断路器，需要安装多条电缆到每个保护间隔，新装验收时要确保出口跳闸压板与保护线路一一对应。

### 6.4.1.3 低频减载工作原理

低频自动减载动作过程如图 6-14 所示。图中，$f$ 为正序电压的频率，即继电器对运行中的电压的采样频率，$U_n=100V$，$D_f$ 为低频滑差闭锁定值。$F_1 \sim F_6$ 是低频标准轮整定值、$F_{s1}$、$F_{s2}$ 为特殊轮整定值。$T_{f1} \sim T_{f6}$、$T_{fs1}$、$T_{fs2}$ 为对应的轮次时间整定值。

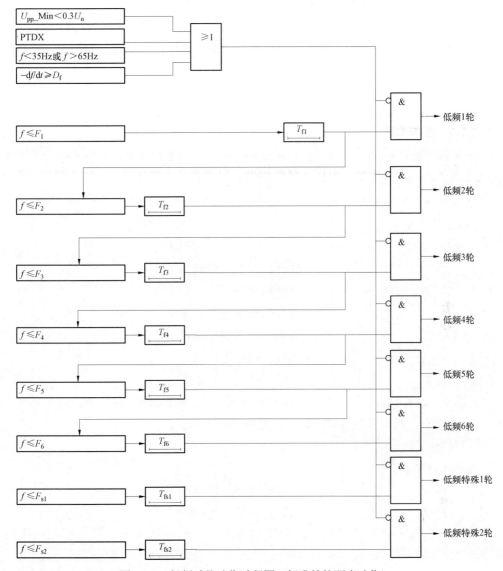

图 6-14　低频减载动作过程图（标准轮按顺序动作）

只有当图 6-14 中最上面的 4 项闭锁措施的判别项都通过，也就是闭锁措施都没有启动的情况下，当运行频率 $f$ 小于或者等于 $F_1 \sim F_6$、$F_{s1}$、$F_{s2}$ 的整定值，且动作延时上依次满足时间 $T_{f1} \sim T_{f6}$、$T_{fs1}$、$T_{fs2}$ 的整定值，则保护对应出口。

1. 防止误动作的闭锁措施

（1）低电压闭锁。

当任一线电压 $<0.3U_n$ 时，不进行低频判断，闭锁出口。

（2）d$f$/d$t$ 闭锁。

$-$d$f$/d$t$ 就是频率的下降速率。

当$-$d$f$/d$t$$\geq D_f$ 时，不进行低频判断，闭锁出口。$-$d$f$/d$t$$<D_f$ 且频率恢复至每轮频率定值

以上经短延时解除对该轮闭锁。

（3）频率值异常闭锁。

当$f<35Hz$或$f>65Hz$时，认为测量频率值异常，将闭锁该母线的频率电压紧急控制功能。

（4）TV断线闭锁（PTDX）。

当装置检测到母线TV断线时，将闭锁该母线的低周减载功能。

TV断线判别

当正序电压小于$0.15U$或负序电压大于$0.15U$（$U=57.7V$），则判为TV断线，延时5s发TV断线异常告警信号。异常消失后瞬时返回。

2. 低频自动减载的判别式

6轮标准轮的判别式为：

低频减载启动后

| | |
|---|---|
| $f \leqslant F_1$，$t \geqslant T_{f1}$ | 低频标准第一轮动作 ↓ |
| $f \leqslant F_2$，$t \geqslant T_{f2}$ | 低频标准第二轮动作 ↓ |
| $f \leqslant F_3$，$t \geqslant T_{f3}$ | 低频标准第三轮动作 ↓ |
| $f \leqslant F_4$，$t \geqslant T_{f4}$ | 低频标准第四轮动作 ↓ |
| $f \leqslant F_5$，$t \geqslant T_{f5}$ | 低频标准第五轮动作 ↓ |
| $f \leqslant F_6$，$t \geqslant T_{f6}$ | 低频标准第六轮动作 |

以标准第一轮举例：当运行频率$f$小于或者等于$F_1$所设定的整定值，且动作延时上满足时间$T_{f1}$的整定，则低频标准第一轮保护对应动作出口。

两轮特殊轮的判别式为：

低频减载启动后

| | |
|---|---|
| $f \leqslant F_{s1}$，$t \geqslant T_{fs1}$ | 低频特殊第一轮动作 |
| $f \leqslant F_{s2}$，$t \geqslant T_{fs2}$ | 低频特殊第二轮动作 |

标准轮的动作方式为顺序动作，六轮按标准第一轮→标准第二轮→…→标准第六轮依次动作。顺序动作，即只有第1轮动作后第2轮才能动作，如果第1轮退出则判下一轮。

特殊轮的动作方式为独立动作，2个特殊轮启动计时、动作互相独立，各轮动作延时满足，立即动作。

#### 6.4.1.4 校验调试

交验调试根据继电器的不同略有差异，但原理以及主要调试项目相似，下面以现有国产继电器为例，介绍校验调试。

（1）交流回路检查。在保护屏端子或者装置背板交流量插件加入电压、电流量。

进入"模拟量"菜单中"保护测量"子菜单观察，装置显示的采样值应与实际加入量的误差应小于±2.5%或±0.01倍额定值，相角误差小于2°。

（2）输入接点检查。进入"状态量"菜单中"输入量"子菜单，在保护屏上（或装置背板端子）分别进行各接点的模拟导通，在液晶显示屏上显示的开入量状态应有相应改变。

（3）整组试验。下面提到的试验方法适用于多数现有国产电压频率综合控制装置，试验方法满足但不体现逻辑判据，请参照各继电器说明书上提到的保护功能对照调试大纲进行逻辑调试。

进行装置整组实验前，请将对应元件的控制字、硬压板设置正确，装置整组试验后，请检查装置记录的跳闸报告、SOE 事件记录是否正确，对于有通信条件的试验现场可检查后台监控软件记录的事件是否正确。

做低频试验时需要注意下列 4 个闭锁条件：

1）母线任一线电压$<0.3U_n$（电压消失）。

2）$-df/dt \geqslant D_f$（滑差闭锁）。

3）$f<33$Hz 或 $f>65$Hz（频率异常）。

4）TV 断线报警。

满足以上任何一个闭锁条件，装置均不做低频判断。

按照定值作如下试验：

$f \leqslant F_1$，$t \geqslant T_{f1}$，低频第一轮动作。

$f \leqslant F_2$，$t \geqslant T_{f2}$，低频第二轮动作。

$f \leqslant F_3$，$t \geqslant T_{f3}$，低频第三轮动作。

$f \leqslant F_4$，$t \geqslant T_{f4}$，低频第四轮动作。

$f \leqslant F_5$，$t \geqslant T_{f5}$，低频第五轮动作。

$f \leqslant F_6$，$t \geqslant T_{f6}$，低频第六轮动作。

两轮特殊轮的判别式为：

$f \leqslant F_{s1}$，$t \geqslant T_{fs1}$，低频特殊第一轮动作。

$f \leqslant F_{s2}$，$t \geqslant T_{fs2}$，低频特殊第二轮动作。

如果做低频试验时，若某一轮对应的出口组态定值整定为 0000，则此轮动作时，有此轮的动作报告，而无此轮的跳闸信号，也不会有出口。

低频试验频率滑差必须满足平稳变化，主要是考虑到滑差闭锁条件。

如果现场发现试验仪器设置正确，做法也正确，但试验却无法做出时，请进行录波分析或者打印波形，主要观察频率变化滑差是否在某时段超过滑差闭锁定值 $D_f$，或者三相电压频率变化非常不一致，波动很大，造成 $D_f/dt > 0$。

（4）运行异常报警试验。进行运行异常报警实验前，请将对应元件的控制字设置正确，试验项完毕后，请检查装置记录的 SOE 事件记录是否正确，对于有通信条件的试验现场可检查后台监控软件记录的事件是否正确。

（5）TV 断线报警。不加电压，延时一般 5s 后报警灯和 TV 断线灯亮，液晶界面显示 TV 断线报警。

（6）频率异常报警。正序电压大于 30V，频率小于 49.5Hz，延时一般 10s 后报警灯亮，液晶界面显示频率异常报警。

（7）$3U_0$ 报警。"$3U_0$ 报警投入"为 1，$U_0$ 大于"$3U_0$ 报警定值"，时间大于"$3U_0$ 报警时间"，报警灯亮，液晶界面显示接地报警。

（8）输出接点检查：

1）断开保护装置的出口跳闸回路，模拟跳闸，相应跳闸保持信号接点应闭合。按照出口矩阵整定相应的接点闭合。

2）关闭装置电源，闭锁接点闭合；装置处于正常运行状态（运行灯亮）时，闭锁接点断开。

3）发生报警时报警接点应闭合；报警事件返回时该接点断开。

4）$3U_0$ 报警时接点应闭合；该报警事件返回时该接点断开。

## 6.4.2 注意事项

### 6.4.2.1 试验注意事项

（1）试验前请仔细阅读相关试验大纲及有关说明书。

（2）尽量少拔插装置插件，不触摸插件电路，不带电插拔插件。

（3）使用的电烙铁、示波器必须与屏柜可靠接地。

（4）试验前应检查屏柜及装置是否有明显的损伤或螺丝松动。特别是 TA 回路的螺丝及连片，不允许有丝毫松动的情况。

（5）校对程序校验码及程序形成时间。

（6）通信试验前请检查装置规约设置、信息文本是否与后台相匹配。

### 6.4.2.2 事故分析注意事项

为方便事故分析，应妥善保存装置的动作报告。清除装置报告或者频繁试验覆盖当时的故障信息，不利于用户和厂家进行事后分析和责任确定。

为可靠保存当时的故障信息，可以参考以下方法：

（1）在进行传动或者保护试验前，对装置的内部存储的信息以及后台存储的信息进行完整的保存（抄录或打印）。

（2）保存的信息包括装置动作报告、自检报告、故障录波、装置参数和定值以及各种操作记录。

（3）现场的其他信息也应记录，包括事故过程、保护装置指示灯状态、主画面显示内容，如确定有插件损坏，在更换插件时须仔细观察插件状态（包括有无异味、烧痕、元器件异状等）。

（4）装置本地信息在有条件的情况下接打印机打印，监控后台的信息为防止被覆盖进行另外存储。

（5）如有特殊情况，请通知厂家协助故障信息获取与保存。

（6）事故分析需要原始记录、装置版本信息以及现场故障处理过程的说明。

# 6.5 变压器保护

## 6.5.1 变压器保护原理

### 6.5.1.1 变压器故障类型

在电力系统中广泛地采用变压器来升高或降低电压。变压器是电力系统中不可缺少的重要电气设备。它的故障将对供电可靠性和系统安全运行带来严重的影响，并对变压器本身造成严重损伤。因此应根据变压器容量等级和重要程度装设性能良好、动作可靠的继电保护装置。

变压器的故障可分为内部故障和外部故障。

变压器内部故障指的是箱壳内部发生的故障，有绕组间的相间短路故障、单相绕组的匝间短路故障、单相绕组与铁芯间的单相接地故障、变压器绕组引线与外壳间的单相接地故障、绕组的断线故障以及铁芯的烧损等。变压器外部故障指的是箱壳外部引出线间的各种相间短路故障和引出线因绝缘套管闪络或破碎通过箱壳发生的单相接地故障。对于变压器发生的各种故障，保护装置应能快速识别，并切除故障区域。

### 6.5.1.2 变压器不正常运行状态

变压器的不正常运行状态主要有外部短路故障引起的过电流、负荷长时间超过额定容量引起的过负荷、油箱漏油造成的油位降低、运行温度过高导致的油位增高、风扇故障导致的冷却能力的下降、箱壳内部压力的异常增高或降低等。对于中性点不直接接地运行的变压器，外部接地短路时可能造成变压器中性点过电压，威胁变压器的绝缘，对于大容量变压器，因铁芯额定工作磁密与饱和磁密比较接近，在过电压或低频率等异常运行状态下会使变压器过励磁。这些不正常运行状态往往导致绕组、铁芯和其他金属构件的过热。变压器处于不正常运行状态时，继电保护应根据其严重程度，发出告警信号，使运行人员及时发现并采取相应的措施，以确保变压器的安全运行。

### 6.5.1.3 110kV 及以下电压等级的变压器保护类型及配置

变压器发生内部故障时，除了变压器各侧电流、电压变化外，箱壳内的油位、气压、温度等非电量也会发生变化。因此，变压器保护分为电量保护和非电量保护两类。针对变压器各种故障和不正常运行状态，需要配置相应的保护，其类型可分为主保护、后备保护及不正常运行保护。

（1）变压器的主保护。

1）差动保护：用来反应变压器内部绕组的相间短路故障、绕组的匝间短路故障、中性点接地侧绕组的接地短路故障，以及引出线的相间短路故障和中性点接地侧引出线的接地短路故障。差动保护包括差动速断保护和比率制动差动保护两部分。10MVA 及以上容量的单独运行变压器、6.3MVA 及以上容量的并联运行变压器或工业企业中的重要变压器，应装设差动保护。对于 2MVA 及以上容量的变压器，当电流速断保护灵敏度不满足要求时，应装设差动保护。

差动保护的保护范围：构成差动保护的各侧电流互感器之间所包围的部分，除包括变压器本身外、还包括电流互感器与变压器之间的引出线。差动保护动作时，瞬时跳开变压器各侧断路器。

2）重瓦斯保护：变压器内部发生短路故障时，由于故障点电弧的作用，使变压器油和其他绝缘材料分解，产生气体，利用这种气体在快速流向油枕的途中冲击瓦斯继电器，使重瓦斯作用于断路器跳闸。重瓦斯保护包括本体重瓦斯和有载重瓦斯两部分。容量在0.8MVA 及以上的油浸式变压器和户内 0.4MVA 及以上的变压器应装设瓦斯保护。

重瓦斯保护的保护范围：仅限于变压器箱壳内部。重瓦斯保护动作时，瞬时跳开变压器各侧断路器。

我们应该看到，差动保护无法反应绕组的少数匝间短路故障和绕组的开焊断线故障，但重瓦斯保护对此类故障均能灵敏反应。与此同时，重瓦斯保护无法反应箱壳外部引出线上的短路故障，而差动保护对于各侧电流互感器安装位置之间的变压器引出线和母排上发生的各种短路故障均能灵敏反应。故差动保护和重瓦斯保护相互补充，共同构成了变压器的主保护。

（2）变压器的后备保护。

1）过电流保护：用来反应变压器外部相间短路故障和变压器内部绕组、引出线相间短路故障的后备保护。根据变压器的容量和在系统中的作用，可分别采用过电流保护、低电压启动的过电流保护（即低压闭锁过流保护）。

过电流保护的保护范围：变压器高压侧电流互感器以下部分，并伸入到低压侧线路。过电流保护动作后，经整定延时跳开变压器各侧断路器。

2）零序电流保护：变压器中性点直接接地或经小电阻接地时，用零序电流保护作为变压器接地侧外部接地故障和绕组、引出线接地故障的后备保护。为了灵敏反应变压器两侧的单相接地和两相接地故障，变压器高低压两侧都需要安装零序电流保护，且低压侧零序电流保护需采用两段式。

高压侧零序电流保护的保护范围：变压器高压侧电流互感器至高压侧绕组。高压侧零序电流保护动作后，经整定延时跳开变压器各侧断路器。

低压侧零序电流Ⅰ段保护的保护范围：变压器低压侧断路器以下部分，并伸入到低压侧线路。低压侧零序电流Ⅰ段保护动作后，经整定延时跳开变压器低压侧断路器。

低压侧零序电流Ⅱ段保护的保护范围：变压器低压侧绕组以下部分，并伸入到低压侧线路。低压侧零序电流Ⅱ段保护动作后，经整定延时跳开变压器各侧断路器。

3）充电保护：用于变压器空载投运时，为防止合于故障变压器而短时投入的快速切除相间短路故障或接地短路故障的后备保护，充电保护在变压器空载投运成功后退出运行。

充电保护的保护范围：变压器高压侧电流互感器以下部分，直至低压侧母线。充电保护动作后，经整定延时跳开变压器各侧断路器。

（3）变压器的不正常运行保护。

1）过负荷保护：用来反映变压器负荷长期超过额定容量的不正常运行保护，过负荷保护延时作用于信号。

2）轻瓦斯保护：当变压器内部发生轻微故障时，产生少量气体，汇集在瓦斯继电器上部，迫使瓦斯继电器内油位下降，或者变压器发生严重漏油，油位下降，气体进入瓦斯继电器内，轻瓦斯保护均会动作，发出相应信号。轻瓦斯保护包括本体轻瓦斯和有载轻瓦斯两部分。

3）油温高保护：反应变压器由于运行环境恶劣或长期过负荷运行导致内部油温过高的不正常运行保护，保护动作后，发出相应信号。

4）压力释放保护：反应变压器箱壳内部压力异常增高的不正常运行保护，保护动作后，发出相应信号。

5）油位异常保护：反应变压器内部温度过高导致油位异常升高，或变压器发生漏油导致油位异常降低的不正常运行保护，保护动作后，发出相应信号。油位异常保护包括油位高和油位低两种情况。

## 6.5.2 变压器保护装置调试及维护

微机型变压器保护装置的生产厂家和型号虽然很多，但其调试及维护大同小异，下文就以某厂家变压器保护装置为例，介绍变压器保护装置的日常调试及维护。

### 6.5.2.1 装置检查

检查装置的型号、参数与设计图纸一致。

检查装置内、外部是否清洁无积尘、无异物，外观无明显损坏及变形现象。

检查各插件插入后接触良好，切换开关、按钮、键盘等应操作灵活、手感良好。

检查接线线头压接可靠，螺丝紧固，标号应正确清晰，工作接地、电磁屏蔽接地可靠。

### 6.5.2.2 绝缘电阻检测

采用 1000V 兆欧表分别测量交流回路、直流回路、信号回路、跳闸回路对地及各个回路之间的绝缘电阻，绝缘电阻均应大于 $10M\Omega$，带外回路时绝缘电阻均应大于 $1M\Omega$。禁止对光隔间加高电压。

### 6.5.2.3 逆变电源检查

断开保护装置跳闸出口回路，以及与其他保护装置直流电源的连线。试验直流电源应经专用开关，并从保护屏端子上接入。试验直流电源由零缓慢升至 80% 额定电压值，此时保护装置面板上的"运行"绿色指示灯应亮；将试验直流电源调至 80% 额定电压，断开合上直流电源开关，保护装置的"运行"绿色指示灯应亮；直流电源电压分别为 80%、100%、115% 的额定电压时，保护装置应工作正常，即"运行"绿色指示灯应亮。

### 6.5.2.4 通电检查

（1）面板指示灯检查。装置具有 3 个指示灯显示，正常运行时应该只有"运行"指示灯亮，否则证明有问题。在以下试验中注意观察"报警""跳闸"指示灯点亮的情况。

（2）面板按键检查。操作键盘，每个按键都应接触良好。由 9 个按键组成的键盘，包括 4 个箭头键"←""↑""→""↓"，一个确认键"确认"，一个取消键"取消"，两个加、减键"+""−"，红色按钮为"复位"键，按下则保护装置复位重启（保护暂停 1s，界面需时 30s）。按"↑"键，进入"菜单选择"主菜单，可在以下试验中检查按键的功能正确性。

（3）软件版本及装置序列号检查。保护装置正常运行情况下，按"↑"键，进入"菜单选择"主菜单，再多次按"↓"键，找到"版本信息"子菜单并进入，可分别查找到装置的软件版本号、校验码和序列号，核对此版本号和校验码，检查其与最新定值通知单是否一致，并核对序列号与面板标签上的序列号是否一致。

（4）日期与时间的调整。如果装置有 IRIG–B 接口，从此口接入 GPS 信号，装置自动对时，误差±1ms。如果装置接入监控系统，并收到监控系统发出的对时报文，装置自动对时，误差±1s。如果没有 GPS 接口，则可进行手动对时。保护装置正常运行情况下，按"↑"键，进入"菜单选择"主菜单，再多次按"↓"键，找到"时间设置"子菜单并进入，然后先按"→"键，后按"↓"键，可分别找到日期和时间定值项，用"+""–"键进行修改，误差±1min/月。时钟调整结束后，将装置断电，断电时间至少 5min 后重新上电，检查时钟走时是否准确。

（5）模拟量输入幅值和相位特性检查。在各侧先后分别通入三相对称电流，电流=$m \times I_n$（$m$=0.1、0.5、1、3、5；$I_n$ 为二次额定电流），保护装置进入"状态显示"子菜单，检查显示的测量值是否与输入值相符。对某侧通入单相电流，在状态显示中查看差动电流和制动电流是否与输入值相符。电流幅值误差不超过±3%，相位误差不超过±3°。

### 6.5.2.5　开关量输入回路的检查

（1）开关量检查：保护装置正常运行情况下，按"↑"键，进入"菜单选择"主菜单，再多次按"↓"键，找到"状态显示"子菜单并进入，再连续按"↓"键，找到"开关量状态"子菜单并进入。然后依次进行开关量的输入和断开，监视所显示开关量的变化情况。

（2）光隔动作电压的检查：逐步升高接入光隔的电压，直到光隔动作，记录此时的动作电压，动作电压的范围应该为 50%～70%$U_n$。

### 6.5.2.6　定值整定

（1）定值的输入：装置的定值必须严格按照最新的定值通知单来整定，装置的每个定值区包括一套定值，定值整定可以使用以下两种方法：

1）在监控后台机，通过通讯接口对定值进行修改。

2）用装置的按键，在前面板上直接修改。

（2）定值区切换检查：装置可以存储 16 组定值，可通过装置面板按键在"装置参数"子菜单中选择定值区。保护装置正常运行情况下，显示当前运行定值区。

（3）定值的失电保护检查：通过断开、合上直流电源开关，检查保护装置的定值区在直流电源失电后不会丢失或改变。

### 6.5.2.7　保护定值校验

（1）变压器的额定参数、定值示例及额定电流计算举例（此处仅列出变压器差动保护的相关定值）。

1）额定参数：

变压器容量：40MVA。

一侧额定电压：110kV。

二侧额定电压：缺省。

三侧额定电压：10.5kV。

四侧额定电压：10.5kV。

额定电压二次值：100V。

变压器接线方式：08。

2）定值示例：

一侧 TA 额定一次值：TA11，0.6kA。

一侧 TA 额定二次值：TA12，5A。

二侧 TA 额定一次值：TA21，0kA（此侧不用）。

二侧 TA 额定二次值：TA22，5A。

三侧 TA 额定一次值：TA31，2.5kA。

三侧 TA 额定二次值：TA32，5A。

四侧 TA 额定一次值：TA41，2.5kA。

四侧 TA 额定二次值：T42，5A。

差动电流起动值：$I_{cdqd}$，$0.5I_e$。

差动速断定值：$I_{sdzd}$，$8I_e$。

比率差动制动系数：0.5。

二次谐波制动系数：0.15。

投差动速断：1。

投比率差动：1。

3）变压器额定电流计算：变压器接线方式为 08 时（△/Y–11），一侧（高压侧）二次额定电流为：

$$I_{e1} = \frac{S_n \times TA_{12}}{\sqrt{3} U_{1n} \times TA_{11}} = \frac{40 \times 5}{\sqrt{3} \times 110 \times 0.6} = 1.75 \, (A)$$

三、四侧（低压侧）二次额定电流为：

$$I_{e4} = \frac{S_n \times TA_{42}}{\sqrt{3} U_{4n} \times TA_{41}} = \frac{40 \times 5}{\sqrt{3} \times 10.5 \times 2.5} = 4.4 \, (A)$$

（2）差动保护的启动值校验：在"保护定值"子菜单中投入比率差动保护功能，设置控制字"投比率差动"置"1"，并将其他保护功能全部退出（控制字置"0"）。若有对应的软压板和差动保护硬压板，应投入。

差动保护高压侧启动电流计算值为：$I_{cdqd} \times I_{e1} = 0.5 \times 1.75 = 0.875$（A）。在高压侧通入 0.95 倍计算值时［$0.95 \times 0.875 = 0.83$（A）］，保护可靠不动作；在高压侧通入 1.05 倍计算值时［$1.05 \times 0.875 = 0.92$（A）］，保护可靠动作；在高压侧通入 1.2 倍计算值时［$1.2 \times 0.875 = 1.05$（A）］，测量保护动作时间，动作时间小于 140ms。

差动保护低压侧启动电流计算值为：$I_{cdqd} \times \sqrt{3} \times I_{e4} = 0.5 \times \sqrt{3} \times 4.4 = 3.81$（A）。在低压侧通入 0.95 倍计算值时［$0.95 \times 3.81 = 3.62$（A）］，保护可靠不动作；在低压侧通入 1.05 倍计算值时［$1.05 \times 3.81 = 4.0$（A）］，保护可靠动作；在低压侧通入 1.2 倍计算值时［$1.2 \times 3.81 = 4.57$（A）］，

测量保护动作时间，动作时间小于 35ms（差动保护低压侧启动电流计算时要多乘以 $\sqrt{3}$，是因为启动电流的校验采用的是单相校验法，而软件实现变压器两侧相位矫正时，是以三角形侧二次电流为基准，星形侧向三角形侧进行相位校正，为了解决相位校正时两相电流差的计算方法导致星形侧计算值增大 $\sqrt{3}$ 倍的问题，软件内部计算时会对星形侧的计算值多除以 $\sqrt{3}$ 的缘故）。

（3）差动速断保护校验：在"保护定值"子菜单中投入差动速断保护功能，设置控制字"投差动速断"置"1"，并将其他保护功能全部退出（控制字置"0"）。若有对应的软压板和差动保护硬压板，应投入。考虑到差动速断保护计算值很大，为防止校验时，由于长时间通入大电流，造成继电器采样系统损坏，试验时可根据需要将差动速断定值 $I_{sdzd}$ 减小，如从 $8I_e$ 改为 $3I_e$，但必须注意校验完毕后恢复到初始值。

差动保护高压侧差动速断保护计算值为：$I_{sdzd} \times I_{e1}=3 \times 1.75=5.25$（A）。在高压侧通入 0.95 倍计算值时［$0.95 \times 5.25=4.99$（A）］，保护可靠不动作；在高压侧通入 1.05 倍计算值时［$1.05 \times 5.25=5.5$（A）］，保护可靠动作；在高压侧通入 1.2 倍计算值时［$1.2 \times 5.25=6.3$（A）］，测量保护动作时间，动作时间应小于 25ms。

差动保护低压侧差动速断保护计算值为：$I_{sdzd} \times \sqrt{3} \times I_{e4}=3 \times \sqrt{3} \times 4.4=22.86$（A）。在低压侧通入 0.95 倍计算值时［$0.95 \times 22.86=21.7$（A）］，保护可靠不动作；在低压侧通入 1.05 倍计算值时［$1.05 \times 22.86=24$（A）］，保护可靠动作；在低压侧通入 1.2 倍计算值时［$1.2 \times 22.86=27.4$（A）］，测量保护动作时间，动作时间应小于 25ms（低压侧差动速断计算值要多乘以 $\sqrt{3}$ 的原因与低压侧启动电流计算值要多乘以 $\sqrt{3}$ 的原因相同）。

（4）比率制动特性校验。在"保护定值"子菜单中投入比率差动保护功能，设置控制字"投比率差动"置"1"，并将其他保护功能全部退出（控制字置"0"）。若有对应的软压板和差动保护硬压板，应投入。比率制动特性校验有三相校验和单相校验两种方法，本文以三相校验法为例来说明其校验方法。

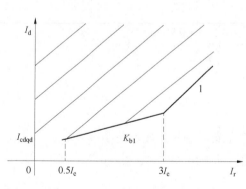

图 6-15　比率制动特性曲线图

分别取该厂家变压器保护装置比率制动特性曲线图（见图 6-15）上的 $I_r=0.5I_e$（第一拐点）、$I_r=I_e$（斜率为 $K_{b1}$ 折线上的一点）、$I_r=3I_e$（第二拐点）、$I_r=4I_e$（斜率为 $K=1$ 折线上的一点）四个点，校验其比率制动特性。

以第 1 点（$I_r=0.5I_e$）为例，其校验步骤如下：先算出该点的坐标，根据比率制动特性曲线和 $I_{cdqd}$ 的整定值，可以计算出与此制动电流相对应的动作电流为 $I_d=0.5I_e$，即该点的坐标为（$0.5I_e$，$0.5I_e$）。

根据该点的坐标，可以列出下列方程式：

$$I_{d1}-I_{d4}=0.5I_e$$
$$(I_{d1}+I_{d4})/2=0.5I_e$$

由以上两式得到：$I_{d1}=0.75I_e$，$I_{d4}=0.25I_e$

理论动作值为：

高压侧                    $I_1=0.75×I_{e1}=0.75×1.75=1.31$（A）

低压侧                    $I_4=0.25×I_{e4}=0.25×4.4=1.1$（A）

根据上述方法，分别计算出四个点的理论动作值，如表 6–12 所示。

**表 6–12**                   **四个点的理论动作值**

| 项目　　　值　　　点位 | 1 | 2 | 3 | 4 |
|---|---|---|---|---|
| 制动电流 $I_r$（$I_e$） | 0.5 | 1.0 | 3.0 | 4.0 |
| 动作电流 $I_d$（$I_e$） | 0.5 | 0.75 | 1.75 | 2.75 |
| 一侧计算值（A） | 1.31 | 2.4 | 6.78 | 9.4 |
| 四侧计算值（A） | 1.1 | 2.75 | 9.35 | 11.5 |

以第 1 点（$I_r=0.5I_e$）为例，通入的电流分别为：

高压侧：$I_A=1.31$A，0°；$I_B=1.31$A，240°；$I_C=1.31$A，120°。

低压侧：$I_a=1.1$A，210°；$I_b=1.1$A，90°；$I_c=1.1$A，330°。

此时动作电流和制动电流均为 $0.5I_e$，处于第一拐点。校验制动特性时，先按上表计算值，固定低压侧三相 $I_a=1.1$A，210°；$I_b=1.1$A，90°；$I_c=1.1$A，330°，高压侧通入三相 $I_A=0$A，0°；$I_B=0$A，240°；$I_C=0$A，120°，然后逐渐增大高压侧三相电流，直到装置比率差动保护动作为止，记下此时测试仪通入高压侧电流的大小。然后按同样的方法，对其他三个点分别进行校验，实测值应当与理论值保持一致。

（5）二次谐波制动系数校验。依次在高压侧的 A、B、C 相加入基波电流（50Hz）和二次谐波电流（100Hz）。要求基波电流大于高压侧差动保护的启动电流，本例中启动电流为 0.875A，故可在高压侧 A 相通入 2A 的基波电流，由于二次谐波制动系数设置为 0.15，所以在高压侧 A 相同时通入大于 2×0.15=0.3（A）的二次谐波电流，本例中取 0.4A，此时差动保护不动作。逐步降低二次谐波电流，直至比率差动保护动作，此时二次谐波电流已降到不能闭锁差动保护，即为二次谐波制动值。假设该值为 0.31A，那么 0.31A/2A=0.155=15.5%，此时按如下的公式进行误差计算：（15.5–15）/15=0.033，误差小于 5%，所以合格。B、C 相的校验同 A 相相同。

（6）差动保护电流平衡系数校验。通过试验仪模拟与运行状态一致的负荷，来校验主变差动保护电流回路接线和保护整定值的正确性。

根据一侧（高压侧）二次额定电流 $I_{e1}=1.75$A，三、四侧（低压侧）二次额定电流 $I_{e4}=4.4$A，在高压侧分别通入 $I_A=1.75$A，0°；$I_B=1.75$A，240°；$I_C=1.75$A，120°。在低压侧分别通入 $I_a=4.4$A，210°；$I_b=4.4$A，90°；$I_c=4.4$A，330°。记录差动保护装置显示的动作电流和制动电流，计算 $K=I_d/I_r$ 值，此值应在比率制动特性曲线的制动区，差动保护不会动作。

（7）零序消除功能校验。通过试验仪器模拟与运行状态一致的零序电流，来校验主变差动保护零序消除功能。试验方法是在变压器星形接线侧所对应的继电器电流采集端子上同时加三相电流，电流数值为该侧二次等值额定电流值，且 A、B、C 三相同相位，此时差动保护应该不动作，接着断开三相电流中的任意一相，差动保护应该动作。

（8）低压闭锁过流保护的校验。低压闭锁过流保护包括低电压和过电流两部分的校验，校验前先投入相应的控制字、软压板和硬压板，并将其他保护功能暂时停用。校验低电压定值时，先通入三相正序电流，其值需大于过电流整定值，可取 1.1 倍整定电流。然后加入三相正序电压，当电压值为 1.05 倍整定值时，低压条件不满足，闭锁保护；当电压值为 0.95 倍整定值时，满足低压条件，保护动作；当电压值为 0.8 倍整定值时，测量保护动作时间。需要说明的是低电压整定值是线电压，故在校验时需换算成相电压。校验过电流定值时，无需通入电压，当电流值为 0.95 倍整定值时，保护不动作；当电流值为 1.05 倍整定值时，保护动作；当电流值为 1.2 倍整定值时，测量保护动作时间。

（9）零序电流保护的校验。零序电流保护包括高压侧零序电流保护和低压侧零序电流保护，其中低压侧零序电流保护又分为两段，其校验方法都是相同的。校验前先投入相应的控制字、软压板和硬压板，并将其他保护功能暂时停用。然后根据零序电流保护的整定值，分别在零序电流采样回路通入 0.95 倍整定值，保护不动作；通入 1.05 倍整定值，保护动作；通入 1.2 倍整定值，测量保护动作时间。

（10）充电保护的校验。校验前先投入相应的控制字、软压板和硬压板，并将其他保护功能暂时停用。然后根据充电保护的整定值，分别在相应电流采样回路通入 0.95 倍整定值，保护不动作；通入 1.05 倍整定值，保护动作；通入 1.2 倍整定值，测量保护动作时间。

（11）过负荷保护的校验。根据过负荷保护的整定值，分别在相应电流采样回路通入 0.95 倍整定值，保护不动作；通入 1.05 倍整定值，保护动作；通入 1.2 倍整定值，测量保护动作时间。

### 6.5.2.8 整组试验

全部校验时，调整保护及控制直流电压为额定电压的 80%，带断路器实际传动，检查保护和断路器动作正确。部分校验时，在额定直流电压下进行相关试验。在进行实际的故障模拟前，先核对整定值是否与最新的定值通知单相同。然后依次模拟变压器高、低压侧内部短路故障，差动保护应瞬时动作，跳开高低压两侧断路器；模拟高压侧相间短路故障，低压闭锁过流保护经整定延时后跳开高低压两侧断路器；模拟高压侧接地短路故障，高压侧零序电流保护经整定延时后跳开高低压两侧断路器；模拟故障变压器空载投运，充电保护经整定延时后跳开高低压两侧断路器；模拟低压侧接地短路故障，低压侧零序电流 I 段经整定延时后跳开低压侧断路器，再经过一个时限级差Δ$t$ 后，低压侧零序电流 II 段动作，跳开高压侧断路器。与此同时，调试人员还需观察在保护跳闸之后，装置的"跳闸"指示灯应点亮，液晶面板的保护动作报文应与试验的保护类型相一致。然后进行相应的主变本体保护的整组试验，其中重瓦斯保护动作，跳开高低压两侧断路器，其他本体保护动作，仅发信，不跳闸。在进行整组试验时，还应注意监视中央信号、远动信号、自动化监控系统等的信号应与相应的保护信号一致。

# 6.6 备 自 投

### 6.6.1.1 概述

什么是备用电源自动投入装置?所谓备用电源自动投入装置,就是当电力系统故障或其他原因使工作电源被断开后,能自动而且迅速的将备用电源投入工作,或者将用户供电自动的切换到备用电源上去,使用户不至于因工作电源故障而停电,从而提高供电可靠性的一种自动控制装置,简称备自投装置、自切装置或 ATS 装置。

备用电源自动投入装置的使用场合。

备自投装置一般在下列场合使用:

(1)装有备用电源的发电厂厂用电源和变电所所用电源。

(2)由双电源供电,其中一个电源经常断开作为备用的变电所。

(3)降压变电站内装有备用变压器或互为备用的母线段。

(4)有备用机组的某些重要辅机。

备用电源自动投入装置的优点

备自投装置的优点如下:

(1)提高供电可靠性,节省建设投资。

(2)工作电源和备用电源分列运行可简化继电保护装置。

工作电源和备用电源分列运行可限制电路电流。

### 6.6.1.2 备用电源自动投入装置的分类

根据备用电源自动投入装置中备用电源平时是否投入运行,备自投装置可分为明备用和暗备用。

根据变电站主接线形式的不同,备自投又可以分为桥备自投、进线备自投和分段备自投。

### 6.6.1.3 明备用自投动作原理

我们以进线备自投为例,描述其动作方式和动作原理

进线备自投接线方式如图 6–16 所示。

进线备自投的动作原理:进线备自投一般也应用在变电站高压侧采用内桥式接线的场合。正常运行时,断路器 QF2、QF3 处于合闸状态,断路器 QF1 分闸状态,工作电源Ⅱ同时向变压器 T1 和变压器 T2 供电,此时工作电源Ⅰ作为工作电源Ⅱ的备用电源,属于明备用的一种形式。当工作电源Ⅱ因故失电后,备自投装置动作,跳开断路器 QF2,尔后合上断路器 QF1,

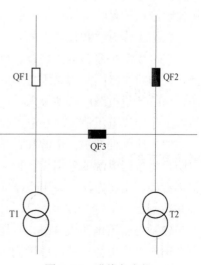

图 6–16 进线备自投

由工作电源Ⅰ同时向两台变压器供电。当然进线备自投也可以采用正常运行时,断路器 QF1、QF3 合闸,断路器 QF2 分闸,工作电源Ⅰ同时向两台变压器供电,由工作电源Ⅱ作为工作电源Ⅰ的备用电源的运行方式。

#### 6.6.1.4 暗备用自投动作原理

我们以分段自投为例,描述其动作方式和动作原理。

分段备自投一般应用在变电站低压侧采用单母线分段、三主变四分段或三主变六分段接线的场合,且均属于暗备用的一种形式,以三主变四分段接线方式为例分析。

三主变四分段备自投的接线方式如图 6-17 所示。

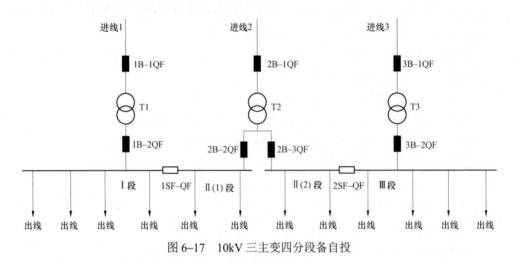

图 6-17　10kV 三主变四分段备自投

#### 6.6.1.5 备用电源自动投入装置的技术要求

备用电源自动投入装置的基本技术要求

备用电源自动投入装置对于提高供电的可靠性,维护电网的稳定运行起着十分重要的作用,同时其测量比较对象较多,逻辑判断严密,回路相对复杂,因此要充分发挥备用电源自动投入装置的积极作用就必须严格遵守以下 7 方面的技术要求。

(1)工作母线和设备上的电压不论何种原因消失时备用电源自动投入装置均应起动。当工作母线变压器、电源线路、母线或母线上出线故障而没有被该出线的断路器断开,以及运行的断路器因某种原因自动跳闸或被运行人员误操作断开时,将引起工作母线失去电压,这时备用电源应自动投入,以保证不间断的供电。实现方法:备自投装置应设有反映能够工作母线电压消失的低电压起动部分。

(2)应保证在工作电源和设备断开后,才投入备用电源或备用设备。这一要求的目的是防止将备用电源或备用设备投入到故障元件上,造成备自投失败,甚至扩大故障,加重损坏设备。实现方法:备用电源断路器的合闸部分应该由工作电源断路器的常闭辅助接点来起动。

(3)当备用电源失电时,备用电源自动投入装置应不动作。由于电力系统的故障,可能会出现工作电源、备用电源同时消失的情况,此时备自投装置不应动作。若此时动作:一方面,这种动作是无效的;另一方面,当一个备用电源对多段工作母线备用时,所有工作母线上的负荷在电压恢复时均由备用电源供电，容易造成备用电源过负荷，同时也降低了供电可靠性。因此，备自投装置应在备用母线有电的情况下才允许动作。实现方法：备自投装置应设有监视备用电源有压的鉴定部分。

（4）备用电源必须尽快投入，要求装置的动作时间以使负荷的停电时间尽可能短为原则。从工作母线失电到备用电源自动投入为止，中间有一段停电时间。在这段时间内，用户内部的许多异步电动机转速将降低，有的甚至降到零。如果停电时间过长，异步电动机起动时间亦将过长，有些情况下甚至不能起动，自起动电流过大，将使电网的电压降低。因此要求装置动作时间不宜过长，要尽量缩短。

（5）备用电源自动投入装置应保证只动作一次。当工作母线或其引出线上发生永久性故障时，备用电源自动投入装置动作后，应切除工作电源并投入备用电源。由于故障仍然存在，备用电源上的继电保护装置应加速动作，将备用电源迅速断开。此时绝对不允许再次投入备用电源，以免扩大事故，对系统造成再次冲击。实现方法：控制备用电源或设备断路器的合闸脉冲，使之只动作一次。

（6）当电压互感器一次侧熔丝熔断时，备用电源自动投入装置不应动作。运行中，操作过电压等原因经常引起电压互感器一次回路的单相熔丝熔断，造成二次电压回路缺相失压的情况，但此时的一次回路仍在正常运行中，工作母线亦仍处在正常运行中，所以这时不应该使备用电源自动投入装置动作。实现方法：备自投装置应设有监视备用电源三线同时失压的鉴定部分。

（7）备用电源容量不足时，应装设过负荷减载装置，在投入备用电源后，可有选择的切除部分次要的负荷容量，使备用电源不至于过负荷。如果母线有较大容量的并联电容时，在工作电源的断路器断开的同时亦应连同断开所对应的电力电容器。

### 6.6.1.6 微机型备用电源自动投入装置及其特点

（1）什么是微机型备用电源自动投入装置。所谓微机型备用电源自动投入装置是指基于可编程数字电路技术和实时数字信号处理技术实现的备用电源自动投入装置。

（2）微机型备用电源自动投入装置的特点。微机型备用电源自动投入装置区别于传统模拟式备自投装置的本质特征在于它是建立在数字技术基础之上的。在微机型备自投装置中，各种类型的输入信号（通常包括模拟量、开关量、脉冲量等类型的信号）首先将被转化为数字信号，然后通过对这些数字信号的处理来实现其功能。与常规的备自投装置相比较，微机型备自投装置具有以下显著特点：

1）由于采用了微机技术和软件编程方法，大大提高了备自投装置的性能指标。

2）由于很多功能都集成到一个微机保护装置中，使备自投装置的硬件设计简洁。

3）由于集成了完善的自检功能，减少了维护、运行的工作量，带来较高的可用性。

4）有软件实现的动作特性和逻辑功能不受温度变化、电源波动、使用年限的影响。

5）硬件较通用，装置体积小，盘位数量较少，装置功耗低。

6）更加人性化的人机交互，就地的键盘操作及显示。

7）简洁可靠地获取信息，通过串行口同 PC 通信就地或远方控制。

8）采用标准的通信协议（开放的通信体系），使装置能够同上位机系统通信。

微机型备自投装置不仅能够通过灵活的编程实现相应功能、提高装置的整体性能，而且能够提供诸如简化调试及整定、自身工作状态监视、事故记录及分析等高级辅助功能，还可以完成电力系统自动化要求的各种智能化测量、控制、通信及管理等任务，同时也具有优良的性价比。其普遍特点可归纳为：维护调试方便，具有自动检测功能；可靠性高，具有极强的综合分析和判断能力，可实现常规电磁型备自投装置很难做到的自动纠错功能，即自动识别和排除干扰，防止由于干扰而造成的误动作，并具有自诊断能力，可自动检测出备自投装置本身硬件系统的异常部分，有效防止拒动或误动；装置自身具有良好的经济性；可扩展性强，易于获得附加功能；装置本身的灵活性大，使性能得到很好的改善，具有较高的运算和大容量的存储能力等。这些特点在很大程度上反映了装置软件设计的重要性和灵活性特征。正是由于微机型备自投装置具有以上多方面的优点，因此在目前的电力系统中得到了越来越普遍的应用。

## 6.6.2  备自投继电器校验与维护

（1）装置通电前检查。

通电前对装置整体做外观检查，目的是检查装置在出厂运输以及现场安装过程中是否有损坏的地方，以及屏体接线是否与设计图纸相符，屏体安装不知是否满足技术协议要求等，以保证装置在通电前的完好性。具体检查内容如下：

a. 检查装置型号、参数与设计图纸是否一致，装置外观应该清洁良好，无明显的损坏及变形现象。

b. 检查屏柜及装置是否有落实松动，特别是电流回路的螺丝及连接片，不允许有丝毫的松动的情况。

c. 对照说明书，检查装置插件中的跳线是否正确。

d. 装置的端子排连接应可靠，且表号应清楚正确。

e. 装置的端子排连接应该可靠且标号 应该清晰正确。

f. 切换开关、按钮、键盘等应该操作灵活、手感良好，打印机连接正常。

g. 装置外部接线和标注应该符合图纸要求。

h. 压板外观检查，压板端子接线是否符合反措要求，压板端子的连接是否良好。

i. 检查备自投装置引入、引出电缆是否为屏蔽电缆，检查全部屏蔽电缆，检查全部屏蔽电缆的屏蔽层是否两端接地。

j. 检查屏底的下面是否构造一个专用的接地铜网络，装置屏的专用接地端子是否经一定截面铜接线网格上，检查各接地端子的连接处的连接是否可靠。

（2）绝缘电阻测试。绝缘电阻才额是的目的是检查备自投装置屏体内二次回路及装置的绝缘性能，试验前注意断开所有回路接线，防止高电压造成设备损坏。

1）试验前的准备工作。

a. 装置所有插件在拔除状态。

b. 将打印机与备自投装置断开。

c. 屏上各个压板在"投入"位置。

d. 在屏端子排内侧分别短接交流电压回路端子、交流电流回路端子、跳闸和合闸回路端子、开关量输入回路端子、远动借口回路端子及信号回路端子。

2）绝缘电阻检测。分组回路绝缘电阻检测。用 1000V 绝缘电阻表分别测量各组回路间及各组回路对地的结缘电阻（对开关量输入回路使用 500V 绝缘电阻表），绝缘电阻值均应大于 10MΩ。

整个二次回路的绝缘电阻检测。在屏端子排处将所有电流、电压及直流回路的端子连接在一起，并将电流回路的接地点拆开，用 1000V 绝缘电阻表测量整个回路对敌的绝缘电阻，其绝缘电阻应大于 1.0MΩ。

部分检验时仅检测交流回路对地绝缘电阻。

（3）逆变电源的检查。检查逆变电源的插件工作是否正常，逆变电源特性是否满足设计要求，检查内容有电压输出值测量和输入电源变化时的输出电压特性。其次检查装置在直流电源变化时是否误动作或误信号，包括：

1）试验前准备。断开装置跳、合闸出口压板。装置第一次上电时，试验用的直流电源应经专门双极闸刀，并从屏端子排上的端子接入。

2）检查逆变电源的自启动性能。合上直流电源开关，试验直流电源由零缓慢提升到 80%额定电压值，此时装置的运行指示灯及液晶显示应亮。

3）直流拉合试验。在拉合过程中，装置和监控后台上无装置动作信号。

（4）装置上电检查。做装置通电后的初步检查和设置，主要内容如下：

1）面板指示灯检查。"运行指示灯常亮，否则，说明装置有问题，应查找故障点，处理后再进行下面调试。

2）装置软件版本核查。软件版本应与整定规定的软件版本相一致，否则要求生产厂家进行更换。

3）检查装置精度。手动调节整菜单的值是否与交流插件贴纸上的值一致。

4）调整装置日期与时钟。

5）检查装置通讯地址、规约设置是否与后台监控装置相匹配。

（5）装置调试。

1）交流模拟量检查。用试验仪器从装置的屏端子上分别通入额定的电压、电流量，在装置相应的子菜单下、液晶显示屏显示的采样值或通过打印机输出的交流量打印值应该与实际的加入量数值相等，其误差小于 5%。

2）开关量输入试验。用短路线在屏端子上分别进行各开关接点的模拟导通和断开，在装置相应的子菜单下，液晶显示屏显示的开关量处有相应的改变，做此项试验应该注意断开和接通的时间应该超过装置设置的延时。

3）逻辑功能试验。检查软件逻辑功能和输出是否正常。具体步骤如下：

a. 进行装置逻辑功能实验前，将对应远见的控制字、软压板、硬压板设置正确，装置整组试验后，检查装置记录的跳闸报告、SOE 事件记录是否正确，对于有通信条件的俄试验现场可检查后台监控软件记录的事件是否正确。

b. 校验有压定值、无压定值及动作时间，校验动作元件动作是否正确。

4）设置整定定值，设定备自投装置的"自投方式"。

根据备自投方式，按照备自投装置的投入条件设置相应的开关量、模拟量确认内有外部闭锁 自投开入，经备自投充电延时，面板显示充电标志充满。

根据备自投方式，按照备自投装置的动作逻辑，做相应的模拟试验，备自投装置应该正确动作，面板显示相应动作跳闸、合闸等命令。

（6）装置整定值检查。逐一对装置设定的整定值进行校验，包括过电压、低电压及后加速保护等定值。

1）过电压动作值检查。根据整定值及继电器的整定范围，将继电器的线圈按串联或并联的方法连接，使用仪器输出电压，慢慢的增加继电器电压直至继电器正好动作，停止增加电压，再重复三次，求三次的平均值。要求整定动作电压与整定值不超过正负 3%。

过电压返回系数的检验。

2）返回电压的检验。继电器动作后，然后均匀地减少仪器的输出电压直到继电器接点打开的临界点，记录这个返回电压，重复三次，并记录。计算平均值。

3）低电压动作值的检验。

a. 低电压继电器动作电压的检验。根据整定值及继电器的征订范围，将继电器的线圈按串联或并联连接，将整定把手置于整定位置，调解仪器输出电压。先对继电器施加电压消除继电器的振动。然后均匀平滑的降低电压，直至接点动作，记录下此时的电压数值。

b. 返回电压的检验。继电器动作后，再调解仪器输出，使通入的电压平滑上升至接点断开，记录此时的电压就是返回电压。动作电压和返回电压的值分别要测算三次。整定值地误差不得超过 3%。其返回系数一般要求应不大于 1.2。

（7）运行异常报警试验。进行运行异常报警试验前，将对应元件的控制字、软压板设置正确，试验项完毕后，检查装置记录的跳闸报告、SOE 事件记录是否正确，对于有通信条件的试验现场可检查后台监控软件记录的事件是否正确。

（8）装置闭锁试验。

1）定值出错。进入装置"保护定值"菜单，任意修改一个定值为不合理值后按"确认"键，运行灯熄灭，闭锁接点闭合。

2）电源故障。装置电源发生故障时，闭锁触点闭合。

（9）输出触点检查。

1）断开装置的出口跳合闸回路，结合装置逻辑功能试验，检查进线及分段断路器的跳闸触点、合闸触点。

2）分别进行三组遥控跳合闸操作，对应触点应由断开变为闭合。

3）关闭装置电源，装置闭锁触点闭合，装置处于正常运行状态，闭锁触点断开。

4）发生报警时，装置报警触点应闭合，信号复归时断开

5）装置动作跳闸时，装置跳闸信号触点应闭合，信号复归时断开。

6）装置动作合闸时，装置合闸信号触点应闭合，信号复归时断开。

（10）整组试验。从装置电压、电流二次端子侧施加电压量，通过端子排加入相关开关量，通过调整电压电流及开关量，使装置动作，对应断路器应能正确跳开。

（11）带负荷试验。装置调试项目完成后，恢复装置屏体上所有接线为正常运行状态，待装置通入正常运行时的母线电压和线路负荷后，做带负荷试验。读取各相电流、电压，核对相位，确定接线的正确性。

（12）结束工作。装置调试结束后，复归所有动作信号，清除装置报告，确认时钟已校正和同步，打印装置定值，与整定单核对无误。整理填写试验报告，填写继电保护现场记录本，向运行人员交待，办理工作结束手续。

### 6.6.3　特殊点及注意事项

（1）TA 回路不得开路，TV 回路不得短路。

（2）备自投后加速动作后，需要将备自投投入压板退出后才能使备自投重新进入备自投已准备状态。

如图 6-18 所示，备自投闭锁回路中有 RS 元件，当备自投后加速动作后，S 触角值 1，将闭锁备自投动作，发出备自投闭锁信号。如要备自投重新进入已准备状态，需要将Ⅰ段投入和Ⅱ段投入同时退出，使 RS 元件的 R 触角值 1，复归 RS 元件后才能解除备自投闭锁。

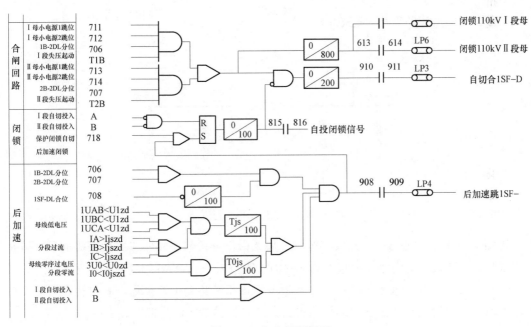

图 6-18　备自投逻辑图

（3）在装有和电流及三点差动保护的桥备自投装置上工作的注意点：

1）在桥备自投中，严禁在 35kV 分段备自投盘的表计回路通二次回路连续性。

2）在校验中，如遇其他班组要求做本侧停电范围内的分段电流互感器耐压试验时，继保班人员应将相应侧分段电流互感器试验端子先开路，后将电流互感器侧短路并接地。

3）例如：停役主变 1 号 35kV 分段开关时，电试班做Ⅰ分段耐压试验或二次回路通和电流及三相试验时，必须将主变 2 保护盘上的Ⅰ分段过流试验端子、Ⅰ分段差动试验端子先开路，开路前先将电流表并联于该相试验端子，然后取下该相试验端子连接片，看电流表，应无电流，可取下电流表线头，需逐相进行。再将此二套试验端子流变侧短路并接地。

4）停役主变 2 号 35kV 分段开关时，电试班做Ⅱ分段耐压试验或二次回路通和电流及三相试验时，必须将主变 1 保护盘上的Ⅱ分段过流试验端子、Ⅱ分段差动试验端子先开路，开路前先将电流表并联于该相试验端子，然后取下该相试验端子连接片，看电流表，应无电流，可取下电流表线头，需逐相进行。再将此二套试验端子流变侧短路并接地。

5）在工作前必须带全有关的二次图纸（其中有主变 1、主变 2、35kV 分段等）。工作中必须按图纸施工。

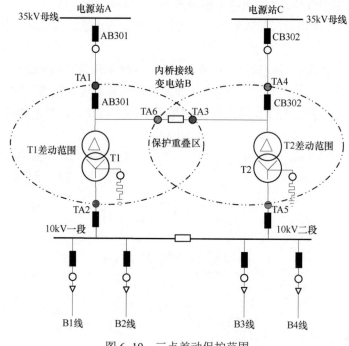

图 6-19　三点差动保护范围

如图，在 1 号主变 35kV 开关停役时，如要做Ⅰ分段耐压试验或二次回路通和电流及三相试验时，必须将主变 2 保护盘上的 TA6 过流试验端子、TA6 差动试验端子先开路，开路前先将电流表并联于该相试验端子，然后取下该相试验端子连接片，看电流表，应无电流，可取下电流表线头，需逐相进行。再将此二套试验端子流变侧短路并接地。

## 6.7　自 动 化 装 置

### 6.7.1　基本概念和特征

常规变电站的干净设备由继电保护、自动装置、测量仪表、操作控制屏和中央信号屏以及远动装置几部分组成。20 世纪 80 年代以来，由于集成电路技术和微机技术的发展，上述二次设备开始采用微机型，人们开始从技术管理的综合自动化来考虑全微机化的变电站二次部分的优化设计，合理地共享软件资源和硬件资源，这就是变电站综合自动化名称的来历。

需要说明的是，国际电工委员会（IEC）已不再采用"综合自动化"这个名词，而采用"变电站自动化系统"来称呼。变电站自动化系统是将变电站的二次设备（包括测量仪表、信号系统、继电保护、自动装置和远动装置等）经过功能的组合和优化设计，利用先进的计算机技术、现代电子技术、通信技术和信号处理技术，实现对全站的主要设备、输配电线路的自动监视、测量、自动控制和微机保护，以及与调度通信等综合性的自动化功能的一套系统，是自动化技术、计算机、通信技术在变电站领域的综合应用。

变电站自动化系统应具有以下特征：

（1）功能综合化。变电站自动化系统应能全面代替常规的干净设备。综合了变电站的仪表屏、操作屏、模拟屏、变送器屏、中央信号屏等功能，集继电保护、测量、监视、运行控制和通信功能于一个分级分布式系统中，此系统由多个微机保护子系统、测量子系统、各种功能的子系统组成，微机保护（与监控系统一起）综合了故障录波、故障测距、小电流接地选线、自动按频率减负荷、自动重合闸、备用电源自动投入等安全自动装置功能。

（2）系统构成的数字化及模块化。保护、控制、测量装置的数字化（即采用微机实现，并具有数字化通信能力），方便模块的组态，适应集中式、分布分散式和分布式结构集中式组屏等方式。微机保护的软硬件设置既要与监控系统相对独立，又要相互协调。

（3）操作监视屏幕化。人机联系在当地监控系统或远方调度中心的工作站上进行。

（4）通信局域网化、光缆化：微机保护装置应具有串行接口或现场总线接口，向计算机监控系统或 RTU 提供保护动作信息或保护定值等信息。

（5）运行管理智能化。变电站自动化系统的功能和配置，应满足无人值班的总体要求。

（6）通信网络数字化。要有可靠、先进的通信网络和合理的通信协议。必须充分利用数字通信的优势，实现数据共享。数据共享是综合自动化系统发展的趋势，能简化自动化系统的结构，减少设备的重复，降低造价。

（7）必须保证综合自动化系统具有高的可靠性和强的抗干扰能力。变电站安全运行是变电站设计的基本要求。因为在设计总体结构时，要注意主次分清，对关键环节要有一定的冗余，各个子系统要相对独立，应有独立的故障诊断和自恢复功能。任一部分发生故障时，都能通知主机发出告警指示，并迅速将自诊信息送往控制中心。

（8）系统的标准化程度、可扩展性和适应性要好。随着经济的发展，每年有大量的各式各样的老站需要改造，这些老站中原系统的基础各不相同，因此要求新的自动化系统能够根据变电站不同的要求，组成不同规模、不同技术等级的系统。

## 6.7.2  主要功能

（1）继电保护功能：

1）与系统的通信功能。

2）与统一时钟的对时功能。

3）存储各种保护定值功能。

4）显示与修改保护定值功能。

5）故障自诊断、自闭锁和自恢复功能。

（2）监视控制的功能：

1）实时数据采集与处理。

2）运行监视功能。

3）事件顺序记录（SOE）和故障录波测距。

4）事故追忆功能。

5）控制操作与安全闭锁功能。

6）数据处理与故障记录功能。

7）人机联系系统的自诊断功能。

8）安全监视和报警。

（3）自动控制装置的功能：

1）电压、无功综合控制（VQC功能）。

2）低频减负荷控制。

3）备用电源自切控制。

4）小电流接地选线控制。

（4）远动及数据通信功能：

1）综合自动化的现场通信。

2）综合自动化与上级调度通信。

（5）打印功能：

1）定时打印报表和运行日志。

2）开关操作记录打印。

3）事件顺序记录打印。

4）越限打印。

5）召唤打印。

6）事故追忆打印。

（6）"五防"功能。

## 6.7.3 结构及配置模式

目前变电站自动化系统主要有以下四种配置模式：集中式、分布式系统集中组屏式、分散与集中相结合式和全分散式。

（1）集中式结构模式（见图6-20）。集中式结构的变电站自动化系统是指采用不同功能的计算机，扩展其外围接口电路，通过远动装置采集变电站的模拟量、开关量和数字量等信息，集中进行计算与处理，分别完成微机控制、微机保护和一些自动控制等功能。这种系统结构紧凑，造价低，适用于规模较小的变电站，但运行可靠性较差，组态不灵活。

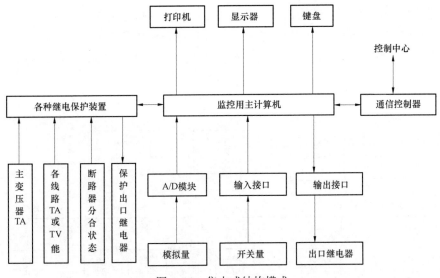

图 6-20　集中式结构模式

（2）分布式系统集中组屏结构模式（见图 6-21）。把整套综合自动化系统按其不同功能组装成多个屏，集中安装在主控室中，微机保护单元和数据采集单元按一次回路对象划分，分别配置。该模式最主要特点是将控制、保护两大功能作为一个整体来考虑，二次回路设计大为简化，但使用电缆仍较多。采用按间隔划分的分布式多 CPU 的体系结构。每个功能单元基本上由一个 CPU 组成，由不同的设备或不同的子系统组成，完成不同的功能。整个变电站可分为变电站层、间隔层和过程层。

变电站层包括全站性的监控主机、远动通信机等。

间隔层一般按断路器间隔划分，具有测量、控制部件或继电保护部件。

过程层主要指变电站内的变压器和断路器、隔离开关及其辅助触点，电流、电压互感器等一次设备。

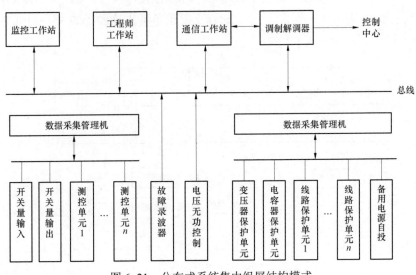

图 6-21　分布式系统集中组屏结构模式

（3）分散与集中相结合结构模式（见图6-22）。它以每个电网元件为对象，将配电线路的保护和测控单元分散安装在开关柜内，而高压线路保护和主变压器保护装置采用集中组屏安装在控制室内的分散式系统结构。该模式是目前变电站自动化系统应用的主要结构模式。

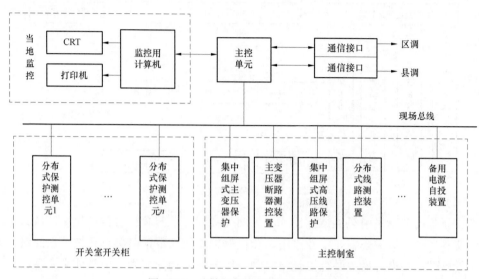

图6-22　分散与集中相结合结构模式

这种结构的优点为：简化了变电站二次部分的配置，大大缩小了控制室的面积；减少了施工和设备安装的工程量；简化了变电站二次设备之间的互连线，节省了大量连接电缆；可靠性高，组态灵活，检修方便。

（4）全分散式结构模式（见图6-23）。以一次设备为安装单位，将控制、保护等单元分散地就地安装在一次主设备上，站控单元通过串行口（光纤通信）与各一次设备屏柜相连，组成以太网与上位机和远方调度中心通信。这种方式可以保护独立，控制、测量合一，也可以保护、控制、测量合一。这种方式适合于要求节省占地面积的 $35\sim110kV$ 的城区中低压变电站。

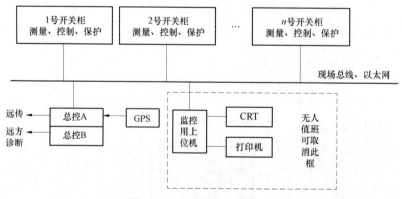

图6-23　全分散结构模式

### 6.7.4　变电站无人值班模式

目前在市区公司范围内，所有 110kV 和 35kV 变电站均已实现了无人值班管理模式。要实现这一功能，需要有一个能实现远方监视和操作，完成远方参数调整、信号复归、站用电源和直流操作电源的远方监视和调整，稳定性好、可靠性高的调度自动化系统。

目前常用的无人值班模式，如图 6-24 所示。这种模式在传统的自动化系统中加入"遥视"功能，并将站内信息通过电力信息网上传到调度后台，实现无人值守的功能。

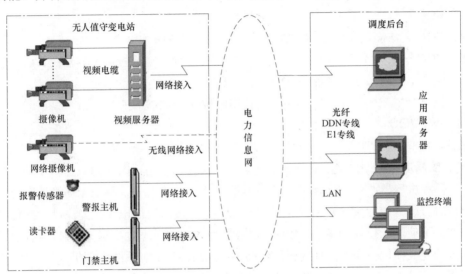

图 6-24　无人值班变电站管理模式

### 6.7.5　电压无功控制功能

#### 6.7.5.1　原理

电力系统中电压和无功功率对电网的输电能力、安全稳定运行水平和降低电能损耗有极大影响，因此要对电压和无功功率进行综合调控。根据前能源部颁发的《电力系统电压和无功电力技术导则》规定，各级供电母线电压的允许波动范围（以额定电压为基准）规定如下：

（1）500kV 或用 330kV 变电站的 220kV 母线，正常时 0%～+10%，事故时−5%～+10%。

（2）220kV 变电站的 35～110kV 母线，正常时−3%～+7%，事故时±10%。

（3）配电网的 10kV 母线，电压合格范围为 10.0～10.7kV。

电力系统要保持稳定和合适的无功平衡。主输电网应实现无功分层平衡，地区供电网应实现无功分区平衡。

目前常用的电压无功控制方法有电压无功控制（Voltage Quality Control，VQC）和自动电压控制（Automatic Voltage Control，AVC）两种。

VQC 是变电站内进行电压无功控制的一种方法，一般用于 35kV 和 10kV 母线控制。AVC 通过调度自动化系统采集各节点遥测、遥信等实时数据进行在线分析和计算，以各节点电压合格、关口功率因数为约束条件，进行在线电压无功优化控制，实现主变分接头开关调节次数了少、电容器投切最合理、发电机无功出力最优、电压合格率最高和输电网损率最小的综合优化目标，最终形成控制指令，通过调度自动化系统自动执行，实现电压无功优化自动闭环控制。

VQC 与 AVC 的区别在于：

（1）VQC 无法体现不同电压等级分接头调节对电压的影响。

（2）VQC 不能做到无功分区分层平衡。

（3）VQC 不包含与省网 AVC 协调控制的策略。

（4）VQC 无法满足某些全网的控制目标以及约束条件。

（5）VQC 一般应用于变电站，对变压器分接头进行调整或投切电容器；AVC 一般用于发电厂，调节组励磁系统，控制母线电压。

此文重点介绍在变电站自动化系统中使用的 VQC 相关知识。

### 6.7.5.2 VQC

#### 6.7.5.2.1 工作原理

VQC 的原理是根据主变、电容器的遥测、遥信信息，利用区域图原理来自动进行主变档位的升降和电容器组投切的调节，使变电站负荷侧母线电压、系统无功维持在合理范围内。调控时，因为电力用户对系统电压的要求更高，故而遵循电压优先原则，在保证电压合格的前提下使电能损耗为最小，有时候需要牺牲无功的合理性来尽量达到电压的合格性。电压优先功能具体体现在：当有载调压分接头调至最高档时，系统电压仍低于电压下限值，此时不管无功是否合理，将强行投入电容器以升高电压。当有载调压分接头调至最低档时，系统电压仍高于电压上限值，将强行切除电容器以降低系统电压。

典型的变电站一般有两带负荷调节的主变压器，低压 10kV 母线分段，两段母线上各接有一组电容器组。控制系统的设计必须能识别并适应变电站的多种运行方式，保证调节正确。调压原理示意图如图 6-25 所示（以双绕组变压器为例）。

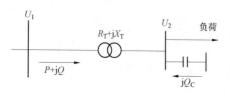

图 6-25　调压原理图

调节变压器分接头实际就是改变变压器的变比，在变压器高压侧电压不变的情况下，二次侧电压因为变比发生改变而变化，变比增大时二次侧电压降低，反之升高。

调节变压器分接头在改变二次侧电压的同时，负荷由于工作电压的改变其运行点也会发生改变，所以负荷吸收的无功功率也会发生改变。具体的说，电压升高时负荷吸收的无功功率增加，反之减少。此时如果二次侧有补偿电容器投入运行，则电容器发出的无功功率也要增加。

投切电容器实际上就是改变当地的无功功率电源容量。在当地负荷基本不变的情况下投电容器会造成电网送进无功功率减少，切电容器则反之。

投切电容器由于造成了电网送进的无功功率变化，变压器高压侧的电压因为进线的电压损耗发生改变而改变，从而二次侧的电压也会发生改变。具体的说，投电容器除造成进线无功功率减少外，二次侧电压会有所升高，反之，切电容器除造成进线无功功率增加外，二次侧电压会有所降低。具体幅度随当时负荷的大小和类型的不同而不同。

常用的有九区图以及更细分的十七区图方法来对变电站的电压和无功进行控制。十七区图划分如图 6-26 所示。

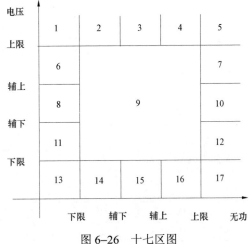

图 6-26　十七区图

#### 6.7.5.2.2　调节方法

在市区供电公司范围内，目前使用的 VQC 功能一共有五种方式进行电压的无功控制。

1）方式一：主变有载调压，电容器综合控制，如表 6-13 所示。

表 6-13　　　　　　　　　　　　调 节 方 式 一

| 区域 | 方式一控制策略 |
| --- | --- |
| 1 | 切电容器，降分接头 |
| 2 | |
| 3 | 降分接头，切电容器 |
| 4 | |
| 5 | |
| 6 | 切电容器 |
| 7 | 降分接头 |
| 8 | 切电容器 |
| 9 | 无控制策略 |
| 10 | 投电容器 |
| 11 | 升分接头 |
| 12 | 投电容器 |
| 13 | 升分接头，投电容器 |
| 14 | |
| 15 | |
| 16 | 投电容器，升分接头 |
| 17 | |

2）方式二：主变有载调压自动控制，电容器停用，如表 6-14 所示。

表 6-14　　　　　　　　　　　　调 节 方 式 二

| 区域 | 方式二控制策略 |
| --- | --- |
| 1 | 降分接头 |
| 2 | |
| 3 | |

| 区域 | 方式二控制策略 |
|---|---|
| 4 | 降分接头 |
| 5 | |
| 6 | 无控制策略 |
| 7 | 降分接头 |
| 8 | 无控制策略 |
| 9 | |
| 10 | |
| 11 | 升分接头 |
| 12 | 无控制策略 |
| 13 | 升分接头 |
| 14 | |
| 15 | |
| 16 | |
| 17 | |

3）方式三：主变有载调压手动控制，电容器自动控制，如表 6-15 所示。

表 6-15 调 节 方 式 三

| 区域 | 方式三控制策略 |
|---|---|
| 1 | 切电容器 |
| 2 | |
| 3 | |
| 4 | |
| 5 | |
| 6 | |
| 7 | 无控制策略 |
| 8 | 切电容器 |
| 9 | 无控制策略 |
| 10 | 投电容器 |
| 11 | 无控制策略 |
| 12 | 投电容器 |
| 13 | |
| 14 | |
| 15 | |
| 16 | |
| 17 | |

4）方式四：主变有载调压自动控制，电容器定时控制，如表 6-16 所示。

表 6-16

**调 节 方 式 四**

| 区域 | 方式四控制策略 |
|------|---------------|
| 1 | |
| 2 | |
| 3 | 降分接头，电容器按设定时段动作 |
| 4 | |
| 5 | |
| 6 | 电容器按设定时段动作 |
| 7 | 降分接头，电容器按设定动作 |
| 8 | |
| 9 | 电容器按设定时段动作 |
| 10 | |
| 11 | 升分接头，电容器按设定动作 |
| 12 | 电容器按设定时段动作 |
| 13 | |
| 14 | |
| 15 | 升分接头，电容器按设定时段动作 |
| 16 | |
| 17 | |

5）方式五：主变有载调压手动控制，电容器定时控制。

在此方式下，主变和电容器都不由 VQC 系统进行调节。

电容器的投切按容量选择，先投入小容量电容器，待小容量电容器全部投入后再投入大容量电容器；切除时先切除小容量电容器，待小容量电容器全部切除后再切除大容量电容器。其中 1 号电容器组合 2 号电容器组的甲组都容量是 1Mvar，乙丙组均为 2Mvar，乙组合丙组的优先级为乙有限，丙组其次。即投切的时候均为先动甲组，其次乙组，最后丙组。

### 6.7.6　常用变电站自动化系统介绍

目前市区供电公司范围内共有 130 个已经投运的 35kV 及以上电压等级的变电站，大部分以自动化系统模式运行。这些系统的配置结构大体上相似，下面就以 ZD-100 系统为例，进行简单分析。

ZD-100 变电站综合自动化系统，用于 110、35kV 变电站，该系统采用分布分散式结构设计，对整个变电站的一次主设备及直流交流系统实现遥测、遥信、遥控、遥调功能，对继电保护设备实现当地或远方控制和管理，并根据上海电网运行方式的特殊要求，实现各种闭环控制功能。

ZD-100 系统以 GE Harris 公司的 D200 变电站控制系统为核心，结合 SEL 公司的微机保护及各种 I/O 模块构成一套完整的变电站控制系统。

ZD-100 综合自动化系统的核心单元为 D200 主处理器。主变高低压测控配置了符合框架协议的智能测控模块，差动保护配置了 SEL387 主变差动保护继电器，主变后备保护配置了 SEL351A 综合继电器，中性点接地保护配置了 SEL551 继电器。110kV 线路测控模块配置了 D25 智能测控模块，35kV 线路、10kV 线路配置了 SEL351 系列继电器。分段自切配置 SEL351 综合继电器，其他公共信息采集配置主要靠 D20C 模块和 D20S 模块完成，保护整定和模拟量信息采集使用 SEL2020 通信处理器，为确保设备的正常可靠运行，配置了一套在线式 UPS 以及工控机一台。

系统按照分层、分布式结构设计，将 SEL 智能设备分散安装到一次设备间隔单元（开关柜），完成对相应间隔的继电保护、模拟量、数字量、开关量的采集，实现与主系统通信和人机互联功能。

### 6.7.7 智能变电站

随着综合自动化系统的日渐成熟，对变电站的控制精度也越来越高，这些都为变电站朝着数字化方向发展创造了条件。

智能变电站就是将信息采集、传输、处理、输出过程完全数字化的变电站。全站采用统一的通讯规约 IEC61850 构建通信网络，保护、测控、计量、监控、远动、VQC 等系统均使用同一网络接收电流、电压和信号，各个系统实现信息共享。其主要特征是：

（1）基于全数字和光纤的信号采集系统。

（2）继电保护和综合自动化系统。

（3）数字遥视监控系统。

（4）基于智能高效的电能质量调节系统。

常规综合自动化站的一次设备采集模拟量，通过电缆将模拟信号传输到测控保护装置，装置进行模数转换后处理数据，然后通过网线上传，将数字量传到后台监控系统。监控系统和测控保护装置对一次设备的控制通过电缆传输模拟信号来实现。

智能变电站一次设备采集信息后，就地转换为数字量，通过光缆上传测控保护装置，然后传到后台监控系统，监控系统和测控保护装置对一次设备的控制也通过光缆传输数字信号来实现。常规综合自动化站与数字化变电站的信息采集方式对比图如图 6-27 所示。

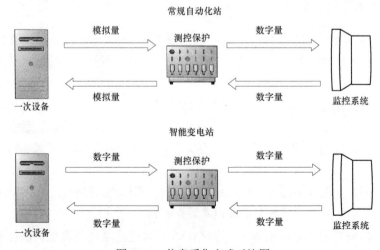

图 6-27　信息采集方式对比图

与传统自动化变电站相比，智能变电站的主要区别之处在于：数字化的一次电气设备、网络化的二次装置和全站统一的标准平台。

智能变电站的自动化系统可以划分为站控层、间隔层和过程层三层。

站控层包含自动化站级监视控制系统、站域控制、通信系统、对时系统等子系统，完成数据采集和监视控制、操作闭锁以及同步相量采集、电能量采集、保护信息管理等相关功能。

间隔层设备一般批继电保护装置、系统测控装置、监测功能组的主智能电子设备（IEC）等二次设备，实现使用一个间隔的数据并且作用于该间隔一次设备的功能。

过程层包括变压器、断路器、隔离开关、电流/电压互感器等一次设备及其所属的智能组件以及独立的智能电子设备。

智能组件是由若干智能电子学设备集合组成，安装于宿主设备旁，承担与宿主设备相关的测量、控制和监测等基本功能，在满足相关标准要求时，还可承担相关计量、保护等功能。

目前在市区供电公司范围内，使用智能模式自动化系统的变电站只有一个站，智能变电站的运行尚处于试验阶段。

当然，遥测、遥信、遥控、遥调并不是综合自动化系统的全部内容，必须加大具备警戒功能的"遥视"内容，以真正实现变电站的无人值守。所以在智能变电站基础上实现的以"遥视"为核心的变电站数字安全监控系统也将会是变电站自动化系统发展的一种趋势。

总之，随着变电站自动化技术的发展和无人值班站运行模式的进一步推广，继电保护和自动化的专业性也在相互渗透，结合逐步密切，原有的专业分工将会打破，从而引起科研、设计、制造、安装和运行部门的专业设置、人员配备上的重新调整组合，以适应保护、控制、测量一体化的分布分散式变电站自动化系统模式。

# 6.8 通 信 装 置

## 6.8.1 通信概述

### 6.8.1.1 通信系统模型

通信的目的是传输消息。消息包括符号、文字、话音、音乐、图片、数据、影像等形式。基本的点对点通信都是将消息从发送端通过某种信道传递到接收端。这种通信系统可由图（通信系统的简化模型）中的模型加以概括。发送端的作用是把各种消息转换成原始电信号。为了使原始信号适合在信道上传输，需要对原始信号进行某种变换，然后再送入信道。信道是信号传输的通道。接收端的作用是从接收到的信号中恢复出相应的原始信号，再转换成相应的消息。图 6-28 中所示的噪声源是信道中的噪声以及分散在通信系统其他各处的噪声的集中表示。

### 6.8.1.2 模拟通信和数字通信

可以将各种不同的消息分成数字消息（离散消息）和模拟消息（连续消息）两大类。

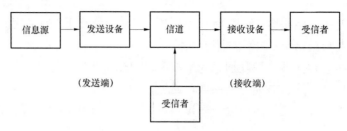

图 6-28　通信系统的简化模型

数字消息是指消息的状态是可数的或离散型的，如符号、文字或数据等。模拟消息是指消息的状态是连续变化的，如连续变化的语音、图像等。

为了传递消息，各种消息需要转换成电信号，消息和电信号之间必须建立单一的对应关系，这样在接收端才能准确地还原出原来的消息。通常，消息被载荷在电信号的某一参量上，如果电信号的该参量携带着离散消息，则该参量是离散取值的，这样的信号就称为数字信号。如果电信号的该参量是连续取值的，这样的信号就称为模拟信号。按照信道中传输的是模拟信号还是数字信号，把通信系统分成模拟通信系统和数字通信系统。

在通信过程中，也可以先将模拟信号变换成数字信号，经数字通信方式传输到接收端，再将数字信号反变换成模拟信号。数字通信与模拟通信相比，更加适应对通信技术越来越高的要求。数字通信的优点主要表现在以下几个方面：数字传输抗干扰能力强，尤其在中继时可以消除噪声的积累；传输差错可以控制，改善了传输质量；便于使用现代数字信号处理技术对数字信号进行处理；数字信号易于做高保密性的加密处理；数字通信可以综合传递各种消息，增强通信系统的功能。

### 6.8.1.3　模拟通信与数字通信系统模型

模拟通信系统需要两种变换。首先，发送端的连续消息需要变换成原始电信号，接收端收到的信号需要反变换成原连续消息。第二种变换是将原始电信号变换成适合信道传输的信号，接收端需进行反变换。这种变换和反变换通常被称为调制和解调。调制后的信号称为已调信号或频带信号，将发送端调制前和接收端解调后的信号（即原始电信号）称为基带信号。模拟通信系统模型如图 6-29（模拟通信系统模型）所示。

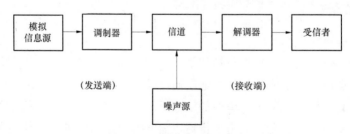

图 6-29　模拟通信系统模型

数字通信中强调已调参量与基带信号之间的一一对应；数字信号传输差错可以控制，这需要通过差错控制编码等手段来实现，因此在发送端需要增加一个编码器，而在接收端需要一个相应的解码器；当需要保密时，需要在发送端加密，在接收端解密。

点对点的数字通信系统模型如图 6–30 所示。

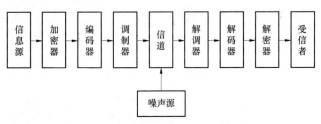

图 6–30　点对点的数字通信系统模型

数字通信的许多优点都是用比模拟通信占据更宽的系统频带换来的。以电话为例，一路模拟电话通常只占据 4kHz 带宽，而一路传输质量相同的数字电话要占用数十千赫兹的带宽。

#### 6.8.1.4　电力系统通信设备连接

图 6–31　表示出电力系统通信中常用设备的连接情况。通过音频配线架实现音频信号的连接；PCM 的主要功能是将音频信号汇接成 2M 信号或将 2M 信号解复用成音频信号；通过数字配线架实现 2M 信号的连接；光端机的主要功能是将 2M 信号或以太网信号汇接成光信号或将光信号解复用 2M 信号或以太网信号；通过光配架实现光信号的连接。自动化、继电保护等设备可能分别提供 64K、2M、以太网（RJ45）或光接口。

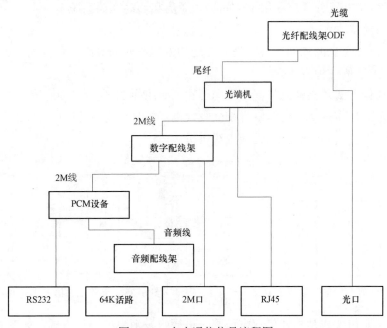

图 6–31　电力通信信号流程图

#### 6.8.1.5　通信系统的分类及通信方式

介绍通信系统的分类及通信方式，包含通信系统的几种分类方式以及几种通信方式。通过分类介绍、图形示例，熟悉通信系统常用的分类方式，掌握几种通信方式的基本概念。

#### 6.8.1.5.1　通信系统分类

（1）技消息的物理特征分类。根据消息的物理特征不同，通信系统分为电话通信系统、数据通信系统、图像通信系统等。目前电话通信网最为普及，其他消息常常通过公共的电话通信网传送。

（2）按调制方式分类。根据是否采用调制，通信系统分为基带传输和频带（调制）传输。基带传输是将未经调制的信号直接传送，如音频市内电话。频带传输是将各种信号调制后再进行传输。

（3）按传输介质分类。根据传输介质的不同，通信系统分为有线通信系统和无线通信系统两大类。

（4）按信号的特征分类。按照信道中传输的是模拟信号还是数字信号，通信系统分为模拟通信系统和数字通信手统。

（5）按信号复用方式分类。信号的复用有三种方式：频分复用、时分复用和码分复用。频分复用方式是将信道的可用频带划分为若干互不交叠的频段，每路信号的频谱占用其中的一个频段，以实现多路传输。传统的模拟通信大都采用频分复用。时分复用方式是把一条物理通道按照不同的时刻分成若干条通信信道，各信道按照一定的周期和次序轮流使用物理通道，从宏观上看，一条物理通路可以同时传送多条信道的信息。随着数字通信的发展，时分复用通信系统的应用越来越广泛。码分复用方式是用一组包含互相正交的码字的码组携带多路信号。码分复用多用于空间扩频通信和移动通信系统中。

#### 6.8.1.5.2　通信方式

（1）对于点与点之间的通信，按消息传送的方向与时间关系，可分为单工通信、半双工通信及全双工通信三种方式。

1）单工通信方式是指消息只能单方向传输，如图 6-32 所示，如遥测、遥信、遥控等。

2）半双工通信方式是指通信双方都能收发消息，但不能同时进行收发的工作方式，如图 6-33 所示，如使用同一载频的无线电对讲机。

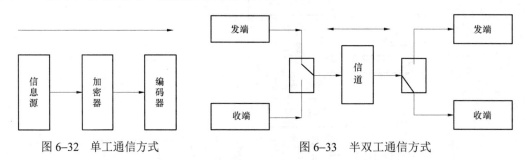

图 6-32　单工通信方式　　　　　　　图 6-33　半双工通信方式

3）全双工通信方式是指通信双方可同时进行收发消息的工作方式，如图 6-34 所示，如普通电话。

（2）在数字通信中，按照数字信号码元排列方式不同，分为串行传输和并行传输。

1）串行传输是将数字信号码元序列按时间顺序一个接一个地在信道中传输，如图 6-35 所示。这种通信方式只需要占用一条通路，一般用于长距离的数字通信。

图 6-34　双工通信方式

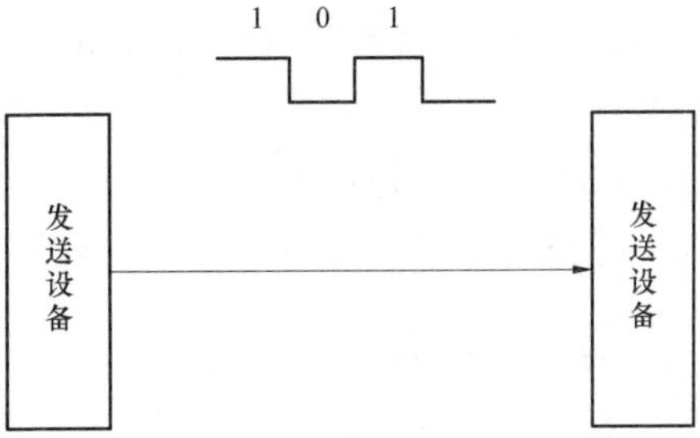

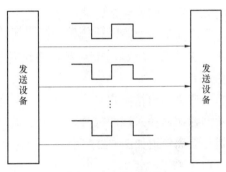

图 6-35　串行传输

2）并行传输是将数字信号码元序列分割成两路或两路以上的数字信号码元序列同时在信道上传输，如图 6-36 所示。并行传输一般用于近距离的数字通信，它需要占用两条或两条以上的通路。

3）实际的通信系统分为专线和通信网两类，专网为两点间设立专用传输线的通信称为专线通信，有时称为点对点的通信，多点间的通信属于通信网。通信网的基础是点对点的通信。

图 6-36　并行传输

**6.8.1.5.3　通信系统的性能指标**

通信系统的性能指标主要包括有效性和可靠性。有效性主要指消息传输的"速度"问题；可靠性主要是指消息传输的"质量"问题。这是两个相互矛盾的问题，通常只能依据实际要求取得相对统一。在满足一定可靠性指标下，尽量提高消息的传输速度；或者在维持一定有效性指标下，尽可能提高消息的传输质量。

模拟通信中还有一个重要的性能指标，即均方误差。它是衡量发送的模拟信号与接收端还原的模拟信号之间误差程度的质量指标。均方误差越小，还原的信号越逼真。

模拟通信中误差的产生有两个原因：① 信道传输特性不理想，由此产生的误差称为乘性干扰产生的误差，这种干扰会随着信号的消失而消失；② 由于信号在传输时叠加在信道上的噪声，由此产生的误差称为加性干扰产生的误差，这种干扰不管信号有无、强弱始终都会存在。对于加性干扰产生的误差通常用信噪比这一指标来衡量，信噪比是指接收端的输出信号的平均功率与噪声平均功率之比。在相同的条件下，某个系统的输出信噪比越高，则该系统的通信质量越好，表明该系统抗信道噪声的能力越强。

在数字通信系统中，常用时间间隔相同的符号来表示一位二进制数字。这个时间间隔称为码元长度，这个时间间隔内的信号称为二进制码元。同样，$N$ 进制的信号也是等长的，被称为 $N$ 进制码元。

数字通信系统有两个主要的性能指标：传输速率和差错率。

传输速率，通常是以码元传输速率来衡量。码元传输速率（$R_B$）又称为码元速率，它是指每秒钟传送的码元的数量，单位为"波特（B）"。

差错率主要有误码率和误信率两种表述方法：

（1）误码率是在传输过程中发生误码的码元个数与传输的总码元数之比，它表示码元在传输系统中被传错的概率，通常以 $P_e$ 来表示。即，$P_e$=错误接收的码元个数/传输码元的总数。

（2）误信率是指错误接收的信息量在传送信息总量中所占的比例，它是码元的信息量在传输系统中被丢失的概率。通常以 $P_b$ 来表示。即，$P_b$=传错的比特数/传输的总比特数。

### 6.8.2 信道

#### 6.8.2.1 信道的概念

信道是信号的传输媒质，分为有线信道和无线信道两类。有线信道包括同轴电缆及光缆等。无线信道包括地波传播、超短波或微波、人造卫星等。

广义的信道是除传输媒质外，还包括有关的变换装置，如发送设备、接收设备、调制器、解调器、馈线与天线等，将这种扩大范围的信道称之为广义信道，而称前者为狭义信道。

广义信道按照它包含的功能划分为调制信道与编码信道。调制信道是指从调制器输出端到解调器输入端的部分。编码信道是指从编码器输出端到译码器输入端的部分。调制信道与编码信道如图 6–37 所示。

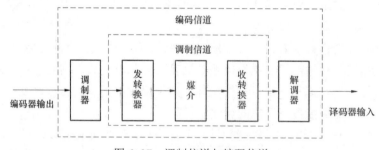

图 6–37　调制信道与编码信道

#### 6.8.2.2 恒参信道及其特性

恒参信道是指由电缆、光导纤维、人造卫星、中长波地波传播、超短波及微波视距传播等传输媒质构成的信道。

**6.8.2.2.1　有线电信道**

（1）对称电缆。对称电缆是指在同一保护套内有许多对相互绝缘的双导线的传输媒质。导线材料主要是铜或铝，直径为 0.4～1.4mm。为了减小各线对之间的干扰，每一对线都拧成扭绞状。对称电缆的传输损耗相对较大但其传输特性比较稳定。

（2）同轴电缆。同轴电缆由同轴的两个导体构成，外导体是一个圆柱形的空管，在可弯曲的同轴电缆中，它可以由金属丝编织而成。内导体是金属线。它们之间填充着塑料或空气等介质。

**6.8.2.2.2　光纤信道**

光纤信道是以光导纤维（简称光纤）为传输媒质、以光波为载波的信道。它能够实现大容量的传输。光纤具有损耗低、频带宽、线径细，重量轻、可弯曲半径小、不怕腐蚀以及不受电磁干扰等优点。

#### 6.8.2.2.3　无线电视距中继

无线电视距中继是指工作频率在超短波和微波波段时，电磁波基本上是沿视线传播，通信距离依靠中继方式延伸的无线电电路。相邻中继站之间的距离一般为 40～50km。

无线电中继信道由终端站、中继站及各站间的电波传播路径构成，具有传输容量大，发射功率小、通信稳定可靠等优点，主要用于长途干线、移动通信网以及某些数据收集系统。

#### 6.8.2.2.4　卫星中继信道

卫星中继信道是无线电中继信道的一种特殊形式，它是航天技术与通信技术相结的产物。卫星中继信道信由通信卫星、地球站、上行线路及下行线路构成。其中，上行线路与下行线路是地球站至卫星及卫星至地球站的电波传播路径，而信道设备集中于地球站与卫星中继站中。它具有传输距离远、覆盖地域广、传播稳定可靠、传输容量大等优点，广泛用于传输多路电话、电报、数据和电视。

### 6.8.3　模拟调制系统

#### 6.8.3.1　调制的基本概念

基带信号不宜直接在信道中传输，需要将信源发出的原始电信号对频率较高的载波进行调制，才能使有用信号搬移到适合信道的频率范围内进行传输。而在通信系统的接收端则需要对已调信号进行解调，恢复出原始信号。

以模拟信号为调制信号，对连续的正（余）弦载波进行调制，这种调制方式称为模拟调制。根据载波参数的不同，分为幅度调制和角度调制。

幅度调制是正（余）弦载波的幅度随调制信号作线性变化的过程。在幅度调制中有常规调幅（AM）、双边带（DSB）调制、残留边带（VSB）调制和单边带（SSB）调制等方式。

#### 6.8.3.2　非线性调制

幅度调制属于线性调制，其调制方法是用调制信号改变载波的幅度，以实现调制信号频谱的线性搬移。要完成频率的搬移，还可以采用另外一种调制方式，即用调制信号改变载波的频率或相位，但这种调制与线性调制不同，已调信号的频谱不再是原调制信号频谱的线性搬移，而是一种非线性变换，因而称为非线性调制。非线性调制分为频率调制（FM）和相位调制（PM），分别简称为调频和调相，两者又统称为角度调制。

#### 6.8.3.2.1　频率调制（FM）

载波的振幅不变，调制信号控制载波的瞬时角频率偏移，使载波的瞬时角频率偏移按调制信号的规律变化，称之为频率调制（PM）。FM 信号的时域波形如图 6-38 所示。

#### 6.8.3.2.2　相位调制（PM）

载波的振幅不变，调制信号控制载波的瞬时相位偏移，使载波的瞬时相位偏移按调制信号的规律变化，称之为相位调制（PM）。PM 信号的时域波形图如图 6-39 所示。

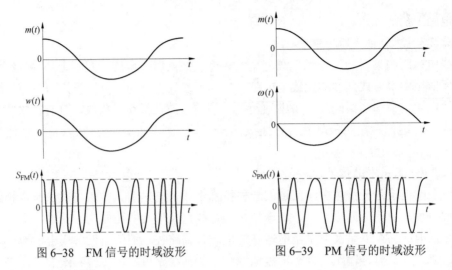

图 6–38　FM 信号的时域波形　　　图 6–39　PM 信号的时域波形

### 6.8.3.3　频分复用

介绍频分复用的基本概念，包含频分复用系统组成、频分复用信号的频谱结构、频分复用系统的优缺点。通过框图讲解，掌握频分复用系统的基本概念。

#### 6.8.3.3.1　频分复用的基本概念

若干路独立的信号在同一信道中传送称为复用。频分复用是按频率分割多路信号的方法，即将信道的可用频带分成若干互不交叠的频段，每路信号占据其中的一个频段。在接收端用滤波器将多路信号分开，然后分别解调和终端接收。

#### 6.8.3.3.2　频分复用系统组成

以线性调制信号的频分复用为例，其原理框图如图 6–40 所示。

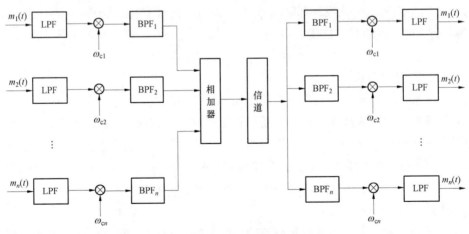

图 6–40　频分多路复用原理图

（1）发送端。为了限制已调信号的带宽，首先将各路信号通过低通滤波器 LPF 进行限带。限带后的信号分别对不同频率的载波进行线性调制，形成频率不同的已调信号。为了避免已调信号的频带交叠，再将各路已调信号送入对应的带通滤波器进行限带。限带后的已调信号相加后形成频分复用信号再送入信道中传输。

（2）接收端。在频分复用系统的接收端，先用带通滤波器将多路信号分别提取，再由各自的解调器进行解调，最后经低通滤波器滤波后恢复为原调制信号。

#### 6.8.3.4 频分复用系统的特点

##### 6.8.3.4.1 频分复用系统的优点

信道利用率高，分路方便。因此，频分复用是目前模拟通信中常采用的一种复用方式，特别是在有线和微波通信系统中应用十分广泛。

##### 6.8.3.4.2 频分复用系统的主要问题

频分复用系统中的主要问题是各路信号之间的相互干扰，即串扰。引起串扰的主要原因是滤波器特性不够理想和信道中的非线性特性造成的已调信号频谱的展宽。调制非线性所造成的串扰可以部分地山发送带通滤波器消除，但信道传输中非线性所造成的串扰无法消除。因而在频分多路复用系统中对系统线性的要求很高。另外，合理选择载波频率并在各路已调信号频谱之间留有一定的保护间隔，也是减小串扰的有效措施。

### 6.8.4 模拟信号的数字传输

#### 6.8.4.1 脉冲编码调制（PCM）的基本原理

通信中的电话、图像等业务其信源是在时间和幅度上都是连续取值的模拟信号，要实现数字化传输，首先要把模拟信号变成数字信号。

在发送端把模拟信号转换为数字信号的过程简称为模数转换，通常用符号 A/D 表示。模数转换要经过抽样、量化和编码三个步骤。其中，抽样是把时间上连续的信号变成时间上离散的信号；量化是把抽样值在幅度进行离散化处理，使得量化后只有预定的有限个值；编码是用一个 M 进制的代码表示量化后的抽样值，通常采用二进制代码来表示。

从调制的观点来看，以模拟信号为调制信号，以二进制脉冲序列为载波，通过调制改变脉冲序列中码元的取值，这一调制过程对应于 PCM 的编码过程，所以 PCM 称为脉冲编码调制。

在接收端把接收到的代码（数字信号）还原为模拟信号，这个过程简称为数模转换，通常用符号 D/A 表示。数模转换是通过译码和低通滤波器完成的。其中，译码是把代码变换为相应的量化值。

#### 6.8.4.2 低通抽样定理

在接收端能否将接收到的代码（数字信号）还原为原始的模拟信号，是抽样定理要回答的问题。设时间连续信号最高截止频率为 $f_M$。要从样值序列无失真地恢复出原始信号，其抽样频率应选为 $f_s >= 2f_M$，这就是著名的奈奎斯特抽样定理，简称抽样定理。

按标准电话信号的规定，在抽样前通过滤波器将语音信号的频带限制在 300～3400Hz 范围内。通常将抽样频率 $f_s$ 取得稍大些。我国 30/32 路 PCM 基群的抽样频率 $f_s$ 取值为 8000Hz。

#### 6.8.4.3 模拟信号的量化

在抽样以后的抽样值在时间上变为离散了，但这种时间离散的信号在幅度上仍然是连续的，即有无限多种取值，仍然为模拟信号。因为有位数字编码最多只能表示 $2^n$ 种电平，所以这种样值无法用有限位数字编码信号来表示，因此必须使样值成为幅度上是有限种取值的离散样值。

用有限个电平来表示模拟信号抽样值的过程称为量化。实现量化的器件称为量化器。将抽样值的幅度变化范围过分成若干个小间隔，每个小间隔叫做一个量化级。在两个量化级之间的样本点，按"四舍五入"的原则以最靠近它的量化级电平作为样本点的近似值，即为样本的量化值。

显然，量化过程会产生误差，因量化而导致的量化值和样值的差称为量化误差。量化误差在电路中形成的噪声称为量化噪声。

#### 6.8.4.4 编码

编码是用一定位数的二进制码元组合成不同的码字来表示量化后的样值。编码所需的二进制码元数 $n$ 与量化级数 $N$ 之间的关系为 $N=2^n$。通常，样值信号的正负极性用二进制码元的最高有效位即极性码表示。一般用 1 表示正极性，0 表示负极性。余下的码元用于表示样值信号幅度的绝对值，并称为幅度码。

### 6.8.5 数字信号的调制传输

#### 6.8.5.1 数字调制的基本概念

数字调制是指把数字基带信号转换为与信道特性相匹配的频带信号的过程，已调信到通过信道传输到接收端，在接收端通过解调器把频带数字信号还原成基带数字信号，这种数字信号的反变换称为数字解调。通常将包含调制和解调过程的传输系统称为数字信号的频带传输系统。

在数字调制中，所选参量的可能变化状态数应该与信息元数相对应，分为二进制调制和多进制调制两种：根据数字信号对载波参数的控制，数字调制可分为振幅键控（ASK）、频移键控（FSK）及和相移键控（PSK）三种调制形式。

#### 6.8.5.2 二进制频率键控

**6.8.5.2.1 FSK 的基本概念**

数字频率调制 FSK 又称频移键控，二进制移频键控记作 2FSK。数字频移键控是用不同频率的载波来传送数字消息的，或者说用所传送的数字消息控制载波的频率。2FSK 信号中传"0"信号时，发送频率为 $f_1$ 的载波；传"1"信号时，发送频率为 $f_2$ 的载波，而两个不同频率之间的改变是在瞬间完成的。

**6.8.5.2.2 2FSK 的实现方法**

数字调频可以用模拟调频法来实现，也可用键控法来实现。模拟调频法可利用一个矩形脉冲序列对一个载波进行调频来实现；键控法是利用受矩形脉冲序列控制的开关电路对两个不同的频率源进行选通。

#### 6.8.5.3 二进制相移键控

相移键控的基本概念，利用基带脉冲信号控制正弦波的相位的调制方式称为调相，它是数字信号中用得比较多的调制方式。数字相位调制（PSK）又称相移控，通常 PSK 分为绝对调相（PSK）和相对调相（DPSK）两种。

#### 6.8.5.4 二进制差分相移腱控

2PSK 信号中，相位变化是以未调载波的相位作为参考基准的。因为它是利用载波相位的绝对数值来传送数字信息，因而称为绝对调相。利用载波相位的相对数值也同样可以传送数字信息。传"0"信号时，载波的起始相位与前一码元载波的起始相位相同（即$\Delta\varphi=0$）；传"1"信号时，载波的起始相位与前一码元载波的起始相位相差 π（即$\Delta\varphi=\pi$）。因为这种方法是用前后两后码元的载波相位相对变化传送数字信息的，所以称为相对调相。

#### 6.8.5.5 多进制数字键控

二进制数字调制系统频带利用率较低，为了提高频带利用率，通常采用多进制数字调制系统。在信息传输速率不变的情况下，通过增加进制数，可以降低码元传输速率，从而减小信号带宽，约频带资源，提高频带利用率。但其代价是增加信号功率和实现上的复杂性。

### 6.8.6 光纤通信概述

#### 6.8.6.1 光纤通信的光波波谱

介绍光纤通信的光波波谱，包含光在电磁波谱中的位置、光纤通信使用的波段。通过波谱图、公式介绍，掌握光纤通信使用的波长和频率范围。

##### 6.8.6.1.1 光在电磁波谱中的位置

光波与无线电波相似，也是一种电磁波。

可见光是人眼能看见的光，其波长范围为 0.39～0.76μm。红外线是人眼看不见的光，其波长范围为 0.76～300μm，一般分为近红外区、中红外区和远红外区。近红外区的波长范围为 0.76～15μm；中红外区的波长范围为 15～25μm；远红外区的波长范围为 25～300μm。

##### 6.8.6.1.2 光纤通信使用的波段

目前光纤通信所用光波的波长范围为 0.8～2.0μm，属于电磁波谱中的近红外区。其中 0.8～1.0μm 称为短波长段，1.0～2.0μm 称为长波长段。目前光纤通信使用的波长有三个，分别为 0.85、1.31、1.55μm。

光在真空中的传播速度 $c$ 为 3×108m/s，根据波长$\lambda$、频率$f$和光速$c$之间的关系式可计算出各电磁波的频率范围

$$f=\frac{c}{\lambda}$$

根据光纤通信所用光波的波长范围，由上式可得，光纤通信所用光波的相应的频率范围为 1.67～3.75×1014Hz。

各种单位的换算公式为：

1μm（微米）=$10^{-6}$m；1nm（纳米）=$10^{-9}$m。

1MHz（兆赫兹）=$10^6$Hz；1GHz（吉赫兹）=$10^9$Hz。

1THz（太赫兹）=$10^{12}$Hz。

### 6.8.6.2　光纤通信的基本组成

所谓光纤通信，就是利用光纤来传输携带信息的光波以达到通信的目的。

光纤通信系统中电端机的作用是对来自信息源的信号进行处理，例如模拟/数字转换、多路复用等；发送端光端机的作用是将光源（如激光发光器或发光二极管）通过电信号调制成光信号，输入光纤传输至远方；接收端的光端机内有光检测器（如光电二极管）将来自光纤的光信号还原成电信号，经放大、整形、再生恢复原形后，输至电端机的接收端。

对于长距离的光纤通信系统还需中继器，其作用是将经过长距离光纤衰减和畸变后的微弱光信号经放大、整形、再生成一定强度的光信号，继续送向前方以保证良好的通信质量。目前的中继器多采用光—电—光形式，即将接收到的光信号用光电检测器变换为电信号，经放大、整形、再生后再调制光源将电信号变换成光信号重新发出，而不是直接放大光信号。目前，采用光放大器（如掺铒光纤放大器）作为全光中继及全光网络已逐步进入商用。

### 6.8.6.3　光纤通信系统的分类

光纤通信系统根据系统所使用的传输信号的形式、传输光的波长和光纤的类型进行不同的分类。

#### 6.8.6.3.1　按传输信号的形式分类

按传输信号的形式不同，光纤通信系统可以分成模拟光纤通信系统和数字光纤通信系统两大类。

（1）数字光纤通信系统。数字光纤通信系统是光纤通信的主要通信方式。光纤通信在接收和发送时，在光电转换过程中所产生的散粒效应噪声和非线性失真较大，但采用数字通信方式时，中继器采用判决再生技术，噪声积累少。因此，光纤通信采用数字传输成了最有利的技术。

（2）模拟光纤通信系统。模拟光纤通信系统的输入电信号不是采用脉冲编码信号。它的缺点是光电变换时噪声较大，只适用于短距离传输。但它不需要模/数转换和数/模转换，因此，相对而言比较经济。

#### 6.8.6.3.2　按波长和光纤类型分类

（1）短波长（0.85μm）多模光纤通信系统。该系统通信速率在 34Mbit/s 以下，中继段长度在 10km 以内，发送机的光源为镓铝砷半导体激光器或发光二极管，接收机的光电检测器为硅光电二极管或硅雪崩光电二极管。

（2）长波长（1.31μm）多模光纤通信系统。该系统通信速率在 34～140Mbit/s，中继距离为 25km 或 20km 以内，发送机的光源为铟镓砷磷半导体多纵模激光器或发光二极管，接收机的光电检测器为锗雪崩光电二极管或镓铝砷光电二极管和铝砷雪崩光电二极管。

（3）长波长（1.31μm）单模光纤通信系统。该系统通信速率在 140～565Mbit/s，中继距离为 30～50km，发送机的光源为铟镓砷磷单纵模激光器或发光二极管。

（4）长波长（1.55μm）单模光纤通信系统。该系统通俗速率在 565Mbit/s 以上，中继距离可达 100km 以上，采用零色散位移光纤和动态单纵模激光器。

#### 6.8.6.4 光纤通信的特点

与电缆等电通信方式相比，光纤通信的优点如下：

（1）传输频带极宽，通信容量很大；

（2）由于光纤衰减小，中继距离长；

（3）串扰小，信号传输质量高；

（4）光纤抗电磁干扰，保密性好；

（5）光纤尺寸小，重量轻，便于传输和铺设；

（6）耐化学腐蚀；

（7）光纤是石英玻璃拉制成形，原材料来源丰富，并节约了大量有色金属。

由于光纤通信具备一系列的优点，因此，得到广泛应用。

光纤通信同时也具有以下缺点：

（1）光纤弯曲半径不宜过小；

（2）光纤的切断和连接操作技术较复杂；

（3）分路、耦合麻烦；

（4）需要光/电和电/光转换。

### 6.8.7 光纤结构与特性

#### 6.8.7.1 光纤的结构和分类

介绍光纤的结构和分类、ITU-T 建以的光纤分类，包含光纤的典型结构图和不同分类形式。通过图形示意、分类介绍，掌握光纤的结构及各层的材质要求及作用，熟悉常用的三种主要类型的光纤在截面上折射率的分布形状以及光线在其纤芯内的传播路径。

##### 6.8.7.1.1 光纤的结构

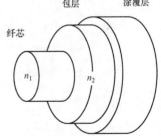

图 6-41 光纤的结构

光纤的典型结构是多层同轴圆柱体，如图 6-41 所示：自内向外为纤芯、包层和涂覆层。核心部分是纤芯和包层，纤芯的粗细和材料以及包层材料的折射率，对光纤的特性起决定性影响。包层位于纤芯的周围，设纤芯和包层的折射率分别为 $n_1$ 和 $n_2$，光在光纤中传输的必要条件是 $n_1 > n_2$。

由纤芯和包层组成的光纤称为裸纤。裸纤经过涂敷后才能制作光缆。通常所说的光纤就是指经过涂敷后的光纤。涂敷层保护光纤不受水汽的侵蚀及机械的擦伤，同时又增加光纤的柔韧性，起着延长光纤寿命的作用。

目前使用较为广泛的光纤有两种：紧套光纤和松套光纤。紧套光纤是指在一次涂敷的光纤再紧套一层聚乙烯或尼龙套管，光纤在套管内不能自由活动。松套光纤是指在涂敷层的外面再套上一层塑料套管，光纤在套管内可以自由活动。松套光纤的耐侧压能力和防水性能较好，便于成缆。紧套光纤的耐侧压能力不如松套光纤，但其结构相对简单，在测量和使用时都比较方便。

#### 6.8.7.1.2 光纤的分类

（1）根据折射率在横截面上的分布形状，光纤可分为阶跃型光纤和渐变型光纤两种。阶跃型光纤在纤芯和包层交界处的折射率呈阶梯形突变，纤芯的折射率 $n_1$ 和包层的折射率 $n_2$ 分别为某一常数。渐变型光纤纤芯的折射率随着半径的增加而按一定规律逐渐减少，到纤芯与包层交界处为包层折射率 $n_2$，纤芯的折射率不是某一常数。

（2）根据工作波长，光纤可分为短波长光纤和长波长光纤。

（3）根据光纤中传输模式的多少，光纤可分为单模光纤和多模光纤两类。

光是一种频率极高的电磁波。当光纤纤芯的几何尺寸远大于光波波长时，光在光纤中会以几十种乃至几百种传播模式进行传播，如 TMmm 模、TEmn 模、HEmn 模等（其中 m、$n$=0、1、2、3…）。其中 HE11 模被称为基模，其余的都称为高次模。

单模光纤中只传输一种模式（基模），纤芯直径较细，与光波长在同一数量级，通常在 $4\sim10\mu m$ 范围内。多模光纤中可以同时传输多种模式，纤芯直径较粗，远大于光波波长，典型尺寸为 $50\mu m$ 左右。

多模光纤可以采用阶跃型或者渐变型折射率分布；单模光纤多采用阶跃型折射率分布。因此，光纤大体分为多模阶跃折射率光纤、多模渐变折射率光纤和单模阶跃折射率光纤等几种。它们的结构、尺寸、折射率分布及光传输示意如图 6-42 所示。

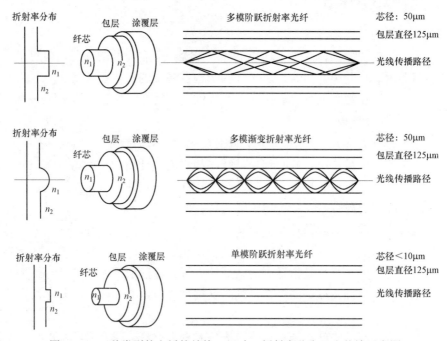

图 6-42　三种类型的光纤的结构、尺寸、折射率分布及光传输示意图

#### 6.8.7.1.3 国际电信联盟远程通信标准化组 ITU-T 建议的光纤分类

G.651 光纤：渐变多模光纤，工作波长为 1.31μm 或 1.55μm，在 1.3μm 处光纤有最小色散，而在 1.55 处光纤有最小损耗，主要用于计算机局域网或接入网。

G.652 光纤：常规单模光纤，也称为非色散位移光纤，其零色散波长为 1.31μm，在 1.55μm

处有最小损耗，是目前应用最广泛的光纤。

G.653 光纤：色散位移光纤，在 1.55μm 处实现了最低损耗与零色散波长一致，但由于在 1.55μm 处存在四波混频等非线性效应，阻碍了它的应用。

G.654 光纤：性能最佳单模光纤，在 1.55μm 处具有极低损耗（大约 0.18dB/km）且弯曲性能好。

G.655 光纤：非零色散位移单模光纤，在 1.55～1.65μm 处色散值为 0.1～6.0ps/（nm·km），用来平衡四波混频等非线性效应，适用于高速（10Gbit/s 以上）、大容量、DWDM 系统。

### 6.8.7.2 光纤的导光原理

#### 6.8.7.2.1 全反射原理

射线光学的基本关系式是有关其反射和折射的菲涅耳定律。光在分层介质中的传播如图 6–43 所示。

图 6–43 中介质 1 的折射率为 $n_1$，介质 2 的折射率为 $n_2$，设 $n_1 > n_2$。当光线以较小的入射角 $\theta_1$ 入射到介质界面时，部分光进入介质 2 并产生折射，部分光被反射。它们之间的相对强度入射光线取决于两种介质的折射率。

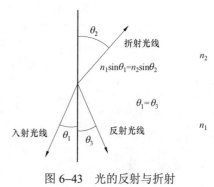

图 6–43  光的反射与折射

由菲涅耳定律可知

反射定律 $\qquad\qquad\qquad \theta_1 = \theta_3$

折射定律 $\qquad\qquad\qquad \dfrac{\sin \theta_1}{\sin \theta_2} = \dfrac{n_2}{n_1}$

在 $n_1 > n_2$ 时，逐渐增大 $\theta_1$，进入介质 2 的折射光线进一步趋向界面，直到 $\theta_2$ 趋于 90。此时，进入介质 2 的光强减小并趋于零，而反射光强接近于入射光强。当 $\theta_2 = 90°$。极限值时，相应的 $\theta_1$ 角定义为临界角 $\theta_c$；因为 $\sin 90° = 1$，所以临界角

$$\theta_c = \arcsin\left(\frac{n_2}{n_1}\right)$$

当 $\theta_1 \geq \theta_c$ 时，入射光线将产生全反射。应当注意，只有当光线从折射率大的介质进入折射率小的介质，即 $n_1 > n_2$ 时，在界面上才能产生全反射。光纤的导光特性基于光射线在纤芯和包层界面上发生个反射，使光线限制在纤芯中传输。

#### 6.8.7.2.2 光的偏振与色散

光属于横波，即光的电磁场振动方向与传播方向垂直。如果光波的振动方向始终不变，只有光波的振幅随相位改变，这样的光称为线偏振光。从普通光源发出的光不是偏振光，而是自然光，它具有一切可能的振动方向，对光的传播方向是对称的。即在垂直于传播方向的平面内，无论哪一个方向的振动都不比其他方向占优势。

光的色散现象是一种常见的物理现象。如日光通过棱镜或水雾时会呈现七色光谱。这是由于棱镜材料或水对不同波长（对应于不同颜色）的光呈现的折射率不同，从而使光的传播速度不同和折射角度不同，最终使不同颜色的光在空间散开。

### 6.8.7.2.3　光在光纤中的传播

（1）光在阶跃光纤中的传播。光在阶跃型光纤中是按"之"形的传播轨迹，如图6–44所示。设纤芯折射率为 $n_1$，包层的折射率为 $n_2$，且 $n_1 > n_2$，空气折射率为 $n_0$。内光线的入射角大小又取决于从空气中入射的光线进入纤芯中所产生折射角。当光线从空气入射到纤芯端而上的入射角 $\theta_i < \theta_{max}$ 时，进入纤芯的光线将会在纤芯和包层界面产生全反射而向前传播，而入射角 $\theta_i > \theta_{max}$ 的光线将进入包层损失掉。因此，入射角最大值 $\theta_{max}$ 确定了光纤的接收锥半角。$\theta_{max}$ 是个很重要的参数，它与光纤的折射率有关。

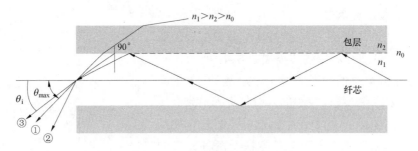

图6–44　光在阶跃光纤中的传播

根据菲涅尔定律，得

$$n_0 \sin \theta_{max} = \sqrt{n_1^2 - n_2^2}$$

$n_0 \sin \theta_{max}$ 定义为光纤的数值孔径，用 NA 表示。光在空气中的折射率 $n_0=1$，因此，对于一根光纤其数值孔径为

$$NA = \sqrt{n_1^2 - n_2^2}$$

纤芯和包层的相对折射率差 $\Delta$，定义为

$$\Delta = \frac{n_1^2 - n_2^2}{2n_1^2} \approx \frac{n_1 - n_2}{n_1}$$

则光纤的数值孔径 NA 可以表示为

$$NA = \sqrt{n_1^2 - n_2^2} = n_1\sqrt{2\Delta}$$

光纤的数值孔径 NA 是表示光纤特性的重要参数，阶跃光纤数值孔径 NA 的物理意义是能使光在光纤内以全反射形式进行传播的最大接收角 $\theta_i$ 的正弦值。数值孔径 NA 仅决定于光纤的折射率，而与光纤的几何尺寸无关。

（2）光在渐变光纤中的传播。渐变光纤的折射率分布是在光纤的轴心处最大，光纤剖曲的折射率随径向增加面连续变化，且遵从抛物线变化规律，那么光在纤芯的传播轨迹就不会呈折线状，而是连续变化形状，如图6–45显示了渐变型光纤可以实现自聚焦。

（3）光在单模光纤中的传播。光在单模光纤中的传播轨迹，简单地讲是以平行于光纤轴线的形式以直线方式传播，如图6–46所示，这是因为在单模光纤中仅以一种模式（基模）进行传播，而高次模全部截止，不存在模式色散。

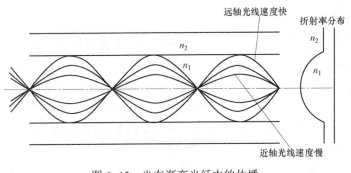

图6-45　光在渐变光纤中的传播

图6-46　光在单模光纤中的传播轨迹

### 6.8.7.3　光纤的特性

介绍光纤的特性，包含光纤的几何特性、光学特性和传输特性。通过损耗组成讲解、波形示意，掌握影响光在光纤中传输的因素。

#### 6.8.7.3.1　光纤的传输特性

（1）光纤的损耗。光波在光纤中传输时，随着距离的增加光功透渐下降，这就是光纤的传输损耗、该损耗直接关系到光纤通信系统传输距离的长短，是光纤最重要的传输特性之一。目前，1.3μm光纤的传输损耗值在0.5dB/km以下，而1.55μm的传输损耗值为0.2dB/km以下，这个数量级接近了光纤损耗的理论极限。

形成光纤损耗的原因很多，其损耗机理复杂，计算也比较复杂，而且有些是不能计算的。光纤损耗的原因主要由于吸收损耗和散射损耗，以及光纤结构的不完善等。

1）光纤的损耗系数。设$P_i$为输入光纤的功率，$P_0$为输出光功率，光纤长度$L$（km），则光在传输中的损耗$\alpha$可定义为

$$\alpha = 10\lg\frac{P_i}{P_o}\text{(dB)}$$

单位长度传输线的平均损耗系数$\alpha_L$可定义为

$$\alpha_L = \frac{\alpha}{L} = \frac{10}{L}\lg\frac{P_i}{P_o}\text{(dB)}$$

2）吸收损耗。物质的吸收作用将传输的光能变成热能，从而造成光功率的损失。吸收损耗有三个原因：一是本征吸收，二是杂质吸收，三是原子缺陷吸收。

光纤材料的固有吸收叫做本征吸收，它与电子及分子的谐振有关。由于光纤中含有铁、铜、铬、钴、镍等过渡金属和水的氢氧根离子，这些杂质造成的附加吸收损耗称为杂质吸收。金属离子含量越多，造成的损耗就越大。降低光纤材料中过渡金属的含量可以使其影

响减小到最小的程度。

原子缺陷吸收是由于加热或者强烈的辐射造成的玻璃材料会受激而产生原子的缺陷，吸收光能造成损耗，宇宙射线也会对光纤产生长期影响，但影响很小。

3）散射损耗。由于光纤材料密度的微观变化以及各成分浓度不均匀，使得光纤中出现折射率分布不均匀的局部区域，从而引起光的散射，将一部分光功率散射到光纤外部，由此引起的损耗称为本征散射损耗。本征散射可以认为是光纤损耗的基本限度，又称瑞利散射。它引起的损耗$\lambda^{-4}$成正比。

物质在强大的电场作用下，会呈现非线性，即出现新的频率或输入的频率发生改变。这种由非线性激发的散射有两种：受激喇曼散射和受激布里渊散射。这两种散射的主要区别在于喇曼散射的剩余能量转变为分了振动，而布里渊散射转变为声子。这两种散射都使得入射光能量降低，产生损耗，在功率门限制以下，对传输不产生影响；当入射光功率超过一定阈值后，两种散射的散射光强度都随入射光功率成指数增加，可以导致较大的光损耗。通过选择适当的光纤直径和发射光功率，可以避免非线性散射损耗。在光纤通信系统设计中，可以利用喇曼散射和布里渊散射，尤其是喇曼散射，将特定波长的泵浦光能量转变到信号光中，实现信号光的放大作用。

除了上述两种散射外，还有由于光纤不完善（如弯曲）引起的散射损耗。在模式理论中，这相当于光纤边界条件的变化使部分模式能量被散射到包层中。根据射线光学理解，在正常情况下，导模光线以大于临界角入射到纤芯与包层界面上并发生全反射，但在光纤弯曲处，入射角将减小，甚至小于临界角，这样光线会射出纤芯外而造成损耗。

（2）光纤的色散。光纤中所传信号的不同频率成分或不同模式成分，在传输过程中因群速度不同互相散开，引起传输信号波形失真、脉冲展宽的物理现象称为色散。群速是指光波能量的传播速度。光波在折射率为$n_1$的纤芯中传播速度为$v=c/n_1$（$c$为光在空气中的传播速度：$3\times10^8$m/s）。光纤色散的存在使传输的信号脉冲畸变，从而限制了光纤的传输容量和传输带宽。从机理上说，光纤色散分为材料色散、波导色散和模式色散。前两种色散是由于信号不是单一频率引起的，后一种色散是出于信号不是单一模式引起的。

单模光纤中只传输基模，不论是阶跃型还是渐变型的单模光纤，都不会产生模式色散，其总色散由材料色散、波导色散组成，这两种色散都与波长有关，所以单模光纤的总色散也称为波长色散。光纤的波长色散系数是单位光纤长度的波长色散，通常用$D(\lambda)$表示，单位为ps/（mm·km）。

1）材料色散。材料色散是指光纤材料的折射率随频率（波长）发生变化时使得信号的各频率（波长）的群速度不同而引起的色散。

2）波导色散。波导色散是由于某一传输模的传播常数随光频而变化，从而引起群速变化所引起的色散。

在某个特定波长下，材料色散和波导色散相抵消，总色散为零。对普通的单模光纤，总色散为零的波长在 1.31μm，这意味着在这个波长传输的光脉冲不会发生展宽。在波长1.55μm，虽然损耗最低，但在该波长上的色散较大。

3）模式色散。模式色散是指多模传输时同一波长分量的各种传导模式的相位常数不同，群速度不同，引起到达终端的光脉冲展宽的现象。

对于渐变型光纤，由于离轴心较远的折射率小，因而传输速度快；离轴心较近的折射率大，因而传输速度慢，结果使得不同路程的光线到达终端的时延差近似为零，所以渐变型多模光纤的模式色散较小。

**6.8.7.3.2　光纤的光学特性**

光纤的光学特性有折射率分布、最大理论数值孔径、模场直径及截止波长等。

（1）光纤的折射率分布。依据对光纤色散的不同要求，光纤的折射率分布被设计成各种形式，最常用的折射率分布是抛物线分布，取这种分布的多模光纤具有"自聚焦"特性，其模间色散较小。单模光纤多采用阶跃折射率分布，在 1.3μm 附近具有最低色散。

（2）光纤的数值孔径。光纤的数值孔径是衡量光纤接收光功率能力的参数。多模标准光纤的数值孔径为 0.2；单模光纤的数值孔径为 0.1。数值孔径越大，光纤的收光能力就越强，光功率的入纤效率就越高。

（3）模场半径与截止波长。单模光纤的模场半径是描述单模光纤中光能量集中程度的参量。模场直径越小，通过光纤横截面的能量密度就越大。理论上的截止波长是单模光纤中光信号能以单模方式传播的最小波长。截止波长条件可以保证在最短光缆长度上单模传输，并且可以抑制高次模的产生或可以将产生的高次模噪声功率代价减小到完全可以忽略的地步。

**6.8.7.3.3　光纤的几何特性**

光纤的几何尺寸参数包括芯径、外径、同心度和椭圆度。

（1）芯径与外径。通信用标准多模光纤的芯径为 50μm，单模光纤芯径为 7～10μm；标准单、多模光纤的外径均可为 125μm，非标准光纤的芯径从几十微米到几百微米不等，塑料光纤的芯径甚至可达数毫米。

（2）光纤的同心度和椭圆度。光纤的同心度是衡量纤芯和包层是否同心的参数。光纤的椭圆度是衡量纤芯及包层截曲偏离圆形截面程度的参数。光纤的同心度和椭圆度对于光纤的连接与耦合是很重要的参数。为取得低的连接损耗，要求光纤具有尽量低的非圆度与非同心度。

**6.8.7.3.4　光纤的机械特性**

光纤的机械特性主要包括耐侧压力、抗拉强度、弯曲以及扭绞性能等，使用者最关心的是抗拉强度。

（1）抗拉强度。光纤的抗拉强度很大程度上反映了光纤的制造水平。一般要求实化的光纤的抗拉强度不小于 240g 拉力。高质量的光纤必须在具有高清洁度的环境中制备，任何污染物接触了光纤预制棒或裸光纤表面，都会使光纤制成品的抗拉强度大为降低。

（2）抗弯性。抗拉强度好的光纤，其抗弯性也好。高质量的光纤无折断弯曲曲率半径小于 1～20mm。

为了加强光纤的机械特性，在预涂覆之后还要对光纤进行套塑并制成光缆，然后才能够在实际工程中应用。

### 6.8.8　无源光器件

#### 6.8.8.1　光纤连接器

介绍光纤连接器，包含光纤连接器的基本构成、性能及部分常见光纤连接器。通过结构讲解、照片示意、公式介绍，掌握光纤连接器的性能和使用方法。

光纤（缆）活动连接器是实现光纤（缆）之间活动连接的光无源器件，它还具有将光纤（缆）与其他无源器件、光纤（缆）与系统和仪表进行活动连接的功能。

##### 6.8.8.1.1　活动连接器

在一些实用的光纤通信系统中，光源与光纤、光纤与光检测器之间的连接均采用活动连接器，又称活接头。目前，大多数的光纤活动连接器是由三个部分组成：两个配合插针体和一个耦合管，如图 6-47 所示。

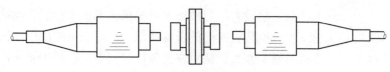

图 6-47　插针体　珐琅盘　插针体

两个插头装进两根光纤尾端；耦合管起对准套管的作用。另外，耦合管多配有金属或非金属珐琅，便于连接器的安装固定。

光纤连接器基本上是采用某种机械和光学结构，使两根光纤的纤芯对准，保证 90% 以上的光能够通过，目前有代表性并且正在使用的光纤连接器主要有五种结构。

（1）套管结构。套管结构的连接器由插针和套筒组成。

（2）双锥结构。双锥结构连接器是利用锥面定位。

（3）V 形槽结构。V 形槽结构的光纤连接器是将两个插针放入 V 形槽基座中，再用盖板将插针压紧，利用对准原理使纤芯对准。

（4）球面定心结构。球面定心结构由两部分组成：一部分是装有精密钢球的基座，另一部分是装有圆锥面的插针。

（5）透镜耦合结构。透镜耦合又称远场耦合，它分为球透镜耦合和自聚焦透镜耦合两种。

##### 6.8.8.1.2　常见光纤连接器的种类

按接头外形分类通常分为以下几种类型：

（1）FC 型见图 6-48。其外部加强方式是采用金属套，紧固方式为螺丝扣。

（2）PC 型。是 FC 型的改进型。相比之下，外部结构没有改变，只是对接面由平面变成拱型凸面，是我国最为通用的规格。

（3）SC 型见图 6-49。其外壳呈矩形，紧固方式是采用插拔销闩式，不需旋转，具有安装密度高的特点。

（4）ST 型见图 6-50。双锥型连接器，有一个直通和卡口式锁定机构。

图 6–48　FC 光纤连接器　　　　　　　　图 6–49　SC 光纤连接器

（5）LC 型见图 6–51。采用操作方便的模块化插孔闩锁机理制成。其所采用的插针和套筒的尺寸是普通 SC、FC 等所用尺寸的一半，为 1.25mm，提高了光配线架中连接器的密度。目前，在单模光纤方面，LC 类型的连接器实际已经占据了主导地位。

图 6–50　ST 光纤连接器　　　　　　　　图 6–51　LC 光纤连接器

### 6.8.8.1.3　光纤连接器特性

光纤连接器的主要指标有 4 个，包括插入损耗、回波损耗、重复性和互换性。

（1）插入损耗。插入损耗是指光纤中的光信号通过活动连接器之后，其输出光功率相对输入光功率的比率的分贝数，表达式为

$$A_c = -10 \lg \frac{P_o}{P_i} (\text{dB})$$

式中　$A_c$——连接器插入损耗；

　　　$P_i$——输入端的光功率；

　　　$P_0$——输出端的光功率。

（2）回波损耗。回波损耗又称为后向反射损耗。它是指光纤连接处，后向反射光对输入光的比率的分贝数，表达式为

$$A_r = -10 \lg \frac{P_R}{P_i} (\text{dB})$$

式中　$A_r$——回波损耗；

　　　$P_i$——输入光功率；

　　　$P_o$——后向反射光功率。

（3）重复性和互换性。重复性是指光纤（缆）活动连接器多次插拔后插入损耗的变化，用 dB 表示。互换性是指连接器各部件互换时插入损耗的变化，也用 dB 表示。

### 6.8.8.2 光分路耦合器

介绍光分路耦合器，包含光分路耦合器的功能、类型和主要性能指标。通过概念讲解、图形示意、公式介绍，掌握光分路耦合器的功能和主要性能指标。

#### 6.8.8.2.1 光分路耦合器的基本概念

在光纤通信系统或光纤测试中，经常需要从光纤的主传输信道中取出一部分光信号，作为监测、控制等使用，有时也琴把两个不同为向的光信号合起来送入一根光经中传输。光分路耦合器是实现光信号分路/合路的功能器件。它的功能是把一个输入信号分配给多个输出（分路），或把多个输入光信号组合成一个输出（耦合）。

耦合器一般与波长关，与波长相关的耦合器称为波分复用器/解复用器或合波/分波器。光合波器和光分波器是用于波分复用等传输方式中的无源光器件，可将不同波长的多个光信号合并在一起通过一根光纤中传输，或者反过来说，将从一根光纤传输来的不同波长的复合光信号，按不同光波长分开，前名称为合波器，如图 6–52 中（d）所示，后者称为光分波器。

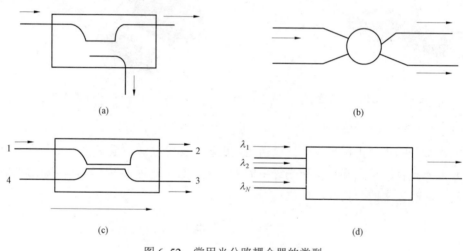

图 6–52　常用光分路耦合器的类型

（a）T 形；（b）星形；（c）定向；（d）波分

#### 6.8.8.2.2 光分路耦合器的类型

光分路耦合器的类型包括 T 形耦合器、星形耦合器、定向耦合器。

（1）T 形耦合器。如图 6–52 中（a）所示，其功能是把一根光纤输入的光信号按一定的比例分配给两根，或把两根光纤输入的光信号组合在一起输入一根光纤。

（2）星形耦合器。如图 6–52 中（b）所示，其功能是把 $n$ 根光纤输入的光功率组合在一起，再均匀地分配给 $m$ 根光纤。$n$ 和 $m$ 不一定相等。

（3）定向耦合器。如图 6–52 中（c）所示，其功能是分别取出光纤中不同方向传输的光信号，光信号从端 1 传输到端 2，一部分由端 3 耦合，端 4 无输出；或者光信号从端 2 传输到端 1，一部分由端 4 耦合，端 3 无输出。

（4）波分合波器/分波器。光合波器的每一个输入端口输入一个预选波长的光信号，输入的不同波长的光波由同一输出端口输出。光分波器的作用与光合波器相反，将多个不同波长的信号分离开来。

#### 6.8.8.2.3　光纤耦合器的性能指标

光纤耦合器性能指标主要有插入损耗、附加损耗和分光比等。

（1）插入损耗 $IL$。插入损耗定义为指定输出端口的光功率相对全部输入光功率的减少值。该值通常以分贝（dB）表示，数学表达式为

$$IL = -10\lg\frac{P_{\text{outi}}}{P_{\text{in}}}(\text{dB})$$

式中　$P_{\text{outi}}$ ——第 $i$ 路输出端的光功率值；

　　　$P_{\text{in}}$ ——输入光功率值。

（2）附加损耗 $EL$。附加损耗定义为所有输出端口的光功率总和相对于全部输入光功率的减小值。该值以分贝（dB）表示的数学表达式为

$$EL = -10\lg\frac{\sum P_{\text{out}}}{P_{\text{in}}}(\text{dB})$$

式中　$\sum P_{\text{out}}$ ——所有输出端口的光功率总和；

　　　$P_{\text{in}}$ ——输入光功率值。

（3）分光比 $CR$。分光比是光耦合器特有的技术术语，它定义为耦合器各输出端口的输出功率相对输出总功率的百分比，其数学表达式表示为

$$CR = -10\lg\frac{P_{\text{outi}}}{\sum P_{\text{out}}}(\text{dB})$$

式中　$P_{\text{out}}$ ——所有输出端口的光功率总和；

　　　$P_{\text{outi}}$ ——第 $i$ 路输出端的光功率值。

（4）隔离度 $I$。隔离度是指某一光路对其他光路中的信号的隔离能力。隔离度高，也就意味着线路之间的"串话"小。其数学表达式为

$$I = -10\lg\frac{P_{\text{t}}}{P_{\text{in}}}(\text{dB})$$

式中　$P_{\text{t}}$ ——某一光路输出端测到的其他光路信号的功率值；

　　　$P_{\text{in}}$ ——被检测光信号的输入功率值。

#### 6.8.8.3　光隔离器与光环行器

介绍光隔离器与光环行器，包含光隔离器的功能、光环行器的功能及光隔离器的主要性能指标。通过要点介绍、图形示意，掌握光隔离器与光环行器的功能和性能指标。

#### 6.8.8.3.1　光隔离器

光隔离器是一种只允许单向光通过的无源光器件，保证光波只能正向传输。主要用在激光器或光放大器的后面，以避免线路中由于各种因素而产生的反射光再次返回到该器件致使该器件的性能变化。

#### 6.8.8.3.2　光隔离器的性能指标

光隔离器的性能指标主要有插入损耗、反向隔离度和回波损耗等。

（1）插入损耗。插入损耗是指在光隔离器通光方向上传输的光信号由于引入光隔离器而产生的附加损耗。如果输入的光信号功率是 $P_i$，经过光隔离器后的功率为 $P_o$，则插入损耗 $IL$ 为

$$IL = -10\lg\frac{P_o}{P_i}(dB)$$

显然，其值越小越好。光隔离器的插入损耗来源于构成光隔离器的各部分的插入损耗。通常 $IL \leqslant 1.0dB$。

（2）反向隔离度

反向隔离度用来表征隔离器对反向传输光的衰减能力。如果反向输入的光信号功率是 $P_{ri}$，反向经过光隔离器后的功率为 $P_{ro}$，则反向隔离度 $IL_R = -10\lg\frac{P_{Ro}}{P_{Ri}}(dB)$。通常反向隔离度 $IL_R \geqslant 35dB$。

（3）回波损耗

回波损耗是指在隔离器输入端测得的返回光功率与输入光功率的比值。显然，值越大趣好。常回波损耗 $\geqslant 50dB$。

### 6.8.8.3.3  光环行器

光环行器与光隔离器的工作原理基本相同，通常光隔离器为两端口的器件，光环行器则为多端口的器件。它的典型结构有 $N$（$N \geqslant 3$）个端。如下图所示。当光由端口 1 输入时，光几乎无损地由端口 2 输出；当光由端口 2 输入时，光几乎无损地由端口 3 输出；以此类推；当光由端口 $N$ 输入时，光几乎无损地由端口 1 输出，这 $N$ 个端口形成了一个连续的通道。

光环行器是双向通信中的重要器件，它可以完成正反向传输光的分离。光环行器用于双向传输系统如图 6-53、图 6-54 所示。

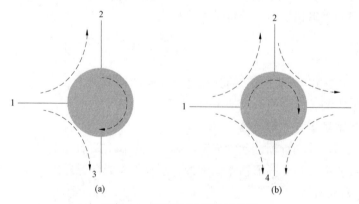

图 6-53　常用光环行器示意图

光环行器的性能指标主要有：插入损耗 0.5～1.5dB；回波损耗不小于 50dB。

### 6.8.8.4  光衰减器

介绍光衰减器，包含光衰减器的功能、分类及其主要性能指标。通过原理图形讲解、要点介绍，掌握光衰减器的功能和主要性能指标。

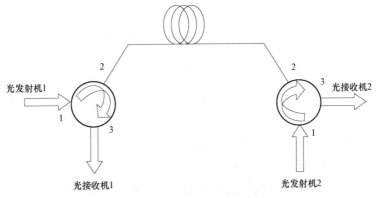

图 6-54 光环行器用于双向传输系统示意图

#### 6.8.8.4.1 光衰减器的基本概念

光衰减器是用于对光功率进行衰减的器件，它主要用于光纤通信系统的指标测量、短距离通信系统的信号衰减以及系统试验等场合。

光衰减器的基本原理如图 6-55 所示。在玻璃基片上蒸镀透射系数（或反射系数）变化很小的金属膜，使通过镀膜玻璃片的光功率被膜层材料吸收一部分，光强度受到衰减，光的衰减量通过膜的厚度进行控制。

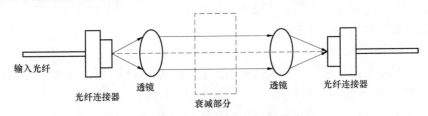

图 6-55 光衰减器的基本原理

#### 6.8.8.4.2 光减器的分类

根据衰减量是否变化，可以分为固定衰减器和可变衰减器。

固定衰减器对光功率衰减量固定不变，主要用于调整光纤传输线路的光损耗。具体规格有 3、6、10、20、30、40dB 等标准衰减量。衰减量误差小于 10%。

可变衰减器所造成的功率衰减值可在一定范围内调节，用于测量光接收机灵敏度和动态范围。可变衰减器又分力连续可变和分挡可变两种。

#### 6.8.8.4.3 光衰减器的性能指标

光衰减器的性能指标主要包括固定衰减值、回波损耗、工作波长和衰减范围等。光衰减器的主要要求是重量轻、体积小、精度高、稳定性好、使用方便等。

### 6.8.9 光源和光检测器

#### 6.8.9.1 光源概述

介绍光源概述，包含光源的作用、分类、应用。通过要点讲解，掌握光纤通俗对半导体发光器件的基本要求和应用。

光源的作用是将电信号电流变换为光信号功率，即实现电/光的转换，以便在光纤中传输。目前，光纤通信中经常使用的光源器件可以分为两大类，即发光二极管（LED）和激光二极管（LD）。

光纤通信对光源器们的基本要求是：

（1）发射光波长适中。光源器件发射光波的波长，必须落在光纤呈现低衰耗的 0.85、1.31μm 和 1.55μm 附近。

（2）发射光功率足够大。光源器件一定要能在室温下连续工作，而且其入纤光功率足够大，由于光纤的几何尺寸极小，所以要求光源器件要具有与光纤较高的耦合效率。

（3）温度特性好。光源器件的输出特性如发光波长与发射光功率大小等，通常随温度的变化而变化，尤其是在较高温度下其性能容易劣化，一般需要对半导体激光器加制冷器和自动温控电路。

（4）发光谱宽窄。光源器件发射出来的光的谱线宽度应该越窄越好。如果谱线过宽，会增大光纤的色散，减少了光纤的传输容量与传输距离（色散受限制时）。

（5）工作寿命长。光纤通信要求其光源器件长期连续工作，因此光源器件的工作寿命越长越好。当光源器件的光功率降低到初始值的一半或者其阈值电流增大到其初始值的两倍以上时，认定器件的寿命终结。

（6）体和小，重量轻。光源器件要安装在光发送机或光中继器内，为使这些设备小型化，光源器件必须体积小、重量轻。

### 6.8.9.2　半导体激光器

介绍半导体激光器，包含半导体激光器的工作机理和特性。通过机理讲解、图形分析，熟悉半导体激光器的工作机理和特性。

半导体激光器 LD 是利用在有源区中受激而发射光的光器件。只有在工作电流超过阈值电流的情况下，才会输出激光（相干光），因而它是有阈值的器件。

#### 6.8.9.2.1　半导体激光器 LD 的发光工作机理

半导体激光器 LD 的结构如下图所示，通常由 P 层、N 层和形成双异质结构的有源层构成。在有源层的结构中具有使光发生振荡的谐振腔。

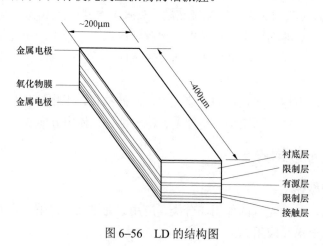

图 6-56　LD 的结构图

半导体激光器 LD 的发光机理是利用 LD 中的谐振腔发生振荡而激发出许许多多的频率相同的光了，从而形成激光。用半导体工艺技术在 PN 结两侧加工出两个相互平行的反射镜面，这两个反射镜面与原来的两个解理面（晶体的天然晶面）构成了谐振腔结构。当在 LD 两端加上正偏置电压时，在 PN 结区域内因电子与空穴的复合而释放光子。而其中的一部分光子沿着和反射镜曲相垂直的方向运动时，会受到反射镜面的反射作用在谐振腔内往复运动。只要外加正偏置电流足够大，光子的往复运动会激射出更多的、与之频率相同的光子，即发生振荡现象，从而发出激光。

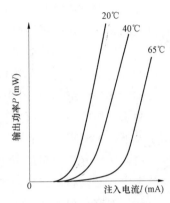

图 6-57 LD 的 $P$-$I$ 特性曲线

#### 6.8.9.2.2 半导体激光器 LD 的 $P$-$I$ 特性

半导体激光器 LD 的 $P$-$I$ 特性曲线如图 6-57 所示。随着激光器注入电流的增加，其输出光功率增加，但是不成直线关系，存在一个阈值 $I_{th}$，只有当注入电流大于阈值电流后，输出光功率才随注入电流增加而增加，发射出激光；当注入电流小于阈值电流，LD 发出的是光谱很宽、相干性很差的自发辐射光。

半导体激光器 LD 的 $P$-$I$ 的特性随器件的工作温度要发生变化，当温度升高时，激光器的特性发生劣化，阈值电流也会升高。

### 6.8.9.3 半导体发光二极管

介绍半导体发光二极管，包含半导体发光二极管的工作原理、工作特性。通过机理讲解、图形分析，熟悉半导体发光二极管的工作机理和特性。

#### 6.8.9.3.1 半导体发光二极管 LED 的发光机理

半导体材料具有能带结构而不是能级结构。半导体材料的能带分为导带、价带与禁带，电子从高能级范围的导带跃迁到低能级范围的价带，会释放光子而发光。

LED 是由 GaAsAl 类的 P 型材料和 N 型材料制成，在两种材料的交界处形成了 PN 结。若在其二端加上正偏置电压，则 N 区中的电子与 P 区中的空穴会流向 PN 结区域并复合。复合时电子从高能级范围的导带跃迁到低能级范围的价带，并释放出光子，即发出荧光。

因为导带与价带本身的能级具有一定范围，所以电子跃迁释放出的光子的频率不是一个单一数值而是有一定的范围，因此 LED 是属于自发辐射发光，且其谱线宽度较宽。

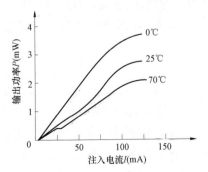

图 6-58 典型 LED 的 $P$-$I$ 特性

#### 6.8.9.3.2 半导体发光二极管 LED 的 $P$-$I$ 特性

LED 的输出光功率 $P$ 与电流 $I$ 的关系，即 $P$-$I$ 特性如图 6-58 所示，它是非阈值器件，发光功率随工作电流增大而增大，并在大电流时逐渐饱和。LED 的工作电流通常为 50～100mA，这时偏置电压为 1.2～1.8V，输出功率约几毫瓦。

当工作温度升高时，在同样工作电流下 LED 的输出功率要下降。例如当温度从 20℃

升高到 70℃时，输出功率下降约 1/2。

#### 6.8.9.4　半导体光电检测器概述

介绍半导体光电检测器，包含半导体光电检测器的作用、类型。通过要点讲解，掌握光纤通信对半导体光电检测器的基本要求。

##### 6.8.9.4.1　半导体光电检测器的作用与类型

光检测器是光接收机中极为关键的部件，其作用是检测光信号并将其转换为电信号。它对提高光接收机的灵敏度和延长光纤通信系统的中继距离具有十分重要的作用。

目前用于光纤通信的半导体光检测器主要是 PIN 光电二极管和 APD 雪崩光电二极管。它们均具有响应速度快、体积小、重量轻、价格便宜、使用方便等特点。

##### 6.8.9.4.2　光纤通信对半导体光电检测器基本要求

由于光接收机从光纤中接收到的光信号是一微弱的且有失真的信号，因此光检测器应满足如下基本要求：

（1）由于光接收机的灵敏度主要取决于光检测器的灵敏度，因此在光源器件的发射波长范围内，必须有足够高的灵敏度，即具有接收微弱光信号的能力。

（2）对光脉冲的响应速度快，就是要有足够的带宽，以满足大容量光纤通信系统的要求。

（3）器件本身的附加噪声要小。

（4）由于光纤直径小，因此光检测器的体积要小。

（5）使用寿命要长，价格尽量低廉。

### 6.8.10　以太网交换机

#### 6.8.10.1　以太网交换机的工作原理和功能

介绍以太网交换机的工作原理，包含交换机的 MAC 地址、数据转发。通过原理介绍、功能讲解、优点分析，掌握交换机的工作原理和主要功能，了解交换式以太网的优点。

交换机和路由器是组成计算机网络的基础设备。交换机将计算机、服务器及其他网络设备连接在一起组成局域网，而路由器则用来将多个局域网连接起来构成广域网。目前常用的交换机都遵循以太网协议，称之为以太网交换机。提到交换机，在没有特别说明的情况下，通常指的是以太网交换机。由以太网交换机组成的局域网称为交换式以太网，交换式以太网已经取代了早期的共享式以太网。

##### 6.8.10.1.1　交换机的工作原理

交换机工作于 OSI 网络参考模型的第二层（即链路层），是一种基于 MAC（Media Access control，介质访问控制）地址识别、完成以太网数据帧转发的网络设备。

交换机上用于连接计算机或其他设备的插口称作端口。计算机借助网卡通过网线连接到交换机的端口上。网卡、交换机和路由器的每个端口都具有一个 MAC 地址，由设备生产厂商固化在设备的 EPROM 中。MAC 地址由 IEEE 负责分配，每个 MAC 地址都是全球唯一的。MAC 地址是长度为 48 位的二进制码，前 24 位为设备生产厂商标识符，后 24 位为厂商自行分配的序号。

交换机在端口上接收计算机发送过来的数据帧，根据帧头中的目的 MAC 地址查找 MAC 地址表，然后将该数据帧从对应的端口上转发出去，从而实现数据的交换。

交换机的工作过程可以概括为"学习、记忆、接收、查表、转发"等几个方面：通过"学习"可以了解到每个端口上所连接设备的 MAC 地址；将 MAC 地址与端口编号的对应关系"记忆"在内存中，生成 MAC 地址表；从各端口"接收"到数据帧后，在 MAC 地址表中"查找"与帧头中目的 MAC 地址相对应的端口编号，然后，将数据帧从查到的端口上"转发"出去。

（1）建立 MAC 地址表。每台交换机都会生成并维护一个 MAC 地址表。刚开机或重新启动时，交换机的 MAC 地址表是空的。每个以太数据帧的帧头中都包含了该数据帧的目的 MAC 地址和源 MAC 地址。当从某端口上接收到数据帧时，交换机通过读取帧头中的源 MAC 地址，就学习到了连接在该端口上的设备的 MAC 地址。然后，交换机将该 MAC 地址和端口的编号对应起来，添加到 MAC 地址表中。按照这种方式，交换机在开机运行很短的一段时间内即可以学习到人部分端口所对应的 MAC 地址。

（2）转发以太数据帧。交换机从某个端口上接收到数据帧时，通过解析数据帧头得到目的 MAC 地址，然后在 MAC 地址表中查找目的 MAC 地址所对应的端口编号，找到后将数据帧从该端口上发送出去。如果在 MAC 地址表中没有相匹配的条目，交换机则将数据帧发送到除接收端口以外的所有端口。一般情况下，目的主机接收到数据帧后会应答源主机，交换机在转发回传数据帧时会学习到目的主机所连接的端口并添加到 MAC 地址表中。

（3）MAC 地址表的维护和更新。交换机每当接收到数据帧时都会检查源 MAC 地址是否存在于 MAC 地址表中，如果没有则把它添加到进来。随着时间的增加，MAC 地址表中的条目就会越来越多。由于交换机的内存是有限的，不能记忆无限多的条目，为此设计了一个自动老化定时（Auto-aging Time）机制：如果某个 MAC 地址在一定时间之内（默认值一般 30s）不再出现，那么，交换机将把该 MAC 地址对应的条目从地址表中删除。删除之后，如果该 MAC 地址再次出现，交换机会把它当作新的条目重新记录到 MAC 地址表中。

由于地址表保存在交换机的内存中，因此，当交换机断电或重新启动，表中的内容将全部丢失，交换机会重新开始学习。

#### 6.8.10.1.2 交换机的功能

交换机是构建交换式局域网必不可少的关键设备，其主要功能有以下两个方面：

（1）连接设备。交换机最主要的功能就是连接计算机、服务器、网络打印机、网络摄像头、IP 电话等终端设备，并实现与其他交换机、无线接入点、路由器等网络设备的互联，从而构建局域网，实现所有设备之间的通信。交换机与终端设备及其他网络设备的连接如图 6-59 所示。

作为局域网的核心与枢纽，交换机的性能决定着网络的性能，交换机的带宽决定着网络的带宽。

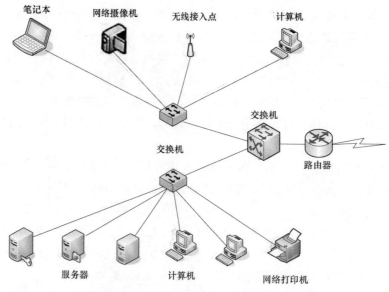

図6-59 交换机与终端设备及其他设备的连接

（2）隔离广播。在由集线器（HUB）组成的共享式以太网中，数据帧是以广播方式发送的。在整个网段中，同一时刻只能允许一台计算机发送数据，其他计算机同时接收，然后检查接收到的数据帧中的目的 MAC 地址，如果是发给自己的则继续处理，如果不是发给自己的则予以丢弃。当两台计算机同时发送数据时就会产生"碰撞"，发送失败，只能稍后再试，不断地进行碰撞检测浪费了时间。因此共享式以太网是一个低效率的网络。

在由交换机组成的交换是以太网中，交换机只把数据帧转发到目的主机所在的端口，而不是将数据帧发送到交换机上的所有端口，因此，其他端口不受影响，可独立地进行各自的通信。

交换机在对数据帧进行转发的同时实现了对数据帧的过滤，可以有效地隔离广播风暴、减少错帧的出现、避免共享冲突。与共享式以太网相比，可以理解为交换机将碰撞有效地隔离在一个端口上，每一个端口就是一个独立的"碰撞"域。

### 6.8.10.1.3　交换式以太网的优点

与传统的共享式以太网相比，交换式以太网的数据转发效率很高。

（1）在交换式以太网中，多台计算机等终端设备之间的通信可以同时进行，彼此之间不受影响和干扰，并且每个通信都可以"独享"带宽，即拥有端口所提供的标称速率。

（2）交换式网络的工作模式通常为"全双工"，即两台终端设备之间可以同时发送和接收数据，数据流是双向的。

### 6.8.10.2　以太网交换机的分类与应用

介绍以太网交换机的分类，包含交换机按外形尺寸、传输速率、网络位置、结构类型、协议层次以及可否被管理等标准进行分类。通过分类讲解、照片展示，掌握各类交换机的性能特点及其应用范围。

交换机种类繁多，性能差别很大，可根据其性能参数、功能以及用途等为标准进行分类，以便于根据实际情况合理选用。

**6.8.10.2.1 以外形尺寸划分**

按照外形尺寸和安装方式，可将交换机划分为机架式交换机和桌面式交换机。

（1）机架式交换机。机架式交换机是指几何尺寸符合 19 英寸的工业规范，可以安装在 19 英寸机柜内的交换机。该类交换机以 16 口、24 口和 48 口的设备为主流，适合于大中型网络。由于交换机统一安装在机柜内，因此，既便于交换机之间的连接或堆叠，又便于对交换机的管理。图 6–60 为 Cisco catalyst 机架式交换机。

图 6–60　Cisco Catalyst 机架式交换机

（2）桌面式交换机。桌面式交换机是指几何尺寸不符合 19in 工业规范，不能安装在 19in 机柜内，而只能直接放置于桌面的交换机，该类交换机大多数为 8～16 口，也有部分 4～5 口的，仅适用于小型网络。当不得不配备多个交换机时，由上尺寸和形状不同而很难统一放置和管理。下图为 Cisco Catalyst 2940 桌面交换机。

图 6–61　Cisco Catalyst 2940 桌面交换机

**6.8.10.2.2 以端口速率划分**

以交换机端口的传输速率为标准，可以将交换机划分为快速以太网交换机、千兆以太网交换机和万兆以太网交换机。

（1）快速以太网交换机。快速以太网交换机的端口的速率个部为 100Mbit/s，大多数为固定配置交换机，通常用于接入层。为了避免网络瓶颈，实现与汇聚层交换机高速连接，有些快速以太网交换机会配有少量（1～4 个）1000Mbti/s 端口。快速以太网交换机接口类型有100Base-TX双绞线端口和100Base-FX光纤端口。图6-62为Cisco Catalyst 2950快速以太网交换机。

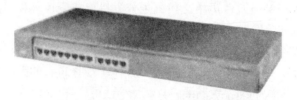

图6-62　Cisco Catalyst 2950快速以太网交换机

（2）千兆以太网交换机。千兆以太网交换机的端口和插槽全部为1000Mbit/s，通常用于汇聚层或核心层。千兆以太网交换机的接口类型主要包括：1000Base-T双绞线端口、1000Base-SX光纤端口、1000Base-LX光纤端口、1000Mbit/sGBIC插槽、1000Mbit/s插槽。

为了增加应用的灵活性，千兆交换机上一般会配有GBIC（Giga Bitrates Interface converter）或SFP（Small Forn Pluggable）插槽，通过插入不同类型的GBIC或SFP模块（如1000Base-SX、1000Base-LX或1000Base-T等），可以适应多种类型的传输介质。图6-63为Cisco Catalyst 3750系列千兆以太网交换机。

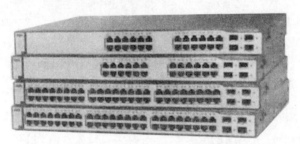

图6-63　Cisco Catalyst 3750系列千兆以太网交换机

（3）万兆以太网交换机。万兆以太网交换机是指交换机拥有10Gbit/s以太网端口或插槽，通常用于汇聚层或核心层。万兆接口主要以10Gbit/s插槽方式提供，图6-64为Cisco catalyst 6500系列交换机的10Gbit/s接口模块。

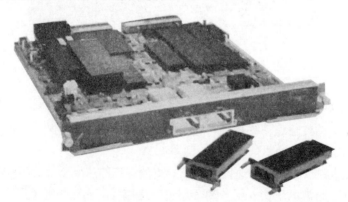

图6-64　Cisco catalyst 6500系列交换机的10Gbit/s接口模块

#### 6.8.10.2.3 以结构类型划分

以交换机的结构为标准，可以划分为固定配置交换机和模块化交换机。

（1）固定配置交换机。固定配置交换机的端口数量和类型都是固定的，不能更换和扩容。固定配置交换机价格便宜。

（2）模块化交换机。模块化交换机上提供多个插槽，可根据实际需要插入各种接口和功能模块，以适应不断发展变化的网络需求，具有很大的灵活性和扩展性。模块化交换机大都有较高的性能（背板带宽、转发速率和传输速率等）和容错能力，支持交换模块和电源的冗余备份，可靠性较高，通常用作核心交换机或骨干交换机。交换引擎是模块化交换机的核心部件，交换机的CPU、存储器及其控制功能都包含在该模块上。

#### 6.8.10.2.4 以所处的网络位置划分

根据在网络中所处的位置和担当的角色，可以将交换机划分为接入层交换机、汇聚层交换机和核心层交换机见图6-65。

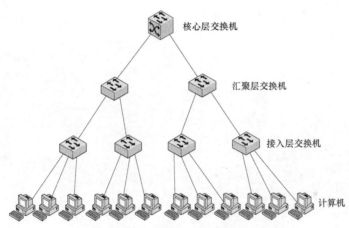

图6-65 网络层次及交换机

（1）接入层交换机。接入层交换机（也称为工作组交换机）拥有24～48口的100Base-TX端口，用于实现计算机等设备的接入。接入层交换机通常为固定配置。接入层交换机往往配有2～4个1000Mbit/s端口或插槽，用于与汇聚层交换机的连接。图6-66为Cisco Catalyst 2960系列接入层交换机。

（2）汇聚层交换机。汇聚层交换机（也称为骨干交换机或部门交换机）是面向楼宇或部门的交换机，用于连接接入层交换机，并实现

图6-66 Cisco Catalyst 2960系列接入层交换机

与核心交换机的连接。汇聚层交换机可以是固定配置，也可以是模块化交换机，一般配有光纤接口。图6-67为Cisco catalyst 4900系列汇聚层交换机。

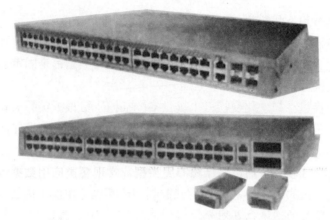

图 6-67 Cisco catalyst 4900 系列汇聚层交换机

（3）核心层交换机。核心层交换机（也称为中心交换机或高端交换机），全部采用模块化的结构，可作为网络骨干构建高速局域网。核心层交换机不仅具有很高的性能，而且具有硬件冗余和软件可伸缩性等特点。图 6-68 为 Cisco Catalyst 6500 系列核心层交换机。

图 6-68　Cisco Catalyst 6500 系列核心层交换机

### 6.8.10.2.5　以协议层次划分

根据能够处理的网络协议所处的 ISO 网络参考模型的最高层次，可以将交换机划分为第二层交换机、第三层交换机和第四层交换机。

（1）第二层交换机。第二层交换机只能工作在数据链路层，根据数据链路层的 MAC 地址完成端口到端口的数据交换，它只需识别数据帧中的 MAC 地址，通过查找 MAC 地址表来转发该数据帧。第二层交换虽然也能划分子网、限制广播、建立 VLAN，但它的控制能力较弱、灵活性不够，也无法控制流量，缺乏路由功能，因此只能充当接入层交换机。Cisco 的 Catalyst 2960、Catalyst 2950、catalyst 2970 和 Catalyst 500 Express 系列，以及安装 SMI 版本 IOS 系统的 catalyst 3550、catalyst 3560 和 catalyst 3750 系列，都是第二层交换机。

（2）第三层交换机。第三层交换机除具有数据链路层功能外，还具有第三层路由功能。当网络规模足够大，以至于不得不划分 VLAN 以减小广播所造成的影响时。VLAN 之间无法直接通信，可以借助第三层交换机的路由功能，实现 VLAN 间数据包的转发。在大中型网络中，核心层交换机通常都由第三层交换机充当，某些网络应用较为复杂的汇聚层交换机也可以选用第三层交换机。第三层交换机拥有较高的处理性能和可扩展性，决定着整个网络的传输效率 Cisco 的 catalyst 6500、Catalyst 4500、Catalyst 4900 和 Catalyst 4000 系列交换机，以及安装 EM–版本 IOS 系统的 catalyst 3550、catalyst 3560 和 catalyst 3750 系列，都是第三层交换机。

（3）第四层交换机。第四层交换机除具有第三层交换机的功能外，还能根据第四层 TCP/UDP 协议中的端口号来区分数据包的应用类型，实现各类应用数据流量的分配和均衡。第四层交换机一般部署在应用服务器群的前面，将不同应用的访问请求直接转发到相应的服务器所在的端口，从而实现对网络应用的高速访问，优化网络应用性能。Cisco catalyst 4500 系列、4900 系列和 6500 系列交换机都具有第四层交换机的特性，图 6–69 为 Cisco catalyst 4500 系列交换机。

图 6–69　Cisco catalyst 4500 系列交换机

#### 6.8.10.2.6　以可否被管理划分

以可否被管理为标准，可以将交换机划分为智能交换机与傻瓜交换机。

（1）智能交换机。拥有独立的网络操作系统，可以对其进行人工配置和管理的交换机称为智能交换机。智能交换机上有一个"CONSOLE"端口，位于机箱的前面板或背面。大多数交换机 console 端口采用 RJ45 连接。智能交换机的管理接口如图 6–70 所示。

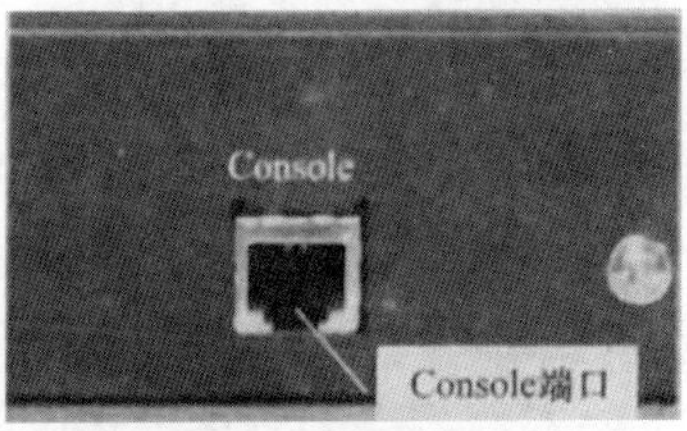

（2）傻瓜交换机。不能进行人工配置和管理的交换机，称为傻瓜交换机。由于傻瓜交换机价格非常便宜，因此，被

图 6–70　智能交换机的管理接口

广泛应用于低端网络（如学生机房、网吧等）的接入层，用于提供大量的网络接口。

#### 6.8.10.2.7　交换机的选用

一般来说，核心层交换机应考虑其扩充性、兼容性和可靠性，因此，应当选用模块化交换机，而汇聚层交换机和接入层交换机则由于任务较为单一，故可采用固定端口交换机。

（1）核心交换机的选择。核心交换机是整个局域网的中心，时时刻刻承受着巨大的流量压力，其性能将决定着整个网络的传输效率。选择核心层交换机时应重点考虑其综合性能、可扩充性和可靠性。

1）采用模块化交换机，具备足够的插槽数量，在网络扩展或应用需求发生变化时，只需增加或更换相应的模块即可满足新的需求。

2）拥有较高的背板带宽和转发速率，以保证数据的无阻塞转发。

3）交换机应具备关键部件冗余配置的能力。

（2）汇聚层交换机的选择。汇聚层交换机用于连接同一座楼宇内的工作组交换机，或者用于连接服务器，端口数量通常不需要太多。但对端口速率、背板带宽、网络功能等方面要求较高。

1）对于需要划分多个 VLAN 的应用环境，为了减轻核心交换机的负担，汇聚层交换机最好选用第三层交换机。

2）为了避免网络瓶颈，汇聚层交换机向上级联核心层交换机要采用千兆或万兆端口，也可采用链路汇聚技术，链路汇聚还有利于避免由于端口或链路故障而导致的网络中断。

3）汇聚层交换机连接若干个接入层交换机，所以要拥有足够的千兆端口。

（3）接入层交换机的选择。接入层交换机用于连接计算机或其他网络终端，需要具备大量的 RJ45 端口。如果网络对传输性能和网络安全要求较高，应当采用可网管交换机，从而实现对每个交换机和端口的集中管理。

（4）傻瓜交换机的选择。傻瓜交换机的最大优点是价格便宜，非常适合搭建廉价网络。傻瓜交换机选购时并不用太多考虑参数，只需根据端口数量和网络速度选用即可。

### 6.8.10.3　以太网交换机的主要性能指标

介绍以太网交换机的上要性能和指标，包含各项性能和指标的分析。通过要点介绍，了解交换机的性能和指标。

#### 6.8.10.3.1　交换机的组成

交换机通常由控制系统、交换矩阵和网络接口电路三大部分亟成。网络接口电路通过内部总线挂接到交换矩阵上，控制系统根据数据帧中的目的 MAC 地址，将从一个接口上接收到的数据通过交换矩阵转发到另一个接口上。

交换机的控制系统包括中央处理器（CPU）、存储器和软件。软件主要包括自举引导程序、操作系统和配置数据文件等。

交换机中采用了以下几种不同类型的存储器：

（1）ROM（只读存储器）。ROM 在交换机中的功能与计算机中的 ROM 相似，主要用于系统初始化，包含以下程序：系统加电自检代码（POST），用于检测交换机中各硬件部分是否完好；系统自举程序，用于加载交换机操作系统。

（2）Flash Memory（闪存）。Flash 是可读可写的存储器，在系统重新启动或关机之后数据不会丢失，用于保存交换机的操作系统软件（Cisco 称之为 IOS）。

（3）NVRAM（非易失性随机存储器）。NVRAM 也是可读可写的 RAM 存储器，与 RAM 所不同的是，NVRAM 在系统重新启动或关机之后数据不会丢失，用来保存启动配置文件（Startup-config）。

（4）RAM（随机存取存储器）。RAM 和计算机中内存的作用是一样的，RAM 是可读可写的存储器，用于在运行期间暂时存放操作系统和数据，RAM 存储的内容在系统重启或关机后将会丢失。

### 6.8.10.3.2　交换机的主要性能指标

（1）包转发速率。包转发速率（也称吞吐量）是指在不丢包的情况下，单位时间内转疫的数据包的数量。包转发速率体现了交换机的数据转发性能。中高端交换机数据转发速度能够接近端口的标称速率，实现线速交换。

包转发线速的衡量是以单位时间内发送 64byte 的数据包（最小包）的个数作为计算基准的，考虑 8byte 的帧头和 128byte 的帧间间隙的固定开销，当交换机达到线速交换时，千兆端口的包转发速率为

$$1\,000\,000\,000bit/s \div 8bit \div (64+8+12)\,byte = 1\,488\,095pps$$

即 1.488Mpps，同理可以计算，万兆端口的线速包转发率为 14.88Mpps，而百兆端口的线速包转发率为 0.148Mpps。

对于一台千兆交换机而言，若欲实现网络的无阻塞传输，则整机要达到以下吞吐量

$$吞吐量（Mpps）=万兆端口数量×14.88Mpps+千兆端口数量×1.488Mpps+$$

$$百兆端口数量×0.1488Mpps$$

如果交换机标称的吞吐量不小于该计算值，那么该交换机就可以实现无阻塞的包交换。

当同一型号的交换机采用不同的交换引擎时，其整机吞吐量会有所不同。以可以担当中型网络核心交换机的 Cisco Catalyst 4500 系列为例，采用不同的交换引擎，其包转发速率可分别为 48、75Mpps 和 102Mpps。可以担当大中型网络核心交换机的 Cisco catalyst 6500 系列，依据所采用的超级引擎不同，其最大包转发速率可分别达到 15、210Mpps 和 400Mpps。交换引擎的选用要经过计算来确定，以 Cisco 6509 为例，当要支持 26 个 10Gbps 端口或者 268 个 1000Mbps 端口的线速转发时，要采用性能最好的超级引擎 Supervisor Engine 720，该引擎的包转发速率为 400Mpps。

（2）背板带宽。交换机所有端口间的通信都通过背板完成，背板带宽决定着交换机的数据交换能力，背板带宽越高，数据交换速度越快。背板带 决定了交换机能否实现二层交换的线速转发，一台交换机若要实现全双工无阻塞交换，其背板带宽要达到所有端口速率之和的 2 倍。

Cisco Catalyst 6500 系列换机依据插数量的不同，其背板带分别为 32、256Gbit/s 和 720Gbit/s。当背板带宽为 256Gbit/s 时，能够满足 128 个 1000Mbit/s 端口的无阻塞并发传输，对于 Cisco Catalyst 4506 系列交换机，其背板带宽为 64Gbit/s，能够满足 32 个 1000Mbit/s 端口的无阻塞并发传输。

（3）数据转发延时。数据转发延时是指从交换机接收到数据包到开始向目的端口复制数据包之间的时间间隔。延时越小越好。交换机的数据处理能力及所采用的数据转发方式等因素都会对影响延时的大小。

交换机转发数据的方式有三种：直通转发、无碎片转发和存储转发。直通转发是指交

换机接收数据帧时，只要识别出了目的 MAC 地址就开始数据转发，而不必等到接收完整个数据帧。直通转发的优点是延时小，缺点是无法检查数据帧的完整性，不能过滤掉存在错误的数据帧。

存储转发是指交换机把接收到的数据先放在缓存中，等整个数据帧接收完毕并进行了完整性检查后再转发。存储转发的优点是可以过滤掉存在错误的数据帧，缺点是延时大。

无碎片转发是指交换机要等到接收到 64 字节后再开始转发。因为碎包的长度小于 64 字节，无碎片转发可以过滤掉大多数碎包。无碎片转发的延时性能介于直通转发和存储转发之间。

（4）MAC 地址表容量。由于内存容量的限制，每个交换机 MAC 地址表中所能够容纳的 MAC 地址的数量是有限的。不同交换机所能够支持的 MAC 地址数量是不同的，如果 MAC 地址表的容量太小，交换机就不能记住所有的目的 MAC 地址，那么，采用广播方式转发数据帧的几率就会增加，交换机转发数据的效率就会降低。对于接入交换机而言，至少可以支持 2048 个 MAC 地址。

（5）支持 VLAN 的数量。能够划分 VLAN 的数量是交换机的一个重要的指标。将局域网划分为 VLAN 可以减少不必要的数据广播，提高网络传输效率。可以将处在不同位置但属于同一个工作组的计算机划分到一个 VLAN 中，突破网线传输距离和物理位置的限制，增加网络的灵活性。通过划分 VIAN 可以控制用户对某个敏感数据的访问，增强网络的安全性。

（6）端口扩容方式。交换机扩展端口容量的方式有堆叠和级联两种方式。堆叠方式是通过专用电缆将交换机上的堆叠端口连接起来，叠堆交换机之间可以实现高速无阻塞连接，并可实现统一配置与管理，接入层交换机通常采用堆叠方式可为大量的计算机提供接入。级联方式是采用通用的网线或光缆将交换机之间通过级联端口连接起来，如果级联端口的速率不高，级联交换机之间的链路有可能成为网络瓶颈。千兆级联通常采用 SFP 和 GBIC 模块，只要交换机拥有相应的插槽，即可实现彼此之间的互连。Cisco Catalyst 2950/2960 系列和 Catalyst 3550/3560 系列交换机，都具备既支持级联又支持堆叠的功能。

（7）端口汇聚功能。交换机是否具有端口汇聚功能。使用链路聚合协议可以将多个端口绑定在一起，在增加连接带宽的同时，还可以实现链路备份。链路汇聚技术经常用在接入层交换机与汇聚层交换机之间，提高向上级联带宽和网络的可用性。

（8）可扩展性。核心层或汇聚层交换机需要适应各种复杂的网络环境，其可扩展性时非常重要的。可扩展性主要体现在插槽数量和模块类型两个方面。

插槽用于安装各种功能模块和接口模块，每个功能模块（如超级引擎模块、IP 语音模块、扩展业务模块、网络监控模块、安全服务模块等）都需要占用插槽。插槽的多少决定了交换机所能容纳的端口数量和功能的扩展。

交换机支持的模块类型（如 LAN 接口模块、WAN 接口模块、ATM 接口模块、扩展功能模块等）越多，交换机的可扩展性越强。

（9）系统冗余。网络核心或骨干交换机要支持电源模块、超级引擎等重要部件的冗余配置，从而保证所提供应用和服务的连续性，减少服务的中断。

（10）管理功能。网络管理员对交换机的配置和管理可以在本地通过 Console 端口进行，或者远程通过网络进行。远程管理又可分为三种方式：Telnet 远程登录方式、Web 浏览器方式以及基于 SNMP 协议的网络管理系统。不同厂家、不同型号的交换机提供的管理功能是不一样的。中高端交换机都能支持 SNMP 协议，除了能被原厂商网管系统管理外，还可以接受第三方网管系统的管理。

# 站用交、直流设备

## 7.1 站用交流系统

### 7.1.1 基本构造

变电站的站用交流系统由站用变压器、配电盘、配电电缆、站用电负荷等组成。站用电负荷主要包括：变压器冷却系统、蓄电池充电设备、油处理设备、操作电源、照明电源、空调、通风、采暖、加热及检修用电等。

变电站站用电系统是保障变电站安全、可靠运行的一个重要环节。站用电系统出现问题，将直接或间接地影响变电站安全运行，严重时会造成设备停电。例如：主变压器的冷却风扇或强油循环冷却装置的油泵、水泵、风扇及整流操作电源等，这些设备是变电站的重要负荷，一旦中断供电就可能导致一次设备停电。因此，提高站用电系统的供电可靠性是保证变电站安全运行的重要措施。

### 7.1.2 巡视项目及标准

无人值班变电站已形成了一种发展趋势。对于无人值班变电站，站用电源的可靠转换非常重要，应能实现自动切换或远方操作。在变电站的设备运行维护中应加强对站用电系统的运行维护及巡视检查。

### 7.1.3 维护项目及标准

## 7.2 站用直流系统

站用直流系统是保证变电站可靠运行的重要部分。站用直流系统在正常状态下为断路器跳/合闸、继电器及自动装置、通信等提供直流电源；在站用电中断的情况下，直流系统发挥其"独立电源"的作用——为继电器保护及自动装置、断路器跳闸与合闸、通信、事故照明等提供电源，保证其短时间能够正常运行。

变电站直流系统必须24h不间断运行，一般没有机会安排停电检修，因此直流系统一旦发生故障，必须在带电状态下进行消缺，其安全风险非常大。如果电力系统同时发生故障，可能会由于保护装置、断路器因失去直流电源而不能及时隔离故障，造成事故扩大，进而危及电力系统。因此，直流设备检修必须防患于未然，确保直流系统的可靠性，保证电力系统的安全、稳定运行。

### 7.2.1 基本构造

直流系统主要由充电装置、蓄电池组、直流馈电柜三大部分组成。直流系统要保证可靠供电、安全供电和事故情况下不间断供电。为监视直流系统正常工作，还需要一些辅助设备，如直流绝缘监视、蓄电池电压监视等。随着直流系统负载特性的变化以及充电装置、蓄电池、监控装置技术的不断进步，直流系统的接线方式和组成方式也有所改变，直流系统的组成框如图7-1所示。

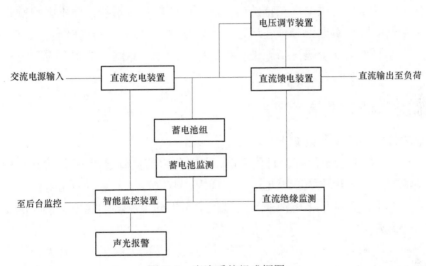

图7-1 直流系统组成框图

#### 7.2.1.1 直流充电装置

直流充电装置的主要功能是将交流电源转换成直流电源（AC/DC），保证输出的直流电压在要求的范围内，并对电机进行必要的保护，保证直流电源的技术性能指标满足运行要求，为日常的直流负荷、蓄电池组的（浮）充电提供安全可靠的直流电源。

目前，在电力系统中有磁放大型、相控型和高频开关电源型充电装置，磁放大型已很少应用，相控型在少部分变电站还有运行，先进的高频开关电源型正在推广使用。

#### 7.2.1.2 蓄电池

蓄电池能够在交流停电情况下保证直流系统继续提供满足要求的直流电源。蓄电池平时处在满容量浮充电状态，能够保证在大电流冲击条件下，直流系统输出电压保持基本稳定。

在电力系统中有镉镍碱性蓄电池、防酸隔爆式铅酸蓄电池、阀控密封式铅酸蓄电池。镉镍碱性蓄电池已逐步退出电力系统，防酸隔爆式铅酸蓄电池在少部分变电站还有运行。在变电站直流系统中阀控密封式铅酸蓄电池的应用占了绝大多数，主要是因为这种电池性价比高，运行维护量小，质量稳定。

### 7.2.1.3 流充电柜

直流充电柜用于全站直流电源的调整、分配和检测。

馈电柜结构与直流母线结构、馈线保护、直流供电方式有关，对馈线柜（屏）要求是运行可靠及柜（屏）面布置简洁明了，电源走向一目了然，负荷名称清晰准确。

### 7.2.1.4 辅助设备

辅助设备一般包含绝缘检测装置、母线调压装置、电压（电流）监测、电池巡检、闪光装置、职能监控等单元。

直流电源一旦投入运行，很难有机会可以全部停下来进行检修，因此在设计直流系统结构是，要考虑运行中设备维护和故障处理的需求，通常采用直流母线分段。重要的继电保护设备有两段母线分别供电，在特殊情况下可以停用一段母线，而不影响重要直流负荷的正常运行。充电机、蓄电池等一些运行中需要维护检修的设备，在结构上应考虑可退出直流系统，且方便实施安全隔离措施进行维护检修工作。这些年要求在设计之初就应从原理上、工艺结构上给予考虑。

### 7.2.2 参数与技术标准

蓄电池的技术要求及参数如下：

（1）初充电：新的蓄电池在交付使用前，为完全达到负荷电状态所进行的第一次充电。

（2）恒流充电：充电电流在充电电压范围内，并维持在恒定值的充电。

（3）均衡充电：为补偿蓄电池在使用过程中产生的电压不均现象，使其恢复到规定的范围内而进行的充电。

（4）恒流限压充电：先以恒流方式进行充电，当蓄电池组电压上升到限压值时，使其恢复到规定的范围内而进行的充电。

（5）浮充电：在充电装置的直流输出端始终并接着蓄电池和负载，以恒压充电方式工作。正常运行时充电装置在承担经常性负荷的同时向蓄电池补充充电，以补偿蓄电池的自放电，使蓄电池以满容量的状态处于备用。

（6）补充充电：蓄电池在存放中，由于自放电容量会逐渐减少，甚至于损坏。按厂家说明书的要求，需定期进行的充电。

（7）恒流放电：蓄电池在放电过程中，放电电流电流值始终保持恒定不变，直到规定的终止电压为止。

（8）容量试验：新安装的蓄电池组按规定的恒定电流进行充电，将蓄电池充满容量后，按规定的恒定电流进行放电，当其中一个蓄电池放至始终电压时为止。

（9）核对性放电：在正常运行中的蓄电池组，为了检验其实际容量，将蓄电池组脱离运行，以规定的放电电流进行恒流放电，只要其中的一个单体蓄电池放到了规定的终止电压，就停止放电。

（10）稳流精度：充电装置在充电（稳流）状态下，交流输入电压在其额定值的−10%～+15%范围内变化，输出电压在充电电压调节范围内变化，输出电流在其额定值的 20%～

100%范围内的任一数值上保持稳定。

（11）稳压精度：充电装置在浮充电（稳压）状态下，交流输入电压在超过其额定值的−10%～+15%范围内变化，输出电流在其额定值的 0～100%范围内变化，输出电压在其浮充电压调节范围内的任一数值上保持稳定。

（12）纹波系数：充电装置在浮充电（稳压）状态下，交流输入电压在超过其额定值的−10%～+15%范围内变化，输出电流在其额定值的 0～100%范围内变化，输出电压在浮充电压调节范围内任一数值上，测得电阻性负载两段的纹波系数。

（13）效率：充电装置的直流输出功率与交流额定输入功率之比。

（14）"三遥"功能：遥信功能、遥测功能、遥控功能的简称。

（15）均流及均流不平衡度：采用同型号同参数的高频开关电源模块整流器，以 $N+1$ 或 $N+2$ 多块并联方式运行，使每一个模块都能均匀地承担总的负荷电流，称为均流。模块间负荷电流的差异，称为均流不平衡度。

### 7.2.3  巡视、维护项目及标准

直流设备的巡视、维护项目如表 7–1 所示。

表 7–1　　　　　　　　　　　　直流设备的巡视、维护项目

| 序号 | 巡　视　内　容 |
|---|---|
| 1 | 蓄电池外壳应完整清洁，无电解液外流现象，无爬碱现象（指镉镍蓄电池），支架应清洁、干燥 |
| 2 | 电解液液面应在两标示线之间。若低于下线应加蒸馏水，蒸馏水应无色透明，无沉积物（指防酸蓄电池和镉镍蓄电池） |
| 3 | 检查蓄电池沉积物的厚度，检查极板有无弯曲短路，蓄电池极板无龟裂、变形，极板颜色正常，无欠充、过充电，电解液温度不超过 35℃（值防酸蓄电池和镉镍蓄电池） |
| 4 | 检查标示电池电压、比重（比重测量仅对防酸蓄电池），注意有无落后电池 |
| 5 | 蓄电池抽头连接线的夹头螺丝机蓄电池连接螺丝应紧固，端子无生盐，并有凡士林护层 |
| 6 | 蓄电池抽头母线机连接所有支持绝缘子应完好、清洁、无破损裂纹，无放电痕迹 |
| 7 | 蓄电池门窗应完好，关闭应严密，天花板、墙壁和蓄电池支架应无腐蚀，房屋无漏雨 |
| 8 | 蓄电池室交流、直流照明灯应充足，通风装置运转正常，消防设备完好 |
| 9 | 储酸室应有足够数量的蒸馏水及苏打水，防酸用具、试药应齐备 |
| 10 | 空气中是否有酸味，若酸味过重应将通风机开启半小时 |
| 11 | 蓄电池室应无易燃、易爆物品 |
| 12 | 检查符合电流应无突增，如有应查明原因 |
| 13 | 充电装置三相交流输入电压平衡，无缺相，运行噪声、温度无异常，保护的声光信号正常，正对地、负对地的绝缘状态良好，直流负荷各回路的运行监视等无熄灭，熔断器无熔断 |
| 14 | 直流控制母线、动力母线在规定范围内，浮充电电流适当，各表计指示正确 |
| 15 | 蓄电池呼吸器无堵塞，密封良好 |
| 16 | 检查蓄电池运行记录簿及充放电记录簿，了解充电是否正常，有无落后电压；测量负荷电流，测量每个电池的电压、比重，并记录在充放电记录簿上。测量负荷电流应换算为额定电压时的电流值，对比看有无变化，若有变化则应查明原因 |

| 序号 | 巡 视 内 容 |
|---|---|
| 17 | 检查变电站存在的直流设备缺陷是否已消除 |
| 18 | 检查情况应记录在蓄电池运行记录簿上，内容包括直流母线电压、直流负荷、浮充电流、绝缘状况以及运行方式等 |
| 19 | 对新安装、大修、改造后的直流系统应进行特殊巡视 |
| 20 | 在直流系统出现交流失压、短路、接地、熔断器熔断等异常现象后，也应进行特殊巡视。出现接地现象后，应首先检查正对地、负对地的绝缘电阻，判断接地程度，重点巡视施工、工作地点和易发生接地的回路。出现短路、熔断器熔断等现象，应巡视保护范围内各直流回路原件有无焦糊味，有无过热元件，有无明显故障现象 |

### 7.2.4　常见故障及处理方法

直流设备常见故障及处理方法如表 7–2 所示。

表 7–2　　　　　　　　　　　直流设备常见故障及处理方法

| 分类 | 表　象 | 处 理 措 施 |
|---|---|---|
| 直流失电处理 | （1）监控系统发出保护动作告警信息，全部站用交流母线电源进线断路器跳闸，低压侧电流、功率显示为零。<br>（2）站用交流电源柜电压、电流仪表指示为零，低压断路器失压脱扣动作，馈线支路电流为零 | （1）检查系统失电引起站用电消失，拉开站用变低压侧断路器。<br>（2）若有外接电源的备用站用变，投入备用站用变，恢复站用电系统。<br>（3）汇报上级管理部门，申请使用发电车恢复站用电系统 |
| 站用交流一段母线失压 | （1）监控系统发出站用变交流一段母线失压信息，该段母线电源进线断路器跳闸，低压侧电流、功率显示为零。<br>（2）一段站用交流电源柜电压、电流仪表指示为零，低压断路器故障跳闸指示器动作，馈线支路电流为零 | （1）检查站用变高压侧断路器无动作，高压熔断器无熔断。<br>（2）检查站用变低压侧断路器确已断开，拉开故障段母线所有馈线支路低压断路器，查明故障点并将其隔离。<br>（3）合上失压母线上无故障馈线支路的备用电源开关（或并列开关），恢复失压母线上各馈线支路供电。<br>（4）无法处理故障时，联系检修人员处理。<br>（5）若站用变保护动作，按站用变故障处理 |
| 低压断路器跳闸、熔断器熔断 |  | （1）检查故障馈线回路，未发现明显故障点时，可合上低压断路器或更换熔断器，试送一次。<br>（2）试送不成功且隔离故障馈线后，或查明故障点但无法处理，联系检修人员处理 |
| 站用交流不间断电源装置交流输入故障 | （1）监控系统发出 UPS 装置市电交流失电告警。<br>（2）UPS 装置蜂鸣器告警，市电指示灯灭，装置面板显示切换至直流逆变输出 | （1）检查主机已自动转为直流逆变输出，主、从机输入、输出电压及电流指示是否正常。<br>（2）检查 UPS 装置是否过载，各负荷回路对地绝缘是否良好。<br>（3）联系检修人员处理 |
| 备自投装置异常告警 | 备自投装置发出闭锁、失电告警等信息 | （1）检查备自投方式是否选择正确，检查备自投装置的交流采样和交流输入情况。<br>（2）检查备自投装置告警是否可以复归，必要时将备自投装置退出运行，联系检修人员处理。<br>（3）外部交流输入回路异常或断线告警时，如检查发现备自投装置运行灯熄灭，应将备自投装置退出运行。<br>（4）备自投装置电源消失或直流电源接地后，应及时检查，停止现场与电源回路有关的工作，尽快恢复备自投装置的运行。<br>（5）备自投装置动作且备用电源断路器未合上时，应在检查工作电源断路器确已断开，站用交流电源系统无故障后，手动投入备用电源断路器 |

| 分类 | 表　　象 | 处　理　措　施 |
|---|---|---|
| 自动转换开关自动投切失败 | 自动转换开关面板显示失电、闭锁等信息 | （1）检查监控系统告警信息，检查自动转换开关所接两路电源电压是否超出控制器正常工作电压范围。<br>（2）若自动转换开关电源灯闪烁，检查进线电源有无断相、虚接现象。<br>（3）检查自动转换开关安装是否牢固，是否选至自动位置。<br>（4）若自动转换无法修复，应采用手动切换。<br>（5）若手动仍无法正常切换电源，应转移负荷，联系检修人员处理 |

# 防误闭锁装置

## 8.1 主要形式

防误闭锁装置主要以电气连锁式闭锁为主，在部分电容器组上有机械程序锁式或机械连锁式闭锁。

### 8.1.1 机械连锁式防误闭锁装置

机械连锁是利用电气设备的机械联动部分（如传动轴上的异型限位挡板），来实现互相闭锁的功能。机械连锁具有强制闭锁功能，可以实现正/反向的防洪闭锁要求，具有机械结构简单、闭锁直观、强度高、不易损坏、操作方便、运行可靠等优点。

一般在未装防误闭锁装置或闭锁装置失灵的隔离开关手柄和网门以及设备检修时，回路中的各来电侧隔离开关操作手柄和电动操作隔离机构箱的箱门必须加挂机械锁。设备防误闭锁装置使用电气连锁或电磁锁时，当电气设备处于冷备用时，网门闭锁将失去作用，此时网门可以被打开，因此应对有电间隔网门加挂机械锁。机械锁要一把钥匙开一把锁，钥匙要编号并妥善保管。

机械闭锁由于只能与本身隔离开关处的接地刀闸进行闭锁，如需要和断路器及其他隔离开关或接地刀闸进行闭锁，则机械闭锁就无法做到，此时就需要采用电气闭锁或电磁闭锁。

### 8.1.2 电气连锁式防误闭锁装置

电气闭锁方式是一种利用二次设备（断路器、隔离开关、接地刀闸等）的位置辅助触点组成电气闭锁逻辑控制回路，接入需闭锁的电动操作设备的控制回路中，接通或断开电气操作电源而实现对电气设备的防误闭锁。具有强制闭锁功能、不需要机械连锁的锁具、操作简单等特点，但电气闭锁逻辑回路设计复杂，电缆使用量大，接点过多，对辅助开关的质量和运行环境要求较高，可靠性差。因此只适用于闭锁逻辑较为简单的单元间隔电动操作设备（如电动隔离开关和电动接地刀闸）和组合开关柜的防误闭锁，特别是对 GIS 组合电气设备尤为适用；若要实现全站的防误闭锁（包括断路器和手动操作的设备），需和电磁锁或其他防误装置配套使用。

### 8.1.3 机械程序锁式防误闭锁装置

机械程序锁又称连环锁，是一种采用带有设备位置检测和开锁顺序控制的机械锁具，对电气设备的手动操动机构实施闭锁。防误闭锁原理是第一步操作完成，设备的操动机构位置到位后，才能取出下一步操作的钥匙，进行下一步开锁操作，从而实现对电气设备间的防误闭锁。其特点是对就地操作具有强制闭锁功能，工程造价低。但存在机械结构复杂、安装精度要求高、调试工作量大、常出现机械卡滞现象、维护工作量大、使用可靠性差等缺点。

机械程序锁适用于线路简单的小型变电站，应用较多的是 35kV 以下的农网变电站和系统外的用户变电站，不适应复杂接线方式变电站的所有运行方式（如倒母线、旁代、检修等操作），不适用无人值守变电站、综自站和集控站，不能满足管理规定中无论设备处在哪一层操作控制都应具备防误闭锁功能的要求。

## 8.2 功 能 与 原 理

五防是指通常指的是高压开关柜的五大类防止人身、设备或电网事故的防护闭锁措施，五防装置是确保安全运行，避免人身伤亡和停电事故的可靠保证。运行、检修人员在工作中必须严格遵守五防装置规程要求，熟悉五防装置技术措施、种类、性能、闭锁要求。作业当中，严禁图快省时，擅自解除五防装置的闭锁。

五防装置指以下五大防误闭锁功能：

（1）防止带负荷合闸。高压开关柜内的真空断路器小车在试验位置合闸后，小车断路器无法进入工作位置。

（2）防止带接地线合闸。高压开关柜内的接地刀在合位时，小车断路器无法进合闸。

（3）防止误入带电间隔。高压开关柜内的真空断路器在合闸工作时，盘柜后门用接地刀上的机械与柜门闭锁。

（4）防止带电挂接地线。高压开关柜内的真空断路器在工作时合闸，合接地刀无法投入。

（5）防止带负荷拉刀闸。高压开关柜内的真空断路器在工作合闸运行时，无法退出小车断路器的工作位置。

## 8.3 闭 锁 电 源

闭锁电源（见图 8-1、图 8-2）是指防误装置所用的直流闭锁电源应与继电保护控制回路的电源分开，使用的交流电源应是不间断供电系统。闭锁直流电源由交流 220V 转变成直流 110V，输出最大电流为 5A。

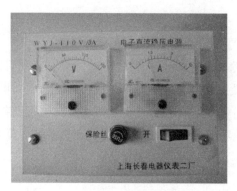

图 8-1　闭锁电源 1

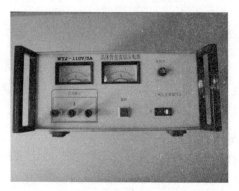

图 8-2　闭锁电源 2

# 8.4　操作规范及管理要求

## 8.4.1　防误闭锁装置的闭锁程序管理

防误闭锁装置的闭锁程序必须符合安规和有关规程、规定的要求。防误闭锁方案应由运行单位的主管部门审查批准；复杂的接线方式和非常规接线方式的闭锁方案，必须经运行单位总工程师批准。新装和改进后的防误装置的闭锁程序必须经运行单位主管部门批准后才准投入系统运行，投入运行后的防误装置闭锁程序未经运行单位主管部门同意不得随意改动。

## 8.4.2　防误闭锁装置操作规范

防误闭锁装置是防止变电站误操作事故的一种综合性装置，凡有可能发生误操作的高压电气设备，均应装设防误闭锁装置。未装设防误闭锁装置的电气回路不得投入运行，防误闭锁装置应保持良好的运行状态。

防误闭锁装置管理要严格执行国家电网公司防止电气误操作工作的有关规定。在倒闸操作中防误闭锁装置出现异常，必须停止操作，应重新核对操作步骤及设备编号的正确性，查明原因，确系装置故障且无法处理时，履行审批手续后方可解锁操作。电气设备的固定遮栏门、单一电气设备及无电压鉴定装置线路侧接地闸刀，可使用普通挂锁作为弥补措施。

变电站的防误闭锁装置应经常保持完好并投入运行，因故需要退出时，必须经运行单位总工程师批准。

防误闭锁装置使用过程中应注意的事项见表 8-1。

表 8-1　　　　　　　　　防误闭锁装置使用过程中应注意的事项

| 序号 | 注　意　事　项 |
|------|----------------|
| 1 | 工序锁操作时，应使钥匙号码与锁体上号码相对应，大多数程序锁钥匙均为直插直拔式，操作时不应用力扭转，防止钥匙损坏 |
| 2 | 检修断路器时试拉合断路器准备了代用钥匙的程序锁试验后，应将代用钥匙及时取出，将断路器和防误闭锁装置都恢复原状，以备下次操作和防止误操作 |

| 序号 | 注　意　事　项 |
|---|---|
| 3 | 因某种原因使用解锁钥匙操作后，变电站应尽快恢复正常 |
| 4 | 变电站应结合回路设备大、小修、预防性试验等停电机会对程序锁进行操作试验，注意采取防止误操作事故措施 |
| 5 | 电磁锁和电气闭锁装置的电气回路如用刀闸控制，每次操作后，应将刀闸拉开，操作前再合上 |
| 6 | 若因断路器的辅助触点接触不良而导致电气防误装置失灵，则一般应采用短接该辅助触点的方法来解决，而不可直接按动接触器的触点后操作隔离开关 |
| 7 | 电磁锁打开操作完后，应注意检查锁确已恢复 |

### 8.4.3　解锁钥匙管理要求

解锁钥匙应封存保管。解锁钥匙的使用应实行分级管理，严格履行审批程序。解锁钥匙只能在符合下列情况并按权限经批准后方可开封使用：

（1）确认防误闭锁装置失灵、操作无误。

（2）紧急事故处理时（如人身触电、火灾、不可抗拒自然灾害）使用，事后立即汇报。

（3）变电站已全部停电，确无误操作的可能。

解锁钥匙应存放在运行单位统一制作的专用存放箱（袋）内，加封后按值移交。每次使用后均应再次加封。变电站应建立防误装置解锁钥匙使用登记记录簿，每次使用均应登记。记录内容包括使用时间、使用地点及回路、监护人、使用人、使用原因等项目。

### 8.4.4　防误闭锁装置的缺陷管理

防误装置的缺陷管理流程与其他运用中设备缺陷管理流程相同。整组防误装置因故障必须退出运行的，应作为紧急缺陷处理。变电站应备足防误装置常用的易消耗备品备件，如锁具、编码片、指示灯等，并存放在值班员可方便取用的地方。

## 8.5　巡视、维护周期、项目及标准

防误闭锁装置运行巡视同主设备一样对待，发现问题应记入设备缺陷记录簿并及时上报，检修维护工作，应有明确分卫和专门单位负责。

防误闭锁装置的日常巡视维护由操作班或变电站值班员负责。包括巡视、清洁、定期加油、试操作，更换锁具、编码片、指示灯及其他小缺陷处理。

### 8.5.1　巡视、维护周期

防误闭锁装置的巡视周期同主设备，一般每季一次。

### 8.5.2　巡视、维护内容

防误闭锁装置的巡视、维护内容见表 8-2。

表 8-2　　　　　　　　　　防误闭锁装置的巡视、维护内容

| 序号 | 检查内容 |
|---|---|
| 1 | 锁是否锁好，锁、销插人是否正确 |
| 2 | 防误装置与断路器、隔离开关、网门等的连接是否牢固、正常，起到防误作用，装置有无 |
| 3 | 是否有损坏 |
| 4 | 室外防误闭锁装置防雨罩是否完好，起到防雨效果，雨天应检查罩内有无积水 |
| 5 | 模拟屏断路器、隔离开关指示是否正确，与实际设备一致，指示灯指示是否正确 |
| 6 | 钥匙存放是否正确 |
| 7 | 工序锁应定期加油（可用变压器油），一般为每季一次 |

# 8.6　常见故障及处理方法

常见故障及处理方法见表 8-3。

表 8-3　　　　　　　　　　常见故障及处理方法

| 故障表象 | 原因分析 | 处理措施 |
|---|---|---|
| 35kV 开启式仓网门锁不吸 | 刀闸的辅助开关触点氧化或移位，造成接触不良；有电显示器自损造成其接点无法工作 | 巡视时加强检查和及时调换有缺陷的有电显示器 |
| 35kV 开启式仓刀闸锁不吸 | 网门行程开关接触不良 | 行程开关的移位结合检修时进行调成。网门下垂造成行程开关的移位则上报运行主管部门，请有关班组先对下垂网门进行调成，我班再对行程开关进行调成 |
| 10kV 电容器组：网门锁不吸 | 有电显示器接点未连通，刀闸辅助接点未连通 | 处理方法：更换有电显示器和刀闸辅助开关 |
| 10kV 电容器组：刀闸锁不吸 | 10kV 电容器柜辅助接点未连通，网门行程开关为连通 | 检查 10kV 电容器柜小车与是否联络良好或接地闸刀是否合上。网门行程开关结合检修进行调成或更换 |
| 10kV 进、出线柜接地闸刀无法操作 | 有电显示器接点未连通 | 更换有电显示器 |

# 9 安全基本常识

## 9.1 基本制度

### 9.1.1 组织措施

保证电力作业人员现场安全及设备安全的基本制度，主要包括组织措施及技术措施。

组织措施包括工作票制度、操作票制度、工作许可制度、工作监护制度、工作间断、转移和终结制度、现场勘查制度、交接班制度、巡回检查制度、定期试验切换等。一般将工作票制度、操作票制度、工作许可制度、工作监护制度、工作间断、转移和终结制度、交接班制度合称为"两票三制"，是保护人员安全、防止误操作的核心措施。

技术措施包括停电、验电、放电，以及悬挂标示牌等，是电力人员应当熟悉的重要安全保障内容。

#### 9.1.1.1 操作票制度

供电企业为确保操作人员的人身安全和设备安全，正确进行电气倒闸操作而实行的一种制度。它是保证电业安全工作的一项组织措施。

倒闸操作是值班人员重要职责之一，是值班（操作）人员执行调度命令，为改变设备运行状态，对电气设备所进行的操作，倒闸操作的正确性、甚至每一步操作都关系到系统的安全运行，都关系到国民经济发展，政治任务的完成及人员（包括操作人员自身）的生命安全，所以为保证在倒闸操作过程中不发生误操作事故，必须要有高度的责任感，以认真严肃的态度执行每一项操作，做到确保安全，万无一失。

（1）操作票的填写。操作票要根据值班调度员或值班负责人的命令填写。每张操作票只能填写一项操作任务。操作票由操作人填写。设备应填写双重名称，即填写设备名称和设备编号。填写字迹要清楚，不能任意涂改。操作人和监护人应在模拟图板或接线图上核对所填写的操作项目，核对无误后分别签名，再经调度部门审票，特别重要和复杂的操作还应经有关领导审核签名。

（2）操作票的内容。主要包括操作票编号、操作开始时间和终了时间、操作任务、操作顺序、操作项目，以及操作人、监护人、调度员等签名。

（3）操作监护复诵制度。电气倒闸操作由两人执行（单人值班的变电所可由一人执行，但要有明确的规定），一人操作，一人监护，由对设备较熟悉的人担任监护。操作前，应先在模拟图板上进行核对性模拟预演，再在操作现场核对设备名称、编号和位置。操作中认真执行监护复诵制度。监护人发布操作命令和操作人复诵操作命令应严肃认真，声音洪亮清晰。按操作票填写的操作顺序逐项进行操作。每操作完一项，检查无误后在操作票的此项前做一个"√"记号；全部操作项目操作完毕后，进行复查。操作中发生疑问时，应停止操作，并向值班调度员或值班负责人报告，弄清问题后再进行操作。操作完毕后，向值班负责人报告，并将已操作过的操作票注明"已执行"字样。

操作票保存一年。对操作票的正确率要进行考核。

（4）电气倒闸操作必须具备的条件：

1）要有经考试合格并经供电所领导批准公布的操作人和监护人，倒闸操作由两人执行。

2）现场一次、二次设备要有明显标志，包括命名、编号、铭牌、转动方向、切换位置的指示及区别电气相色的漆色。

3）要有现场设备标志和运行方式符合的一次系统模拟图，有人值班的操作还应有二次回路原理和展开图。

4）除紧急事故处理外操作应有确切的调度命令和合格操作票，必须使用标准格式的操作票及符合现场设备实际的典型操作票。

5）要有统一的操作术语。

6）要有合格的操作工具、安全用具和设施（包括对号放置接地线的专用装置）。

7）操作接发令时应使用录音设备。

（5）倒闸操作正确步骤：

1）预发和接受操作任务。

2）填写操作票。

3）审票。

4）考问和预想。

5）正式发布操作命令。

6）模拟图预演。

7）现场核对设备铭牌和状态。

8）唱票与复诵。

9）操作与监护。

10）检查设备。

11）操作任务完成汇报。

12）记录与签销。

为防止和减少此类事故的发展，在设备上、构架上往往安装防误闭锁装置，防误闭锁装置以"五防"为主，即防止带负荷拉、合刀闸；防止误拉、合开关；防止带接地线合闸；防止带电挂接地线；防止误入带电间隔。目前"五防"装置有机械闭锁、电气闭锁、电磁闭锁及微机闭锁等。变电站的防止误操作五防装置的解锁钥匙应有专人保管，放置在固定钥匙箱内并加锁。在操作中五防闭锁发生故障，需要解锁，应经调度同意，并作好登记后方可开启钥匙箱领取解锁钥匙。

### 9.1.1.2　工作票制度

工作票是允许在运行设备上进行工作的凭证。工作票必须经工作票签发人签字、工作许可人许可后才能开始工作。在许可之前必须做好工作票要求的安全措施。工作票制度是保证电业安全工作的一种组织措施。在电气设备上进行工作，根据具体工作内容和需要，应填用第一、二种工作票或接口头，电话命令执行。

（1）工作票的种类。电气工作原分为第一种工作票、第二种工作票和事故紧急抢修单。

1）需填用第一种工作票的工作包括：

a. 高压设备上工作，需要全部停电或部分停电者；

b. 二次接线和照明等回路上工作，需要将高压设备停电或做安全措施者等。

2）需填用第二种工作票的工作包括：

a. 控制盘和低压配电盘、配电箱、电源干线上的工作；

b. 二次结线回路上的工作，无需将高压设备停电者或做安全措施者；

c. 转动中的发电机、同期调相机的励磁回路或高压电动机转子电阻回路上的工作；

d. 非运维人员用绝缘棒、核相器和电压互感器定相或用钳形电流表测量高压回路的电流。

e. 大于安规"设备不停电时的安全距离"的相关场所和带电设备外壳上的工作以及无可能触及带电设备导电部分的工作等。

3）事故紧急处理应填用工作票，或事故紧急抢修单。

（2）工作票的内容。一般包括工作负责人、工作班组、工作班人员和人数、工作内容（工作任务）和工作地点（工作范围）、计划工作时间、安全措施（注意事项），以及工作票签发人、值班负责人、工作许可人的签名等。

（3）工作票的实施。工作票由工作负责人填写，不能任意涂改，一式两份：一份保存在工作地点，由工作负责人收执；另一份由值班员收执（在无人值班的设备上工作时，由工作许可人收执），按值移交。一个工作负责人只能收执一张工作票。工作票签发人，由熟悉人员技术水平、熟悉设备情况、熟悉安全工作规程的生产领导人、技术人员或经主管生产的领导批准的人员担任。工作票签发人不能兼任该项工作的工作负责人。工作许可人不能签发工作票。

若至预定时间未完成工作票所填的全部工作项目而需继续工作时，须办理新的工作票，布置好安全措施后，方可继续工作。若需扩大工作任务，必须由工作负责人征得工作票签发人同意并经工作许可人许可，并在工作票上增填工作项目。若需变更或增设安全措施时，必须填用新的工作票，并重新履行工作许可手续。

### 9.1.1.3　工作许可制度

在高压电气设备上进行检修工作，首先要经过许可手续。许可人接到工作票（工作票签发人签发的）后，应审查工作票所列安全措施是否正确完备，是否符合现场条件，并按工作票上的要求完成现场的安全措施，然后会同工作负责人到现场共同检查所做安全措施是否符合工作要求，在工作地点对工作负责人当面用手触试，证明检修设备确无电压，并对工作负责人指明带电设备的位置。

在上述工作结束后，工作许可人和工作负责人在两份工作票上分别签名，其中一份必须经常保存在工作地点，由工作负责人收执，另一份由许可人员收执。办完工作票的开工许可手续后，检修施工人员方可进行检修工作。

#### 9.1.1.4　工作监护制度

在工作负责人监护工作班人员的同时，任何人如发现工作人员违反安全规程或任何危机工作人员安全的情况，应向工作负责人提出改正意见，必要时可暂停止工作，并立即报告上级。

#### 9.1.1.5　工作间断、转移和终结制度

**9.1.1.5.1　工作间断制度**

在工作间断时，所有安全措施均应保持不动。每日收工，工作负责人应将工作票交回许可人员。次日复工时，应得到许可人许可，取回工作票。若无工作负责人（监护人）带领，许可人员应禁止工作人员进入工作地点。

**9.1.1.5.2　工作转移制度**

在同一电气连接部分用同一工作票依次在几个工作地点工作时，全部安全措施应在开工前一次做完，不需要再办理转移手续，但工作负责人在转移工作地点时，应向工作人员交待带点范围、安全措施和注意事项。

**9.1.1.5.3　工作终结制度**

全部检修工作结束后，工作班应清扫、整理现场。工作负责人应仔细地检查检修设备状况，待全体工作人员撤离工作地点后，再向许可人讲清所修项目、发现问题、试验结果和存在问题等，并与值班员共同检查设备状况，有无遗留物件，是否清洁等，然后在工作票上填明工作终结时间，经双方签名后，工作票方告终结。

只有在同一停电系统的所有工作票结束，拆除所有接地线、临时遮拦和标识牌，恢复常设遮拦，并得到值班调度员的许可命令后，方可合闸送电。

#### 9.1.1.6　现场勘查制度

从众多事故案例分析，许多事故的发生，往往是作业人员事前缺乏危险点的勘察与分析，事中缺少危险点的控制措施所致，因此作业前的危险点的勘察与分析是一项十分重要的组织措施。

工作票签发人和工作负责人认为有必要现场勘察的，检修（施工）单位应根据工作任务组织现场勘察，并作好现场勘察记录。

#### 9.1.1.7　交接班制度

交接班制度是为确保电力生产的连续性而建立的值班员交接班时必须遵守的一种制度。

交接班是一项严肃的工作，必须认真对待，并且一定要树立"一班保三班"的思想。交接班制度的内容主要包括班前会、班后会和各个岗位交接内容的规定。

交接班工作，它标志着上一班工作即将结束，下班即将开始工作。在交接班过程中，必须做到：上一班把本班的工作，特别是未完工作交待清楚。下一班应把全部工作一一接

下来，起到承上启下的作用。为此，交接班必须按现场规定交接清楚，坚持做到"上不清，下不接"。在交接班中，还必须做到：

（1）作好一次接线模拟图板的交接。

（2）作好现场设备运行状态的交接；其中包括：主供电源，各级母线，主变压器的运行方式、出线的投入、停运、退役、检修等在本值的变化及站用、直流部分的具体运行状态，使接班人员能与上次交班时的状态有一个初步对比，以便迅速掌握当前的运行方式。

（3）作好文件、资料、安全工器具等的交接。

（4）在处理事故或进行倒闸操作时，不得进行交接班，若交接班时发生事故，应停止交接班，由交班人员处理，接班人员可协助工作。

（5）交班人员未办完交接手续，或接班人员未到岗位接班，交班人员不得擅离职守。只有双方人员在交接班总结下面注明交接时间并签名后，交接班工作方告结束。

同时，在交接班中还应做好环境卫生的工作。另外，各级领导还应对交接班制度执行情况进行定期的检查，以总结经验改进工作。

### 9.1.1.8 巡回检查制度

电力生产运行人员在值班时间内，根据设备运行状况的变化、设备的异常及故障发展的规律，定期对设备进行巡视检查的一种制度。

巡回检查，主要通过听、摸、嗅、看、发现设备、系统的异常情况和缺陷，并及时做好记录，对于出现的异常情况，要进行综合分析，判断，如需要立即处理的，则应及时汇报。

巡回检查，要根据气候变化，风、雨、雷、雾、暑、寒及运行方式的变化、设备缺陷的发展，设备检修后的变更，新设备投运后的情况，分别情况进行针对性的检查，必要时，还须增加巡查次数，即使有用自动监察装置的设备也要进行巡视检查，实践证明，运行人员的认真巡视，仍是保证电业安全生产不可缺少的措施。

巡回检查是值班人员发现问题，检查设备缺陷必不可少的一项细致认真的工作。巡回检查应按照预先拟订好的科学的、切合实际的路线进行；巡回检查必须做到思想集中，按照运行规程规定检查的项目依次巡查，不得"走马观花"，不得漏查设备和漏项。巡检发现的缺陷，应认真分析，正确处理，并做好记录。对发现的重大问题应及时上报处理。

巡回检查分为正常巡回检查和特殊巡回检查两类。

（1）正常巡回检查分为交接班巡回检查、班中巡回检查和监督性巡回检查三种：

1）交接班巡回检查：交接班时，交接班人员都应按分工要求进行一次检查。

2）班中巡回检查：每天至少 4 次。其中必须进行一次夜间熄灯检查。

3）监督性巡回检查：站长每周 1 次。变电专职、技术领导应按规定进行定期检查。

（2）特殊巡回检查分为气温骤变时、大风雷雨后、设备过负荷时、异常运行时、发生事故时、主设备投运时和法定节假日等的巡回检查：

1）遇大雾、大雪、冰冻、大风、汛潮、雷雨、高温等异常天气，应按现场规程规定增加巡回检查次数。

2）对过负荷设备，每小时应巡查 1 次。严重过负荷的设备，要增加巡回次数，加强监视。

3）对发生故障处理后的设备，投入运行后 4h 内每 2h 巡查 1 次。

4）对危及安全运行的重大设备缺陷每隔半小时或一小时巡查 1 次。

5）新建、大修或改建后投运的设备，在 24h 内各值应按规定增加巡查次数。

6）逢节假日及特殊保电任务时，应增加巡查次数，并且要注意变配电站四周情况。

巡回检查的种类不同，其内容也有所不同，一般情况如下：

（1）交接班及班中巡查内容：

1）检查设备实际位置、状态与运行模拟图屏是否一致。

2）检查一次设备温度、音响是否正常，设备上有无杂物；各注油设备油位、油色是否正确，有无渗漏，呼吸器是否畅通，硅胶有无受潮变色；变压器冷却装置是否正常，投入数量是否足够、分布是否合理，变压器防爆膜是否完好（或释压器曾否动作）；瓷质外绝缘是否脏污，有无闪络放电；设备接地引下线是否完好，有无锈蚀；各回出线是否过负荷，街头有无过热发红。

3）继电保护及自动装置的投运是否正确；定值是否符合调度要求。

4）蓄电池充电电流及直流电压是否正常，蓄电池液面，比重等是否正常。

5）各类充气设备（如 $SF_6$ 开关）的气体压力是否正常。

6）检查各附属设备应正常，房屋、门窗、自来水、下水道等均应正常。

7）各种记录、资料、图纸、工具、安全用具等应正确、齐全、完好。

（2）监督性巡查内容：

1）检查各种记录簿的使用是否合理，缺陷记录簿上的缺陷有无发展，是否消除。

2）检查地线是否齐全、按编号存放、标志牌是否齐全，设备编号、名称是否清楚。

3）检查备品配件是否齐全、完好。

4）检查消防用具是否齐全、合格。

5）检查房屋设施是否完好，有无渗漏水，有无倾斜、裂缝及其他现象；检查生活电器接地是否良好。

（3）夜间熄灯巡查内容：电器连接部分有无发红；设备有无不正常电晕或其他放电现象。

（4）气温骤变时巡查内容：注油及注气设备油位、气位有无异常；母线、引线等是否发生过紧、过松、断股等变化；电气连接部分有无松动、发热。

（5）大风雷雨后巡查内容：设备上有无杂物；导线有无断股；瓷质外绝缘有无破裂及放电痕迹；避雷器无异常、曾否动作。

（6）浓雾、毛雨时巡查内容：瓷质外绝缘有无异常电晕、沿面闪络或其他放电现象。

（7）设备过载运行时巡查内容：

1）检查并记录负荷电流。

2）检查变压器冷却装置运行是否正常；防爆膜是否完好（释压器曾否动作）；有无流油、流胶现象。

3）检查各过载设备温度、音响是否正常。

（8）系统异常运行或发生事故时的巡查内容：

1）检查设备曾否喷油，油色是否变黑，油温是否正常。

2）检查电气连接部分有无发热、熔断、瓷质外绝缘有无破裂。

3）检查母线、引下线等有无烧伤、断股、接地引下线有无烧断。

（9）主设备新装及大修竣工投运 24 小时内的巡查内容：

1）冷却装置运行是否正常，设备温度是否正常。

2）电器连接部分有无松动、发热、发红。

3）设备有无异常声响，沿外绝缘表面有无放电。

巡回检查制度一般而言，主要是针对变配电运行工作，包括变电站值班人员，中心站运行人员及变配电有关运行人员而制订的必须遵守的制度。每次巡视都要认真记录，对发现的所有缺陷，都要记入记录簿，并按缺陷管理制度认真执行。

### 9.1.1.9 定期试验切换制度

为保证设备的完好性和备用设备真正能起到备用作用，对各种备用设备、自动装置、信号装置等，都要定期进行试验和切换，观察其运行情况是否正常，以保证随时能够投入运行，这也是原电力工业部规定的定期试验切换制度。

定期试验切换制度一般是对站用交流电源、直流电源、重合闸、备用电源自动投入装置，各种事故信号及报警、光字牌、警铃等中央信号控制盘，五防闭锁装置（包括机械锁等），各种一次设备、二次继保通道、运动通道、消防设备、喷淋装置等都要进行定期切换试验及使用；同时，各供电所还应针对自己设备运行情况制订试验项目、要求、周期，以认真执行。

定期试验切换必须要注意操作安全，要有执行人与监护人，试验一项，检查一项，要正确无误，防止事故发生；对运行影响较大的试验，切换工作，应安排适当，做好事故预想并与调度部门加强联系，如涉及二个单位的试验，切换项目更应事先协商安排，每次试验、切换均应详细记入专用记录簿内。

### 9.1.2 技术措施

#### 9.1.2.1 停电

（1）检修设备停电，应把各方面的电源完全断开（任何运行中的星形接线设备的中性点，应视为带电设备）。禁止在只经断路器（开关）断开电源或只经换流器闭锁隔离电源的设备上工作。应拉开隔离开关（刀闸），手车开关应拉至试验或检修位置，应使各方面有一个明显的断开点，若无法观察到停电设备的断开点，应有能够反映设备运行状态的电气和机械等指示。与停电设备有关的变压器和电压互感器，应将设备各侧断开，防止向停电检修设备反送电。

（2）检修设备和可能来电侧的断路器（开关）、隔离开关（刀闸）应断开控制电源和合闸能源，隔离开关（刀闸）操作把手应锁住，确保不会误送电。

（3）对难以做到与电源完全断开的检修设备，可以拆除设备与电源之间的电气连接。

### 9.1.2.2 验电

（1）验电时，应使用相应电压等级、合格的接触式验电器，在装设接地线或合接地刀闸（装置）处对各相分别验电。验电前，应先在有电设备上进行试验，确证验电器良好；无法在有电设备上进行试验时可用工频高压发生器等确证验电器良好。

（2）高压验电应戴绝缘手套。验电器的伸缩式绝缘棒长度应拉足，验电时手应握在手柄处不得超过护环，人体应与验电设备保持表9-1中规定的距离。雨雪天气时不得进行室外直接验电。

表9-1　　　　　　　　　　设备不停电时的安全距离

| 电压等级（kV） | 安全距离（m） | 电压等级（kV） | 安全距离（m） |
|---|---|---|---|
| 10及以下（13.8） | 0.70 | 1000 | 8.70 |
| 20、35 | 1.00 | ±50及以下 | 1.50 |
| 66、110 | 1.50 | ±400 | 5.90① |
| 220 | 3.00 | ±500 | 6.00 |
| 330 | 4.00 | ±660 | 8.40 |
| 500 | 5.00 | ±800 | 9.30 |
| 750 | 7.20① | | |

注：表中未列电压等级按高一档电压等级安全距离。

① ±400kV数据是按海拔3000m校正的，海拔4000m时安全距离为6.00m。750kV数据是按海拔2000m校正的，其他等级数据按海拔1000m校正。

### 9.1.2.3 接地

（1）装设接地线应由两人进行。

（2）当验明设备确已无电压后，应立即将检修设备接地并三相短路。电缆及电容器接地前应逐相充分放电，星形接线电容器的中性点应接地、串联电容器及与整组电容器脱离的电容器应逐个多次放电，装在绝缘支架上的电容器外壳也应放电。

（3）接地线、接地刀闸与检修设备之间不得连有断路器（开关）或熔断器。若由于设备原因，接地刀闸与检修设备之间连有断路器（开关），在接地刀闸和断路器（开关）合上后，应有保证断路器（开关）不会分闸的措施。

（4）在配电装置上，接地线应装在该装置导电部分的规定地点，应去除这些地点的油漆或绝缘层，并划有黑色标记。所有配电装置的适当地点，均应设有与接地网相连的接地端，接地电阻应合格。接地线应采用三相短路式接地线，若使用分相式接地线时，应设置三相合一的接地端。

（5）装设接地线应先接接地端，后接导体端，接地线应接触良好，连接应可靠。拆接地线的顺序与此相反。装、拆接地线均应使用绝缘棒和戴绝缘手套。人体不得碰触接地线或未接地的导线，以防止触电。带接地线拆设备接头时，应采取防止接地线脱落的措施。

（6）成套接地线应用有透明护套的多股软铜线和专用线夹组成，接地线截面不得小于

25mm²，同时应满足装设地点短路电流的要求。禁止使用其他导线作接地线或短路线。接地线应使用专用的线夹固定在导体上，禁止用缠绕的方法进行接地或短路。

（7）装、拆接地线，应做好记录，交接班时应交待清楚。

#### 9.1.2.4 悬挂标示牌和装设遮栏（围栏）

（1）在一经合闸即可送电到工作地点的断路器（开关）和隔离开关（刀闸）的操作把手上，均应悬挂"禁止合闸，有人工作！"的标示牌。

（2）如果线路上有人工作，应在线路断路器（开关）和隔离开关（刀闸）操作把手上悬挂"禁止合闸，线路有人工作！"的标示牌。

（3）对由于设备原因，接地刀闸与检修设备之间连有断路器（开关），在接地刀闸和断路器（开关）合上后，在断路器（开关）操作把手上，应悬挂"禁止分闸！"的标示牌。

（4）在室内高压设备上工作，应在工作地点两旁及对面运行设备间隔的遮栏（围栏）上和禁止通行的过道遮栏（围栏）上悬挂"止步，高压危险！"的标示牌。

（5）高压开关柜内手车开关拉出后，隔离带电部位的挡板封闭后禁止开启，并设置"止步，高压危险！"的标示牌。

（6）在工作地点设置"在此工作！"的标示牌。

（7）在室外构架上工作，则应在工作地点邻近带电部分的横梁上，悬挂"止步，高压危险！"的标示牌。在工作人员上下铁架或梯子上，应悬挂"从此上下！"的标示牌。在邻近其他可能误登的带电构架上，应悬挂"禁止攀登，高压危险！"的标示牌。

（8）禁止作业人员擅自移动或拆除遮栏（围栏）、标示牌。因工作原因必须短时移动或拆除遮栏（围栏）、标示牌，应征得工作许可人同意，并在工作负责人的监护下进行。完毕后应立即恢复。

# 9.2 其他安全防护措施

## 9.2.1 电气设备的防误操作闭锁装置

（1）高压电气设备都应安装完善的防误操作闭锁装置。防误操作闭锁装置不得随意退出运行，停用防误操作闭锁装置应经设备运维管理单位批准；短时间退出防误操作闭锁装置时，应经变电运维班（站）长或发电厂当班值长批准，并应按程序尽快投入。

（2）下列三种情况应加挂机械锁：

1）未装防误操作闭锁装置或闭锁装置失灵的刀闸手柄、阀厅大门和网门。

2）当电气设备处于冷备用时，网门闭锁失去作用时的有电间隔网门。

3）设备检修时，回路中的各来电侧刀闸操作手柄和电动操作刀闸机构箱的箱门。

注意：机械锁要1把钥匙开1把锁，钥匙要编号并妥善保管。

（3）不准随意解除闭锁装置。解锁工具（钥匙）应封存保管，所有操作人员和检修人员禁止擅自使用解锁工具（钥匙）。若遇特殊情况需解锁操作，应经运维管理部门防误操作装置专责人或运维管理部门指定并经书面公布的人员到现场核实无误并签字后，由运维人员告知当值调控人员，方能使用解锁工具（钥匙）。单人操作、检修人员在倒闸操作过程中禁止解锁。如需解锁，应待增派运维人员到现场，履行上述手续后处理。解锁工具（钥匙）使用后应及时封存并做好记录。

### 9.2.2 开关柜的四种状态

（1）运行状态：

1）开关柜：接地闸刀在分闸位置，开关小车在运行位置（含引线小车），开关在合上位置。

2）压变/避雷器柜：小车在运行位置时；若压变和避雷器为上下布置形式，则应分别在运行位置，压变次级总开关（熔丝）合上位置。

3）分段柜：分段开关小车在运行位置（见图9-1），分段开关在合上位置，引线小车在运行位置（见图9-2）。

图9-1 开关小车运行位置示意

图9-2 引线小车运行位置示意

（2）热备用状态：

1）开关柜：接地闸刀在分闸位置，开关小车在运行位置，开关在拉开位置。

2）压变/避雷器柜：小车在运行位置，压变次级总开关（熔丝）在拉开位置。若压变和避雷器为上下布置形式，指压变手车在运行位置，压变次级总开关（熔丝）在拉开位置；避雷器无热备用状态。

3）分段柜：分段开关小车在运行位置，分段开关在拉开位置，引线小车在运行位置。

（3）冷备用状态：

1）开关柜：接地闸刀在分开位置，开关在拉开位置，小车在冷备用位置。开关小车的直流电源不需断开。

2）压变/避雷器柜：小车在冷备用位置，且压变次级总开关（熔丝）在断开位置，二次触头在放上位置。若压变和避雷器为上下独立手车布置形式，压变小车在冷备用位置，且压变次级总开关（熔丝）在断开位置，二次触头在放上位置，避雷器无冷备用状态。

3）分段柜：分段开关在拉开位置，分段开关小车在冷备用位置，引线小车在运行位置。

（4）检修状态：

1）开关检修（包括馈线、主变、分段开关）：开关在拉开位置、小车在冷备用位置，断开开关的操作电源［直流操作电源和交流（直流）储能电源］，线路接地闸刀未合上。当主变或分段带引线小车时，引线小车应在冷备用位置（摇出）。

2）线路检修：开关在拉开位置、开关小车在冷备用位置，开关的操作电源不需断开，线路接地闸刀在合上位置。工作票安全措施中必须在柜门悬挂"禁止合闸，线路有人工作"标示牌。

3）开关线路检修：开关在拉开位置、开关小车在冷备用位置，断开开关的操作电源（直流操作电源和交流（直流）储能电源）。线路接地闸刀在合上位置。工作票补充安全措施中必须将帘门上锁，并在柜门上悬挂"禁止合闸，线路有人工作"标示牌。

4）母线检修：连接该母线上的所有设备均在冷备用位置（包括分段开关与分段引线）。该母线上压变及避雷器改为检修状态，并摇出在该母线上的压变及避雷器小车，摇进母线接地小车，使母线接地。

5）压变/避雷器检修：小车在冷备用位置，压变次级断开总开关（熔丝），且二次触头在取下位置时，即处于"检修状态"；若压变和避雷器为上下独立手车布置形式，压变小车在冷备用位置，压变次级断开总开关（熔丝），且二次触头在取下位置时，即处于"压变检修状态"，避雷器检修，应将避雷器手车拉出，柜门关闭并加锁。工作票安全措施中必须在柜门上悬挂"止步，高压危险"标示牌。

图 9-3　引线小车位置示意

## 9.3　高压设备上工作的基本要求

（1）运行人员应熟悉电气设备。单独值班人员或运行值班负责人还应有实际工作经验。

（2）无论高压设备是否带电，工作人员不得单独移开或越过遮栏进行工作；若有必要移开遮栏时，应有监护人在场，并符合设备不停电时的安全距离（见表9–2）。

表 9–2　　　　　　　　　　　　设备不停电时的安全距离

| 电压等级（kV） | 安全距离（m） | 电压等级（kV） | 安全距离（m） |
| --- | --- | --- | --- |
| 10 及以下 | 0.7 | 66、110 | 1.5 |
| 20、35 | 1.0 | 220 | 3.0 |

注：表中未列电压应选用高一电压等级的安全距离。

（3）雷雨天气，需要巡视室外高压设备时，应穿绝缘靴，并不准靠近避雷器和避雷针。

（4）火灾、地震、台风、冰雪、洪水、泥石流、沙尘暴等灾害发生时，如需要对设备进行巡视时，应制定必要的安全措施，得到设备运行单位分管领导批准，并至少两人一组，巡视人员应与派出部门之间保持通信联络。

（5）高压设备发生接地时，室内人员应距离故障点 4m 以外，室外人员应距离故障点 8m 以外。进入上述范围人员应穿绝缘靴，接触设备的外壳和构架时，应戴绝缘手套。

（6）巡视室内设备，应随手关门。

（7）在高压设备上工作，应至少由两人进行，并完成保证安全的组织措施和技术措施。

# 9.4　消　防　安　全

## 9.4.1　消防安全管理常识

（1）燃烧的基本条件，燃烧具有三个特征，即化学反应、放热和发光。任何物质发生燃烧，必须具备以下三个必要条件，即可燃物、氧化剂和温度（引火源）。只有在上述三个条件同时具备的情况下可燃物质才能发生燃烧，三个条件无论缺少哪一个，燃烧都不能发生。

（2）电气设备发生火灾，由于是带电燃烧，所以燃烧猛烈、蔓延迅速。如果扑救不当，可能会引起触电事故，扩大火灾范围，加重火灾损失。因此，遇到火情必须沉着、冷静，根据现场火灾情况，按照火灾应急预案处置程序，采取正确、有效的灭火方法。通常情况下电气设备发生火灾首先采用二氧化碳、干粉灭火器进行扑救，切断电源后用泡沫灭火器扑救。如仅套管外部起火，亦可用喷雾水枪扑救。

（3）电气火灾和爆炸在火灾、爆炸事故中占有很大的比例。如线路、电动机、开关等电气设备都可能引起火灾。变压器等带油电气设备除了可能发生火灾，还有爆炸的危险。造成电气火灾与爆炸的原因很多，除设备缺陷、安装不当等设计和施工方面的原因外，电流产生的热量和火花或电弧是引发火灾和爆炸事故的直接原因。

1）过热。当电气设备的绝缘性能降低时，通过绝缘材料的泄露电流增加，可能导致绝缘材料温度升高。

2）过载。过载会引起电气设备发热。设计时选用线路或设备不合理，以至在额定负载下产生过热；使用不合理，即线路或设备的负载超过额定值，或连续使用时间过长，超过线路或设备的设计能力，由此造成过热。

3）接触不良。如闸刀开关的触头、插头的触头、灯泡与灯座的接触处等活动触头，如果没有足够的接触压力或接触表面粗糙不平，会导致触头过热。

4）铁芯发热。变压器、电动机等设备的铁芯，如果铁芯绝缘损坏或承受长时间过电压，涡流损耗和磁滞损耗将增加，使设备过热。

5）散热不良。各种电气设备在设计和安装时都要考虑有一定的散热或通风措施，如果这些部分受到破坏，就会造成设备过热。

（4）由于电气火灾与一般火灾相比有个突出特点，即电气设备着火后可能仍然带电，并且在一定范围内存在触电危险，因此做好电气火灾的预防工作尤为重要。主要从以下几个方面进行预防：

1）要合理选用电气设备和导线，不要使其超负载运行。

2）在安装开关、熔断器或架线时，应避开易燃物，与易燃物保持必要的防火间距。

3）保持电气设备正常运行，特别注意线路或设备连接处的接触保持正常运行状态，以避免因连接不牢或接触不良，使设备过热。

4）要定期清扫电气设备，保持设备清洁。

5）加强对设备的运行管理。要定期检修、试验，防止绝缘损坏等造成短路。

6）电气设备的金属外壳应可靠接地或接零。

7）要保证电气设备的通风良好，散热效果好。

（5）消防灭火和逃生基本原则：

1）灭火基本原则：报警早，损失小，宜在火势初期阶段扑灭；边报警边扑救，可通过打电话、按铃、呼喊等方式；灭火人应先控制火势，再进行全面灭火；在火势无法扑灭情况下，应尽量紧闭门窗，减少烟气的流通；始终保持先救人，再救物原则，在安全撤离火灾现场后不得返回火场；要注意防中毒、防窒息情况，遇到火情不要惊慌，听从指挥，理性救火。如图9-4所示。

2）火灾时火势的发展、烟雾的蔓延是有一定规律的，火场同时也是千变万化的，被浓烟烈火围困的人员或灭火人员，一定要抓住有利时机，就近利用一切可以利用的工具、物品、想方设法迅速撤离火灾危险区，在众多人员被大火围困的时候，一个人的正确行为，往往能带动更多人的跟随，从而避免更多的伤亡。遭遇火海十招避险如图9-5所示。

图 9-4　示意图

大声呼喊　　打电话报警　　小心灭火

共同灭火　　迅速撤离　　搬走贵重物品

突遇火灾，保持镇静速撤离

火灾自救，时刻留意逃生路

扑灭小火，惠及他人利自身

尽快脱险，珍惜生命莫恋财

迅速撤离，匍匐前进莫站立

善用通道，莫入电梯走绝路

烟火围困，避险固守要得法

跳楼有术，保命力求不损身

火及己身，就地打滚莫惊跑

身处险境，自救莫忘救他人

图 9-5　遭遇火海十招避险

## 9.4.2　消防设备及器材

（1）生产工作场所及明火作业区须备有必要的消防设备、器材（灭火机、消防栓、水带、黄砂箱等），其周围不准堆放或设置其他障碍物，对消防设备器材要定期检查，保证随时可用，不准将消防设备、器材移作他用。

（2）灭火器配置场所的火灾种类应根据该场所内的物质及其燃烧特性进行分类，划分为下列类型。

1）A 类火灾：固体物质火灾；

2）B 类火灾：液体火灾或可熔化固体物质火灾；

3）C 类火灾：气体火灾；

4）D 类火灾：金属火灾；

5）E 类火灾：物体带电燃烧的火灾。

（3）灭火器的选择应考虑配置场所的火灾种类和危险等级、灭火器的灭火效能和通用性、灭火剂对保护物品的污损程度、设置点的环境条件等因素。有场地条件的严重危险级场所，宜设推车式灭火器。目前公司范围内变电站内，普遍使用二氧化碳和干粉灭火器。

（4）二氧化碳灭火器（如图9-6所示）是一种最常见的灭火剂，加压液化后的二氧化碳充装在灭火器钢瓶中，20℃时钢瓶内的压力为6MPa，灭火时液态二氧化碳从灭火器喷出后迅速蒸发，变成固体状干冰，其温度为-78℃，固体干冰在燃烧物体上迅速挥发成二氧化碳气体，依靠窒息作用和部分冷却作用灭火。适用扑救贵重设备、档案资料、仪器仪表、600V以下电气设备及油类的初起火。一般变电站开关室、办公大楼均普遍配置该类灭火器。二氧化碳灭火器的操作程序及灭火技能：

1）手提灭火器，向起火点奔跑；

2）在起火部位前约1.5～2m处，把灭火器直立地上，拉掉灭火器上面的保险销；

3）站在火源上风一手掌握好喷筒的灭火幅度，一手握提把及压把。灭火时从火源侧上方朝下扑灭。

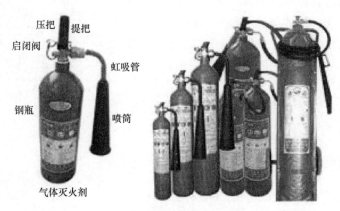

图9-6 二氧化碳灭火器

（5）干粉灭火器内装干燥的、易于流动的微细固体粉末，由具有灭火效能的无机盐基料和防潮剂、流动促进剂、结块防止剂等添加剂组成，利用高压二氧化碳气体或氮气气体作动力，将干粉喷出后以粉雾的形式灭火。ABC类干粉灭火器适用固体易燃物（A类）、易燃液体及可融化固体（B类）、易燃气体（C类）、和带电器具的初起火灾。一般变电站的主变室配置该类灭火器。

手提式ABC干粉灭火器（见图9-7）操作程序及灭火技能：

1）当发生火灾时边跑边将筒身上下摇动数次；

2）拔出安全销，筒体与地面垂直手握胶管；

3）选择上风位置接近火点，将皮管朝向火苗根部；

4）用力压下握把，摇摆喷射，将干粉射入火焰根部；

5）熄灭后并以水冷却除烟。注：灭火时应顺风不宜逆风。

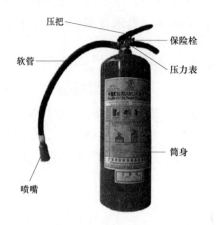

图 9-7　手提式干粉灭火器

推车式干粉灭火器（见图 9-8）操作程序及灭火技能。

1）当发生火灾时将灭火器推至现场；

2）拔出安全销，筒体与地面垂直手握胶管；

3）选择上风位置接近火点，将皮管朝向火苗根部；

4）用力压下握把，摇摆喷射，将干粉射入火焰根部；

5）熄灭后并以水冷却除烟（注：灭火时应顺风不宜逆风）。

### 9.4.3　消防安全标示

消防安全标志共分 5 类 28 种。主要有警示标志、疏散标志、指示标志等。其主要的作用是递消防安全信息，消防安全标志应设在与消防安全有关的醒目的位置，消防安全标志牌及其照明灯具等应定期检查，出现损坏应及时修整、更换，保证消防安全指示完好。

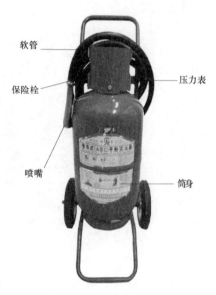

图 9-8　推车式干粉灭火器

## 9.5　应急管理

### 9.5.1　应急预案

应急预案是应对突发事件的原则性方案。应急预案指面对突发事件如自然灾害、重特大事故、环境公害及人为破坏的应急管理、指挥、救援计划等。它一般应建立在综合防灾规划上。其几大重要子系统为：完善的应急组织管理指挥系统；强有力的应急工程救援保障体系；综合协调、应对自如的相互支持系统；充分备灾的保障供应体系；体现综合救援的应急队伍等。

应急预案是成功处置各类突发事件的基础，是体现应急管理"预防为主"最有力的技术保证措施之一。电网企业应建立起应对各类突发事件的应急预案体系，做到"有备无患"，不断提升突发事件应对水平。近年来，国家电网公司自上而下构建了由总体预案、专项预案和现场处置方案构成的应急预案框架体系。公司 2016 年颁布了 1 个总体预案和 16 个专项预案，涵盖自然灾害、事故灾难、公共卫生事件和社会安全事件四大类。公司编制现场处置方案总数 375 项。"横向到边、纵向到底、上下对应、内外衔接"的应急预案体系日趋完善。

应急预案应形成体系，针对各级各类可能发生的事故和所有危险源制订专项应急预案和现场应急处置方案，并明确事前、事发、事中、事后的各个过程中相关部门和有关人员的职责。生产规模小、危险因素少的生产经营单位，综合应急预案和专项应急预案可以合并编写。

### 9.5.1.1 应急预案的作用

应急预案是在辨识和评估潜在的风险因素、事故类型、发生的可能性，事件后果的严重程度及影响范畴的基础上，对应急机构职责、人员、技术、装备、设施、物质、救援行动及其指挥与协调等方面预先做出的具体安排。它提供了突发事件处置的基本规则，是突发事件应急响应的操作指南，是对危机事件防控体系及其运作机制的描述文件。应急预案作为管理性文件，其主要功能是规范建立统一、有序、协调、高效的应急机制，其解决的主要问题是在应急状态下"谁负责做什么"，与具体回答如何操作的各类规程、反措和其他技术性文件有着本质区别。其内容一般会包括目标、依据、适用范围、组织与工作原则、适用条件、运行与监督机制等部分。应急预案在应急救援中的主要作用体现在如下几个方面：

（1）应急救援预案明确了应急救援的范围和体系，有利于掌握应急行动的主动权，使应急准备和应急管理不再是无据可依、无章可循，尤其是培训和演练工作的开展，它们依赖于应急预案。培训可以使应急人员熟悉自己的任务、责任，具备完成指定任务所需的相应能力，演习可以检验预案和行动程序，并评估应急人员的技能和整体协调性。

（2）制订应急预案有利于促进对可能发生的突发事件进行掌握和熟悉，有利于作出及时的应急响应，降低事故后果，应急行动对时间要求十分敏感，不允许有任何拖延，应急预案预先明确了应急各方职责和响应程序，在应急资源等方面进行先期准备，可以指导应急救援迅速、高效、有序地开展，将事故造成的人员伤亡、财产损失和环境破坏将到最低限度；此外，如果预先制订了预案，对重大事故发生后必须快速解决的一些应急恢复问题，也就很容易解决。

（3）作为各类突发重大事故的应急基础。通过编制基本应急预案，可保证应急预案足够的灵活性，对那些事先无法预料到的突发事件或事故，也可以起到基本的应急指导作用，成为开展应急救援的"底线"。在此基础上，可以针对特定危害编制专项应急预案，有针对性地制订应急措施，进行专项应急准备和演练。

（4）当发生超过应急能力的重大事故时，便于与上级应急部门的协调。

（5）有利于对灾害事故规律和处置对策进行研究。

（6）有利于提高风险防范意识，应急预案的编制、评审、发布、宣传、演练、教育和培训，有利于各方了解所面临的重大事故及其相应的应急措施，有利于促进各方提高风险防范意识和能力。

### 9.5.1.2　电网企业应急预案体系构成

公司突发事件应急预案体系由总体预案、专项预案、现场处置方案构成。总体应急预案是应急预案体系的总纲，是公司组织应对各类突发事件的总体制度安排。专项应急预案是针对具体的突发事件、危险源和应急保障制定的方案。现场处置方案是针对特定的场所、设备设施、岗位，针对典型的突发事件，制定的处置措施和主要流程。

（1）总体应急预案。总体应急预案是组织管理、指挥协调突发事件处置工作的指导原则和程序规范，主要阐述应急救援的方针、政策、应急组织机构及相应的职责、应急行动的总体思路、预案体系及响应程序、事故预防及应急保障、应急培训及预案演练等，是应急救援工作的基础和总纲，是应对各类突发事件的综合性文件。

（2）专项应急预案。专项应急预案是针对具体的事故类别、危险源和应急保障而制订的计划或方案，是针对某一个（次）、某一种、某一类危机事件或者危机事件某一重要环节、重要侧面的应急预案，是总体应急预案的组成部分，应按照总体应急预案的程序和要求组织制订，并作为总体应急预案的附件。

（3）现场处置方案。现场处置预案是针对特定的具体场所（如集控室、换流站等）、设备设施（如特高压输电线路、变压器等）、岗位（如集控运行人员、消防人员、特种作业人员等），在详细分析现场风险和危险源的基础上，针对典型的突发事件类型（如人身事故、电网事故、设备事故、火灾事故等），制订的针对性处置措施和主要流程。

### 9.5.1.3　案例分析

2003 年 12 月 23 日晚上 9 点 15 分左右，重庆东北角的开县，由中石油四川石油管理局川东钻探公司承钻的位于开县境内的罗家 16 号井，在起钻过程中发生天然气井喷失控，引发了一场特大井喷事故，从井内喷出大量的含有高浓度硫化氢的天然气,高于正常值 6000倍的硫化氢气体迅速向四周扩散，扑向毫无准备的村庄、集镇。虽然经过多方全力抢险救援，但仍然有 243 人因硫化氢中毒死亡，4000 多人受伤，6 万多人被疏散转移，9.3 万多人受灾，直接经济损失高达 6432.31 万元。

井喷现象在石油天然气开采过程中十分常见，其本身并不是事故，只是一种灾害现象。但中石油川东北气矿特大井喷事故造成的巨大伤亡，在国内乃至世界气井井喷史上也是罕见的。为什么普通的灾害现象会演变成一场严重的事故，造成重大人员伤亡，其中的原因值得我们深刻反思。引发事故有它的直接原因，是一个技术性很强的问题。但是导致事故扩大，造成重大损失的主要原因是管理原因，事故应急预案不完善又是事故的重要一环。井队没有制订针对社会的"事故应急预案"，没有和所在地政府建立"事故应急联动体系"和紧急状态联系方法，没有及时向所在地政府报告事故、告知组织群众疏散的方向、距离和避险措施，致使地方政府事故应急处置工作陷于被动。一场巨大的灾难突然降临，地方政府和广大群众都毫无准备，应急处理自然是一片混乱，根本无法从容应对。至少 1 小时

17分钟的点火最佳时机被忽略掉了。从该案例也可以看出应急预案的重要性。

### 9.5.2 应急演练

开展应急预案演练是提高电网企业应急管理能力行之有效的措施。应急预案是总结以往的经验教训而对以后发生类似事件采取防范对策的技术措施之一。通过应急演练暴露出应急预案中存在的问题和不足，预案的实战性、可操作性才能进一步得以检验。实践证明，在应急预案指导下积极开展应急预案演练活动，可以很好地促进应急救援人员相互之间的协调、配合，事故处理的迅捷性和准确性也可以大大提高；同时通过应急预案演练后的深度汇谈，及时总结经验，对相关人员的突发事件处理能力的提高也是行之有效的。

#### 9.5.2.1 应急演练要求

演练的基本要求是：遵守相关法律、法规、标准和应急预案规定；全面计划，突出重点；周密组织，统一指挥；由浅入深，分步实施；讲究实效，注重质量；原则上应最大限度地避免惊动公众。通过应急预案的模拟演练，在突发事件中更能做到有的放矢，尽最大可能减少物质财产损失，保障公众的生命安全。电网企业应急预案管理办法规定：

（1）电网企业应当结合本单位安全生产和应急管理工作实际情况定期组织预案演练，以不断检验和完善应急预案，提高应急管理和应急技能水平。

（2）电网企业应当制订年度应急预案演练计划，增强演练的计划性。根据本单位的事故预防重点，每年应当至少组织一次专项应急预案演练，每半年应当至少组织一次现场处置方案演练。

（3）电网企业在开展应急演练前，制订演练方案，明确演练目的、演练范围、演练步骤和保障措施等。

（4）电网企业在开展应急演练后，应当对应急预案演练进行评估，并针对演练过程中发现的问题对相关应急预案提出修订意见。评估和修订意见应当有书面记录。

#### 9.5.2.2 应急演练分类

（1）按演练的规模分类。可采用不同规模的应急演练方法对应急预案的完整性和周密性进行评估，如桌面演练、功能演练和全面演练等。

（2）按演练的基本内容分类。根据演习的基本内容不同可以分为基础训练、专业训练、战术训练和自选科目训练。

（3）演练的参与人员分类。应急演练的参与人员包括参演人员、控制人员、模拟人员、评价人员和观摩人员。五类人员在演练过程中有着重要的作用，并且在演练过程中都应佩戴能表明其身份的识别符。

#### 9.5.2.3 演练实施的基本过程

由于应急演练是由许多机构和组织共同参与的一系列行为和活动，因此，应急演练的组织与实施是一项非常复杂的任务，建立应急演练策划小组（或领导小组）是成功组织开展应急演练工作的关键。策划小组应由多种专业人员组成，包括来自消防、公安、医疗急救、应急管理、市政、学校、气象部门的人员，以及新闻媒体、企业、交通运输单位的代表等。为确保演练的成功，参演人员不得参加策划小组，更不能参与演练方案的设计。综合性应急演练的过程可划分为演练准备、演练实施和演练总结 3 个阶段。

#### 9.5.2.4 案例分析

2008 年四川汶川 5·12 大地震，安县的桑枣中学却是一间校舍都没有坍塌，桑枣中学没有一个师生伤亡，完全可以用奇迹来形容。媒体分析产生奇迹的原因主要体现在：① 学校多次申请，加固校舍，总费用达到 40 余万元；② 校长要求每个周二都是学校特定的安全教育时间，让老师专门讲交通安全和食品卫生等；③ 从 2005 年开始，每学期要在全校组织一次紧急疏散的演练，演练没有具体规定操作的时间，突然进行。演练结束后，讲评各班存在的问题。当大地震发生的时候，他们从各班级到操场集合的时间是 1 分 36 秒。从这个经验分享中，我们可以看出：只有通过制定有效的应急预案，并积极开展应急演练，才能提高危机时刻的应变能力，才能保证人身和财产的安全，最大程度的降低和避免损失。

### 9.5.3 应急技能

#### 9.5.3.1 基本技能

（1）体能训练。灾害救援是一项非常艰巨的任务，救援过程中会遇到各种各样的情况和恶劣条件，有时必须连续工作十几个小时而不得休息。

（2）心理训练。灾害发生的场面是难以预料的，有时甚至是非常恐怖的，没有良好的心理素质或者没有受到过专门的心理训练是很难承受这样的场面的，那就难以完成救援任务。所以，具备良好的心理素质也是保证救援成功的关键。

（3）拓展训练。应急救援队员应经常接受救援技能等相应的拓展训练，以保证知识、技能、体力等各方面能一直保持达标。

（4）疏散逃生和游泳逃生。疏散逃生和游泳逃生是应急队员的自救和互救必须具备的一项重要技能。

（5）现场急救与心肺复苏。现场急救与心肺复苏的技能可以对现场出现的伤员进行紧急救护，以便于后期专业医护人员的抢救。

（6）安全防护用具使用。安全防护用具，是指在劳动生产过程中为防止劳动者在生产作业过程中免遭或减轻事故和职业危害因素的伤害而提供的个人保护用品，直接对人体起到保护作用。正确的使用安全防护用具对与应急急救队员的自生安全起到很好的防护作用。

（7）起重搬运。起重和搬运是电力安装、应急抢修和维护作业中间常见的作业方式之一，是具有势能高、移动性强、范围大、工作环境和条件复杂的特点的间歇性周期作业，也是一种需要多人协调配合的特殊工种作业。

#### 9.5.3.2 专业技能

（1）现场处置方案编制。针对具体的装置、场所或设施、岗位所制定的应急处置措施。现场处置方案应具体、简单、针对性强，现场处置方案应当包括危险性分析、可能发生的事故特征、应急处置程序、应急处置要点和注意事项等内容。现场处置方案应根据风险评估及危险性控制措施逐一编制，做到事故相关人员应知应会，熟练掌握，并通过应急演练，做到迅速反应、正确处置。

（2）现场低压照明网搭建。突发事件发生后，现场受灾群众往往处于高度恐慌之中，供电企业高效、快速在现场点亮第一盏灯，提供现场应急照明，能很大程度上稳定人心，保障社会稳定，关键时刻彰显电网企业的社会责任。在 2016 年 6 月发生的"东方之星"沉船事件电力应急处置和 8 月发生的天津港危化品爆炸事故电力应急处置过程中，应急照明装备的这一作用体现得尤为明显。

（3）应急通信车、卫星通信与单兵使用。应急通信车、卫星通信是在出现自然的或人为的突发性紧急情况时，保障救援、紧急救助和必要通信所需的通信手段和方法，是一种具有暂时性的、为应对自然或人为紧急情况而提供的特殊通信机制。

（4）危险化学品、高温等环境特种防护装备使用。在灾害事故的抢险救援中，应急救援基干分队人员自身的安全防护非常重要。实践已经证明，救援人员安全防护不当，不仅难以完成抢险救援任务，还会造成救援人员的伤亡。因此，救援人员的每一项处置措施、每一次处置行动、甚至每一个具体的处置操作，都必须充分考虑安全防护。在灾害事故的现场，救援人员的安全防护措施很多，主要是依托器材装备防护、运用技术性防护和具有战术意识防护。

（5）应急急救包（见图 9–9）的使用。急救包是应急救援过程中或在意外情况下应急使用的装有急救药品、消毒纱布、绷带等常用应急救援用品的小包。根据不同的环境和使用对象，可分为不同的类别，如家用急救包、户外急救包、车用急救包、礼品急救包、地震急救包等。逃生或救援时，急救包往往能发挥出巨大作用，挽回生命。

图 9–9　急救包

### 9.5.4  紧急救护法

#### 9.5.4.1  通则

（1）紧急救护的基本原则是在现场采取积极措施，保护伤员的生命，减轻伤情，减少痛苦，并根据伤情需要，迅速与医疗急救中心（医疗部门）联系救治。急救成功的关键是动作快，操作正确。任何拖延和操作错误都会导致伤员伤情加重或死亡。

（2）要认真观察伤员全身情况，防止伤情恶化。发现伤员意识不清、瞳孔扩大无反应、呼吸、心跳停止时，应立即在现场就地抢救，用心肺复苏法支持呼吸和循环，对脑、心重要脏器供氧。心脏停止跳动后，只有分秒必争地迅速抢救，救活的可能才较大。

（3）现场工作人员都应定期接受培训，学会紧急救护法，会正确解脱电源，会心肺复苏法，会止血、会包扎，会转移搬运伤员，会处理急救外伤或中毒等。

#### 9.5.4.2  触电急救

触电急救应分秒必争，一经明确心跳、呼吸停止的，立即就地迅速用心肺复苏法进行抢救，并坚持不断地进行，同时及早与医疗急救中心联系，争取医务人员接替救治。在医务人员未接替救治前，不应放弃现场抢救，更不能只根据没有呼吸或脉搏的表现，擅自判定伤员死亡，放弃抢救。只有医生有权做出伤员死亡的诊断。与医务人员接替时，应提醒医务人员在触电者转移到医院的过程中不得间断抢救。

##### 9.5.4.2.1  迅速脱离电源

（1）触电急救，首先要使触电者迅速脱离电源，越快越好。因为电流作用的时间越长，伤害越重。

（2）脱离电源，就是要把触电者接触的那一部分带电设备的所有断路器（开关）、隔离开关（刀闸）或其他断路设备断开；或设法将触电者与带电设备脱离开。在脱离电源过程中，救护人员也要注意保护自身的安全。如触电者处于高处，应采取相应措施，防止该伤员脱离电源后自高处坠落形成复合伤。

（3）现场就地急救。触电者脱离电源以后，现场救护人员应迅速对触电者的伤情进行判断，对症抢救。同时设法联系医疗急救中心（医疗部门）的医生到现场接替救治。要根据触电伤员的不同情况，采用不同的急救方法。

➢ 触电者神志清醒、有意识，心脏跳动，但呼吸急促、面色苍白，或曾一度电休克、但未失去知觉。不能用心肺复苏法抢救，应将触电者抬到空气新鲜，通风良好的地方躺下，安静休息 1～2h，让他慢慢恢复正常。天凉时要注意保温，并随时观察呼吸、脉搏变化。条件允许，送医院进一步检查。

➢ 触电者神志不清，判断意识无，有心跳，但呼吸停止或极微弱时，应立即用仰头抬颏法，使气道开放，并进行口对口人工呼吸。此时切记不能对触电者施行心脏按压。如此时不及时用人工呼吸法抢救，触电者将会因缺氧过久而引起心跳停止。

➢ 触电者神志丧失，判定意识无，心跳停止，但有极微弱的呼吸时，应立即施行心肺复苏法抢救。不能认为尚有微弱呼吸，只需做胸外按压，因为这种微弱呼吸已起不到人体需要的氧交换作用，如不及时人工呼吸即会发生死亡，若能立即施行口对口人工呼吸法和胸外按压，就能抢救成功。

➤ 触电者心跳、呼吸停止时，应立即进行心肺复苏法抢救，不得延误或中断。

➤ 触电者和雷击伤者心跳、呼吸停止，并伴有其他外伤时，应先迅速进行心肺复苏急救，然后再处理外伤。

**9.5.4.2.2 伤员脱离电源后的处理**

（1）判断意识、呼救和体位放置。

（2）通畅气道、判断呼吸与人工呼吸。

➤ 当发现触电者呼吸微弱或停止时，应立即通畅触电者的气道以促进触电者呼吸或便于抢救。通畅气道主要采用仰头举颏（颌）法。即一手置于前额使头部后仰，另一手的食指与中指置于下颌骨近下颏角处，抬起下颏。检查伤员口、鼻腔，如有异物立即用手清除，见图9-10、图9-11。

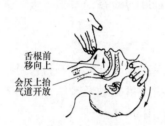

图9-10 仰头举颏法

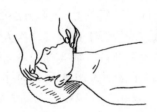

图9-11 抬起下颏法

➤ 判断呼吸。触电伤员如意识丧失，应在开放气道后10s内用看、听、试的方法判定伤员有无呼吸，见图9-12。

➤ 看：看伤员的胸、腹壁有无呼吸起伏动作；

➤ 听：用耳贴近伤员的口鼻处，听有无气声音；

➤ 试：用颜面部的感觉测试口鼻部有无呼气气流。

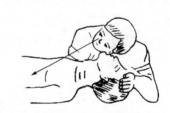

图9-12 看、听、试伤员呼吸

若无上述体征可确定无呼吸。一旦确定无呼吸后，立即进行两次人工呼吸。

➤ 口对口（鼻）呼吸。当判断伤员确实不存在呼吸时，应即进行口对口（鼻）的人工呼吸，其具体方是：

在保持呼吸通畅的位置下进行。用按于前额一手的拇指与食指，捏住伤员鼻孔（或鼻翼）下端，以防气体从口腔内经鼻孔逸出，施救者深吸一口气屏住并用自己的嘴唇包住（套住）伤员微张的嘴。

每次向伤员口中吹（呵）气持续1～1.5s，同时仔细地观察伤员胸部有无起伏，如无起伏，说明气未吹进，如图9-13所示。

一次吹气完毕后，应即与伤员口部脱离，轻轻抬起头部，面向伤员胸部，吸入新鲜空气，以便作下一次人工呼吸。同时使伤员的口张开，捏鼻的手也可放松，以便伤员从鼻孔通气，观察伤员胸部向下恢复时，则有气流从伤员口腔排出，见图9-14。

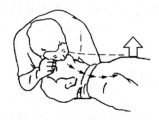 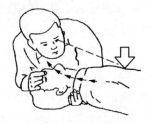

图9-13 口对口吹气　　　　　　　　图9-14 口对口吸气

（3）判断伤员有无脉搏与胸外心脏按压。

➢ 脉搏判断。在检查伤员的意识、呼吸、气道之后，应对伤员的脉搏进行检查，以判断伤员的心脏跳动情况（非专业救护人员可不进行脉搏检查，对无呼吸、无反应、无意识的伤员立即实施心肺复苏）。具体方法如下：

在开放气道的位置下进行（首次人工呼吸后）。

一手置于伤员前额，使头部保持后仰，另一手在靠近抢救者一侧触摸颈动脉。

可用食指及中指指尖先触及气管正中部位，男性可先触及喉结，然后向两侧滑移 2～3cm，在气管旁软组织处轻轻触摸颈动脉搏动，见图9-15。

➢ 胸外心脏外按压（见图9-16）。在对心跳停止者未进行按压前，先手握空心拳，快速垂直击打伤员胸前区胸骨中下段1～2次，每次1～2s，力量中等，若无效，则立即胸外心脏按压，不能耽搁时间。

按压部位。胸骨中1/3与下1/3交界处。

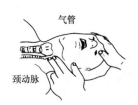 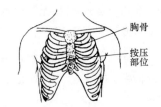

图9-15 触摸颈动脉搏　　　　　　　图9-16 胸外按压位置

伤员体位。伤员应仰卧于硬板床或地上。如为弹簧床，则应在伤员背部垫一硬板。硬板长度及宽度应足够大，以保证按压胸骨时，伤员身体不会移动。但不可因找寻垫板而延误开始按压的时间。

快速测定按压部位的方法。快速测定按压部位可分5个步骤。

首先触及伤员上腹部，以食指及中指沿伤员肋弓处向中间移滑，如图9-17（a）所示。

在两侧肋弓交点处寻找胸骨下切迹。以切迹作为定位标志。不要以剑突下定位，如图9-17（b）所示。

然后将食指及中指两横指放在胸骨下切迹上方，食指上方的胸骨正中部即为按压区，如图9-17（c）所示。

以另一手的掌根部紧贴食指上方，放在按压区，如图9-17（d）所示。

再将定位之手取下，重叠将掌根放于另一手背上，两手手指交叉抬起，使手指脱离胸壁，如图9-17（e）所示。

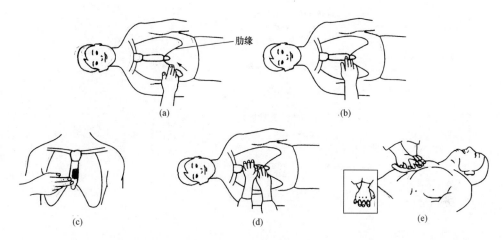

图9-17　快速测定按压部位

（a）二指沿肋弓向中移滑；（b）切迹定位标志；（c）按压区；（d）掌根部放在按压区；（e）重叠掌根

按压姿势。正确的按压姿势，如图9-18所示。抢救者双臂绷直，双肩在伤员胸骨上方正中，靠自身重量垂直向下按压。

按压用力方式如图9-19所示。

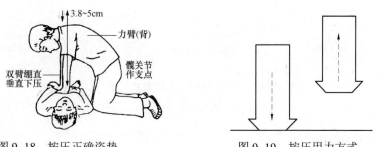

图9-18　按压正确姿势　　　　图9-19　按压用力方式

按压应平稳，有节律地进行，不能间断。不能冲击式的猛压。下压及向上放松的时间应相等。压按至最低点处，应有一明显的停顿。垂直用力向下，不要左右摆动。

放松时定位的手掌根部不要离开胸骨定位点，但应尽量放松，务使胸骨不受任何压力。

按压频率。按压频率应保持在100次/min。

按压与人工呼吸比例。按压与人工呼吸的比例关系通常是，成人为30:2 婴儿、儿童为

15:2。按压深度。通常，成人伤员为 4～5cm。

图 9-20 为现场心肺复苏的抢救程序。

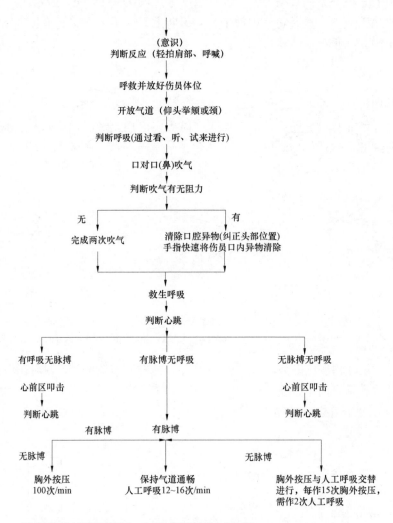

图 9-20　现场心肺复苏的抢救程序

### 9.5.4.3　创伤急救

创伤急救原则上是先抢救，后固定，再搬运，并注意采取措施，防止伤情加重或污染。需要送医院救治的，应立即做好保护伤员措施后送医院救治。急救成功的条件是：动作快，操作正确，任何延迟和误操作均可加重伤情，并可导致死亡。

创伤急救采取的止血方法如下：

（1）伤口渗血：用较伤口稍大的消毒纱布数层覆盖伤口，然后进行包扎。若包扎后仍有较多渗血，可再加绷带适当加压止血。

（2）伤口出血呈喷射状或鲜红血液涌出时，立即用清洁手指压迫出血点上方（近心端），使血流中断，并将出血肢体抬高或举高，以减少出血量。

（3）用止血带或弹性较好的布带等止血时，如图 9–21 所示，应先用柔软布片或伤员的衣袖等数层垫在止血带下面，再扎紧止血带以刚使肢端动脉搏动消失为度。上肢每 60min，下肢每 80min 放松一次，每次放松 1～2min。开始扎紧与每次放松的时间均应书面标明在止血带旁。扎紧时间不宜超过 4h。不要在上臂中 1/3 处和窝下使用止血带，以免损伤神经。若放松时观察已无大出血可暂停使用。

图 9–21　止血带

（4）严禁用电线、铁丝、细绳等作止血带使用。

（5）高处坠落、撞击、挤压可能有胸腹内脏破裂出血。受伤者外观无出血但常表现面色苍白，脉搏细弱，气促，冷汗淋漓，四肢厥冷，烦躁不安，甚至神志不清等休克状态，应迅速躺平，抬高下肢，保持温暖，速送医院救治。若送院途中时间较长，可给伤员饮用少量糖盐水。

#### 9.5.4.4　烧伤急救

（1）电灼伤、火焰烧伤或高温气、水烫伤均应保持伤口清洁。伤员的衣服鞋袜用剪刀剪开后除去。伤口全部用清洁布片覆盖，防止污染。四肢烧伤时，先用清洁冷水冲洗，然后用清洁布片或消毒纱布覆盖送医院。

（2）强酸或碱灼伤应迅速脱去被溅染衣物，现场立即用大量清水彻底冲洗，要彻底，然后用适当的药物给予中和；冲洗时间不少于 10min；被强酸烧伤应用 5%碳酸氢钠（小苏打）溶液中和；被强碱烧伤应用 0.5%～5%醋酸溶液或 5%氯化铵或 10%构橼酸液中和。

（3）未经医务人员同意，灼伤部位不宜敷搽任何东西和药物。送医院途中，可给伤员多次少量口服糖盐水。

#### 9.5.4.5　高温中暑急救

（1）烈日直射头部，环境温度过高，饮水过少或出汗过多等可以引起中暑现象，其症状一般为恶心、呕吐、胸闷、眩晕、嗜睡、虚脱，严重时抽搐、惊厥甚至昏迷。

（2）应立即将病员从高温或日晒环境转移到阴凉通风处休息。用冷水擦浴，湿毛巾覆盖身体，电扇吹风，或在头部置冰袋等方法降温，并及时给员口服盐水。严重者送医院治疗。

#### 9.5.4.6　有害气体中毒急救

（1）气体中毒开始时有流泪、眼痛、呛咳、咽部干燥等症状，应引起警惕。稍重时会头痛、气促、胸闷、眩晕。严重时会引起惊厥昏迷。

（2）怀疑可能存在有害气体时，应即将人员撤离现场，转移到通风良好处休息。抢救人员进入险区应戴防毒面具。

（3）已昏迷病员应保持气道通畅，有条件时给予氧气吸入。呼吸心跳停止者，按心肺复苏法抢救，并联系医院救治。

（4）迅速查明有害气体的名称，供医院及早对症治疗。

# 9.6 安 全 设 施

安全设施是生产经营活动中将危险因素、有害因素控制在安全范围内以及预防、减少、消除危害所设置的安全标志、设备标志、安全警示线、安全防护设施等的统称。

## 9.6.1 安全设施设置要求

（1）安全设施应清晰醒目、规范统一、安装可靠、便于维护，适应使用环境要求。

（2）安全设施所用的颜色应符合 GB 2893—2008《安全色》的规定。

（3）变电设备（设施）本体或附近醒目位置应装设设备标志牌，涂刷相色标志或装设相位标志牌。

（4）变电站设备区与其他功能区、运行设备区与改（扩）建施工区之间应装设区域隔离遮栏。不同电压等级设备区宜装设区域隔离遮栏。

（5）生产场所安装的固定遮栏应牢固，工作人员出入的门等活动部分应加锁。

（6）变电站入口应设置减速线，变电站内适当位置应设置限高、限速标志。设置标志应易于观察。

（7）变电站内地面应标注设备巡视路线和通道边缘警戒线。

（8）安全设施设置后，不应构成对人身伤害、设备安全的潜在风险或妨碍正常工作。

## 9.6.2 安全设施安装制作要求

（1）安全标志、变电设备标志应采用标牌安装。

（2）标志牌标高可视现场情况自行确定，但对于同一变电站、同类设备（设施）的标志牌标高应统一。

（3）标志牌规格、尺寸、安装位置可视现场情况进行调整，但对于同一变电站、同类设备（设施）的标志牌规格、尺寸及安装位置应统一。

（4）标志牌应采用坚固耐用的材料制作，并满足安全要求。对于照明条件差的场所，标志牌宜用荧光材料制作。

（5）低压配电屏（箱）、二次设备屏等有触电危险或易造成短路的作业场所悬挂的标志牌应使用绝缘材料制作。

（6）除特殊要求外，安全标志牌、设备标志牌宜采用工业级反光材料制作。

（7）涂刷类标志材料应选用耐用、不褪色的涂料或油漆。各类标线应采用道路线漆涂刷。

（8）变电站使用的红布幔应采用纯棉布制作。

（9）所有矩形标志牌应保证边缘光滑，无毛刺，无尖角。

## 9.6.3 安全标志

安全标志是用以表达特定安全信息的标志，由图形符号、安全色、几何形状（边框）

和文字构成。安全标志分禁止标志、警告标志、指令标志、提示标志四大基本类型。

### 9.6.3.1 一般规定

（1）变电站设置的安全标志包括禁止标志、警告标志、指令标志、提示标志四种基本类型和消防安全标志、道路交通标志等特定类型。

（2）安全标志一般使用相应的通用图形标志和文字辅助标志的组合标志。

（3）安全标志一般采用标志牌的形式，宜使用衬边，以使安全标志与周围环境之间形成较为强烈的对比。

（4）安全标志所用的颜色、图形符号、几何形状、文字，标志牌的材质、表面质量、衬边及型号选用、设置高度、使用要求应符合 GB 2894—2008《安全标志及其使用导则》的规定。

（5）安全标志牌应设在与安全有关场所的醒目位置，便于进入变电站的人们看到，并有足够的时间来注意它所表达的内容。环境信息标志宜设在有关场所的入口处和醒目处；局部环境信息应设在所涉及的相应危险地点或设备（部件）的醒目处。

（6）安全标志牌不宜设在可移动的物体上，以免标志牌随母体物体相应移动，影响认读。标志牌前不得放置妨碍认读的障碍物。

（7）多个标志在一起设置时，应按照警告、禁止、指令、提示类型的顺序，先左后右、先上后下地排列，且应避免出现相互矛盾、重复的现象。也可以根据实际，使用多重标志。

（8）安全标志牌的固定方式分附着式、悬挂式和柱式。附着式和悬挂式的固定应稳固不倾斜，柱式的标志牌和支架应联接牢固。临时标志牌应采取防止脱落、移位措施。

（9）安全标志牌应设置在明亮的环境中。

（10）安全标志牌设置的高度尽量与人眼的视线高度相一致，悬挂式和柱式的环境信息标志牌的下缘距地面的高度不宜小于 2m，局部信息标志的设置高度应视具体情况确定。

（11）安全标志牌的平面与视线夹角（图 9-22 中 $\alpha$ 角）应接近 90°，观察者位于最大观察距离时，最小夹角不低于 75°。

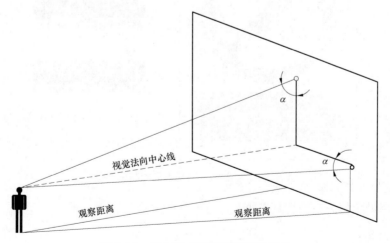

图 9-22　安全标志牌平面与视线夹角

（12）安全标志牌应定期检查，如发现破损、变形、褪色等不符合要求时，应及时修整或更换。修整或更换时，应有临时的标志替换，以避免发生意外伤害。

（13）变电站入口，应根据站内通道、设备、电压等级等具体情况，在醒目位置按配置规范设置相应的安全标志牌。如"当心触电""未经许可不得入内""禁止吸烟""必须戴安全帽"等，并应设立限速的标识（装置）。

（14）设备区入口，应根据通道、设备、电压等级等具体情况，在醒目位置按配置规范设置相应的安全标志牌。如"当心触电""未经许可不得入内""禁止吸烟""必须戴安全帽"及安全距离等，并应设立限速、限高的标识（装置）。

（15）各设备间入口，应根据内部设备、电压等级等具体情况，在醒目位置按配置规范设置相应的安全标志牌。如主控制室、继电器室、通信室、自动装置室应配置"未经许可不得入内""禁止烟火"；继电器室、自动装置室应配置"禁止使用无线通信"；高压配电装置室应配置"未经许可不得入内""禁止烟火"；GIS 组合电器室、$SF_6$ 设备室、电缆夹层应配置"禁止烟火""注意通风""必须戴安全帽"等。

### 9.6.3.2 禁止标志

禁止标志是指禁止或制止人们不安全行为的图形标志。

（1）禁止标志牌的基本型式是一长方形衬底牌，上方是禁止标志（带斜杠的圆边框），下方是文字辅助标志（矩形边框）。

（2）禁止标志牌长方形衬底色为白色，带斜杠的圆边框为红色，标志符号为黑色，辅助标志为红底白字、黑体字，字号根据标志牌尺寸、字数调整。如图 9–23 所示。

红—M100 Y100

黑—K100

图 9–23　禁止标志的基本形式与标准色

（3）常用禁止标志及设置规范见表 9–3。

表 9–3 常用禁止标志及设置规范

| 名称 | 图形标志示例 | 设置范围和地点 |
|---|---|---|
| 禁止合闸<br>有人工作 | <br>禁止合闸有人工作 | 一经合闸即可送电到施工设备的断路器（开关）和隔离开关（刀闸）操作把手上等处 |
| 禁止合闸<br>线路有人工作 | <br>禁止合闸线路有人工作 | 线路断路器（开关）和隔离开关（刀闸）把手上 |
| 禁止分闸 | <br>禁止分闸 | 接地刀闸与检修设备之间的断路器（开关）操作把手上 |
| 禁止攀登<br>高压危险 | <br>禁止攀登 高压危险 | 高压配电装置构架的爬梯上，变压器、电抗器等设备的爬梯上 |

| 名称 | 图形标志示例 | 设置范围和地点 |
|---|---|---|
| 禁止烟火 | | 设备区入口、主控制室、继电器室、通信室、自动装置室、变压器室、配电装置室、电缆夹层、隧道入口、危险品存放点等处 |
| 禁止使用无线通信 | | 继电器室、自动装置室等处 |

### 9.6.3.3 警告标志

警告标志是提醒人们对周围环境引起注意，以避免可能发生危险的图形标志。

（1）警告标志牌的基本型式是一长方形衬底牌，上方是警告标志（正三角形边框），下方是文字辅助标志（矩形边框）。

（2）警告标志牌长方形衬底色为白色，正三角形边框底色为黄色，边框及标志符号为黑色，辅助标志为白底黑字、黑体字，字号根据标志牌尺寸、字数调整。如图9-24所示。

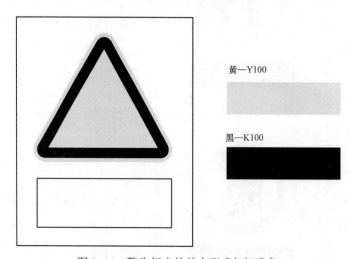

黄—Y100

黑—K100

图9-24　警告标志的基本形式与标准色

（3）常用警告标志及设置规范见表9-4。

表 9–4　　　　　　　常用警告标志及设置规范

| 名称 | 图形标志示例 | 设置范围和地点 |
|---|---|---|
| 止步<br>高压危险 | 止步 高压危险 | 带电设备固定遮栏上，室外带电设备构架上，高压试验地点安全围栏上，因高压危险禁止通行的过道上，工作地点临近室外带电设备的安全围栏上，工作地点临近带电设备的横梁上等处 |
| 注意安全 | 注意安全 | 易造成人员伤害的场所及设备等处 |

### 9.6.3.4　指令标志

指令标志是强制人们必须做出某种动作或采用防范措施的图形标志。

（1）指令标志牌的基本型式是一长方形衬底牌，上方是指令标志（圆形边框），下方是文字辅助标志（矩形边框）。

（2）指令标志牌长方形衬底色为白色，圆形边框底色为蓝色，标志符号为白色，辅助标志为蓝底白字、黑体字，字号根据标志牌尺寸、字数调整。如图 9–25 所示。

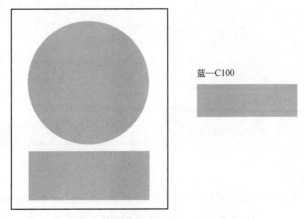

蓝—C100

图 9–25　指令标志的基本形式与标准色

（3）常用警告标志及设置规范见表 9–5。

表 9–5　　　　　　　　　　　常用警告标志及设置规范

| 名称 | 图形标志示例 | 设置范围和地点 |
| --- | --- | --- |
| 必须戴安全帽 |  | 生产现场（办公室、主控制室、值班室和检修班组室除外）佩戴 |
| 必须戴防护手套 |  | 易伤害手部的作业场所，如具有腐蚀、污染、灼烫、冰冻及触电危险的作业等处 |
| 必须系安全带 |  | 易发生坠落危险的作业场所，如高处建筑、检修、安装等处 |
| 注意通风 |  | $SF_6$ 装置室、蓄电池室、电缆夹层、电缆隧道入口等处 |

#### 9.6.3.5　提示标志

提示标志是向人们提供某种信息（如标明安全设施或场所等）的图形标志。

（1）提示标志牌的基本型式是一正方形衬底牌和相应文字，四周间隙相等。

（2）提示标志牌衬底色为绿色，标志符号为白色，文字为黑色（白色）黑体字，字号根据标志牌尺寸、字数调整。如图 9–26 所示。

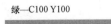

绿—C100 Y100

图9-26 提示标志的基本形式与标准色

（3）常用警告标志及设置规范见表9-6。

表9-6 常用警告标志及设置规范

| 名称 | 图形标志示例 | 设置范围和地点 |
|---|---|---|
| 在此工作 | **在此工作** | 工作地点或检修设备上 |
| 从此上下 | **从此上下** | 工作人员可以上下的铁（构）架、爬梯上 |
| 从此进出 | **从此进出** | 工作地点遮栏的出入口处 |

### 9.6.4 安全防护设施

#### 9.6.4.1 一般规定

（1）安全防护设施用于防止外因引发的人身伤害，包括安全帽、安全工器具柜、安全工器具试验合格证标志牌、固定防护遮栏、区域隔离遮栏、临时遮栏（围栏）、红布幔、孔洞盖板、爬梯遮栏门、防小动物挡板、防误闭锁解锁钥匙箱等设施和用具。

（2）工作人员进入生产现场，应根据作业环境中所存在的危险因素，穿戴或使用必要的防护用品。

### 9.6.4.2 安全防护设施及配置规范

安全防护设施及配置规范见表9-7。

表9-7　　　　　　　　　　　安全防护设施及配置规范

| 名称 | 图形示例 | 配置规范 |
|---|---|---|
| 安全帽 | | （1）安全帽用于作业人员头部防护。任何人进入生产现场（办公室、主控制室、值班室和检修班组室除外），应正确佩戴安全帽。<br>（2）安全帽应符合GB2811—2007《安全帽》的规定。<br>（3）安全帽前面有国家电网公司标志，后面为单位名称及编号，并按编号定置存放。<br>（4）安全帽实行分色管理。红色安全帽为管理人员使用，黄色安全帽为运行人员使用，蓝色安全帽为检修（施工、试验等）人员使用，白色安全帽为外来参观人员使用 |
| 固定防护遮栏 | | （1）固定防护遮栏适用于落地安装的高压设备周围及生产现场平台、人行通道、升降口、大小坑洞、楼梯等有坠落危险的场所。<br>（2）用于设备周围的遮栏高度不低于1700mm，设置供工作人员出入的门并上锁；防坠落遮栏高度不低于1050mm，并装设不低于100mm高的护板。<br>（3）固定遮栏上应悬挂安全标志，位置根据实际情况而定。<br>（4）固定遮栏及防护栏杆、斜梯应符合 GB 4053.2—2009《固定式钢梯及平台安全要求第 2 部分：钢斜梯》、GB4053.3—2009《固定式钢梯及平台安全要求第 3 部分：工业防护栏杆及钢平台》的规定，其强度和间隙满足防护要求。<br>（5）检修期间需将栏杆拆除时，应装设临时遮栏，并在检修工作结束后将栏杆立即恢复 |

| 名称 | 图 形 示 例 | 配 置 规 范 |
|------|-----------|------------|
| 临时遮栏（围栏） | | （1）临时遮栏（围栏）适用于下列场所：<br>1）有可能高处落物的场所；<br>2）检修、试验工作现场与运行设备的隔离；<br>3）检修、试验工作现场规范工作人员活动范围；<br>4）检修现场安全通道；<br>5）检修现场临时起吊场地；<br>6）防止其他人员靠近的高压试验场所；<br>7）安全通道或沿平台等边缘部位，因检修拆除常设栏杆的场所；<br>8）事故现场保护；<br>9）需临时打开的平台、地沟、孔洞盖板周围等；<br>10）直流换流站单极停电工作，应在双极公共区域设备与停电区域之间设置围栏。<br>（2）临时遮栏（围栏）应采用满足安全、防护要求的材料制作。有绝缘要求的临时遮栏应采用干燥木材、橡胶或其他坚韧绝缘材料制成。<br>（3）临时遮栏（围栏）高度为1050～1200mm，防坠落遮栏应在下部装设不低于 180mm 高的挡脚板。<br>（4）临时遮栏（围栏）强度和间隙应满足防护要求，装设应牢固可靠。<br>（5）临时遮栏（围栏）应悬挂安全标志，位置根据实际情况而定 |
| 红布幔 | | （1）红布幔适用于变电站二次系统上进行工作时，将检修设备与运行设备前后以明显的标志隔开。<br>（2）红布幔尺寸一般为 2400×800mm、1200×800mm、650×120mm，也可根据现场实际情况制作。<br>（3）红布幔上印有运行设备字样，白色黑体字，布幔上下或左右两端设有绝缘隔离的磁铁或挂钩 |
| 红白带 | |  |

# 附　　则

## 10.1　日常仪器、仪表及安全工器具的使用方法

### 第一章　总　　则

**第一条**　"电测仪器仪表"包括市区供电公司所使用的电能表、计量、测量互感器及二次回路、指示仪表、电测仪器、变送器、交流采样装置、电压检测仪及负荷测录仪等。

**第二条**　电测仪器仪表的使用及管理包括购置、接收、试验、修校、存放、使用、保养、流转、降级、报废、封存与赔偿等环节的管理，力求使该管理工作达到制度化、标准化、规范化。

**第三条**　供电公司相关人员均应熟悉本规定，并在购置、接收、试验、修校、存放、使用、保养、流转、降级、报废、封存与赔偿等工作中贯彻执行。

### 第二章　管　理　职　责

**第四条**　供电公司电测仪器仪表管理工作由专业部门管理，受分管领导直接领导。

**第五条**　供电公司各专业部门是电测仪器仪表的归口管理部门，负责制定管理制度，并监督、检查各相关班组（站）贯彻执行有关电测仪器仪表的管理规定情况。供电公司设计量专业工程师（或兼职），负责本部门的电测仪器仪表日常管理工作。

**第六条**　各部门站站长及班组班组长应指定专人为电测仪器仪表管理专责人，负责电测仪器仪表的管理工作。

**第七条**　供电公司的管理职责：

（一）贯彻执行上级有关方针、政策、法规、标准、规程和制度等，结合本单位实际情况，制定公司的电测仪器仪表管理制度，并组织实施。

（二）负责所管辖范围内电测仪器仪表的监督管理工作，将具体工作任务、指标落实到有关班组（站）和岗位，进行指导、监督和考核，并对相关数据进行汇总，填写各类报表，进行分析和上报。

（三）负责制定所管辖范围内电测仪器仪表周期检定计划和抽检计划，督促各班组（站）按时送检，监督检查电测仪器仪表的流转、降级和报废工作。

（四）负责所管辖范围内技措、基建、更改等工程中有关电测仪器仪表设计方案的审查，参加工程竣工验收工作。

（五）负责根据生产运行、安全质量、能源和经营管理需要，审批部门及各班组（站）电测仪器仪表的购置计划，并上报上级相关部门。

（六）负责电测仪器仪表的选厂、选型（在上海市电力公司公布的入网名单内选择）。

（七）负责定期对所管辖电测仪器仪表的购置、验收、试验、使用、保管和报废工作进行抽查，保证设备的正常运行和使用，并做好记录。

（八）参与公司生产事故的分析工作，仲裁所管辖范围内因电测仪器仪表问题引起的争执和纠纷。

（九）负责组织各班组（站）相关人员参加技术、业务培训，开展电测仪器仪表技术协作和经验、学术交流，提高业务水平；分析和处理在用电测仪器仪表的技术状况，推进开展电测仪器仪表的技术革新，推广新技术、新成果。

**第八条** 有关班组（站）的管理职责：

（一）各班组（站）的班（站）长是管理电测仪器仪表的第一责任人，负责维护所管辖范围内的电测仪器仪表的正常运行，监督班组内电测仪器仪表的定期试验、保管、添置及报废。

（二）各班组（站）应建立电测仪器仪表管理台账，做到账、卡、物相符，试验报告、检查记录齐全。

（三）班组（站）内电测仪器仪表应定置存放，设专人保管，保管人应定期进行日常检查、维护、保养。

（四）个人电测仪器仪表自行保管（定置存放），应定期进行日常检查、维护、保养。

（五）电测仪器仪表严禁挪作他用，不得外借外单位。发现不合格应予以报废，超试验周期的应另外封存，严禁使用。

（六）严格执行操作规定，正确使用电测仪器仪表。不熟悉使用操作方法的人员不得使用电测仪器仪表。

**第九条** 电测仪器仪表使用中的安全制度及事故报告制度：

（一）电测仪器仪表使用中应严格执行电业安全工作规程及单位安全工作制度。

（二）当发生人身或设备事故、异常情况时，当事人或其他在场工作人员应立即切断有关电源，采取相应措施，保护事故现场，并立即报告安全员及有关负责人。

（三）对事故应作分析并记录，包括当事人、事故发生过程、原因及造成的后果、区分责任、处理意见以及今后防范措施等，并上报上级计量监督机构。

（四）事故分析记录由安全员填写，经当事人及工作负责人同意后向主管领导汇报，对重大事故应填写事故报告，经主管领导同意后上报。

## 第三章　购　置　与　接　收

**第十条** 电测仪器仪表必须符合国家和行业有关电测仪器仪表的法律、行政法规、规章、强制性标准及技术规程的要求。

**第十一条** 电测仪器仪表采购规定

（一）在上海市电力公司公布的入网产品名单中，选购业绩优秀、质量优良、维修方便、服务优质，且在国家电网公司系统内具有一定使用经验、使用情况良好的电测仪器仪表。

（二）各班组（站）添置各类电测仪器仪表时，应根据生产实际需要定填写申购单，申购单必须写明用途、品种、型号、精度、规格、数量、推荐厂家及厂家联系人等，报对口专业工程师审核，由专业工程师报计量专业工程师进行汇总，计量专业工程师汇总后需报部门领导审核、批准后方可申请采购。申购电测仪器仪表价格在 2000 元及以上属固定资产，需由计量专业工程师将签字后的申购单交项目专职进行零购。价格在 2000 元以下者，由计量专业工程师按物料进行采购。电测仪器仪表申购流程如图 10-1 所示。

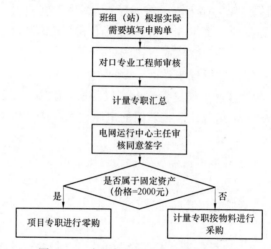

图 10-1 电测仪器仪表申购流程示意图

**第十二条** 电测仪器仪表接收规定

（一）电测仪器仪表接收前，应由计量专业工程师会同申购班组（站）验收人员按检定规程或技术说明书所规定的项目进行验收（包括委托验收）。验收合格后由计量专业工程师联系资产专职建立台账，然后方能入库。电测仪器仪表接收流程如图 10-2 所示。

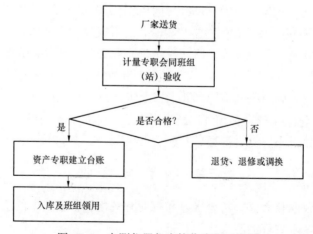

图 10-2 电测仪器仪表接收流程示意图

（二）如在验收过程中发现设备与现场需求不符或存在其他问题，验收人员有权要求送货方退货、退修或调换并将具体情况汇报对口专业工程师、计量专业工程师和部门有关领导。

（三）凡验收不合格或附件不齐全的电测仪器仪表不得入库，由采购人员负责退货、退修或调换。

（四）新购电测仪器仪表验收通过后，由市区供电公司根据该电测仪器仪表的功能、类别给予编号入册。完成接收后，通知申购班组（站）办理领用手续。

（五）申购班组（站）领用新购电测仪器仪表后，应将仪器仪表信息正确填入电测仪器仪表标签，并将标签贴在仪器仪表明显位置。

## 第四章　试验与修校

**第十三条**　各类电测仪器仪表必须通过国家和行业规定的型式试验，进行出厂试验和使用中的周期性试验。本公司使用的最高计量标准器具以及用于贸易结算、安全防护、医疗卫生、环境监测方面的列入强制检定目录的工作计量器具，都应接受有关上级计量检定机构的强制检定。其他工作计量器具应定期自行检定或送其他计量检定机构检定，并接受有关上级计量管理部门的监督、检查。

**第十四条**　应进行试验的电测仪器仪表如下：

（一）规程要求进行试验的电测仪器仪表；

（二）新购置和自制的电测仪器仪表；

（三）检修后或关键零部件经过更换的电测仪器仪表；

（四）对其机械、绝缘性能发生疑问或发现缺陷的电测仪器仪表；

（五）有质量问题的同批电测仪器仪表。

**第十五条**　周期性试验及检验周期、标准及要求应符合：

（一）《上海市电力公司电测计量装置技术管理规范（试行稿）》；

（二）《国家电网公司电力安全工作规程（变电站和发电厂电气部分）（试行）》；

（三）《国家电网公司电力安全工作规程（电力线路部分）（试行）》。

（四）关于印发《上海市电力公司生产性仪器设备校验周期规定（试行）》的通知（上电生〔2012〕4号）。

（五）国网运检部关于印发变电设备带电检测工作指导意见的通知（运检一〔2014〕108号）。

**第十六条**　周期性试验及检验周期要求：

（一）计量专业工程师应按国家有关部门、国家电网公司、上海市电力公司等所规定的检定周期制定本公司各类电测仪器仪表的检定周期，并检定计划、安排实施。同时应监督各个班组（站）及时更新电测仪器仪表的台账、技术档案。

（二）对于需外检的电测仪器仪表，班组（站）应于年初制定出本年度相关仪器仪表的送检计划，并填写送检申请表。经计量专业工程师审核通过后，由各班组（站）电测仪器仪表管理责任人负责落实送检计划，尽早联系，及时送检。一般要求每年九月以前完成全部送检任务。送检完成后各班组（站）电测仪器仪表管理责任人应将送检情况以书面形式汇报计量专业工程师。电测仪器仪表送校流程见图3。

（三）送检电测仪器仪表至有关单位、班组（站）时，送检人员应与接收人员当场校对送检单、物，以防漏送、错送。

（四）经有关单位、班组（站）检验后的电测仪器仪表，合格者应出具合格证，并更新校验记录，不合格者应出具试验报告。

（五）对于变配电设备上的周期检查，由计量专业工程师结合设备大修计划完成。

（六）超周期的电测仪器仪表均作不合格设备处理。不合格电测仪器仪表应封存，不得使用。使用超周期或不合格电测仪器仪表而造成的后果，由使用班组（站）或使用者负责，市区供电公司可按有关规定对使用班组（站）或使用者进行处理。

（七）计量要求仅用于指示的仪器，请使用班组自行定期进行检查，并对检查结果作记录。

（八）目前暂无法送校的仪器，如有自检功能的，应定期进行自检；无自检功能的，应定期要求生产厂家进行检查。

第十七条　抽查要求：

（一）资产专职负责对所管辖范围内的在用电测仪器仪表进行抽查。

（二）抽查时应顾及电测仪器仪表的分布面，认真做好抽检记录及抽检合格率计算，并统一归档保存。

（三）抽查中如发现在用电测仪器仪表无合格证、超周期或有异常现象，电测仪器仪表应立即停用并送检，经检验合格后方可投入使用。

第十八条　各班组（站）应每半年对所管辖范围内的在用电测仪器仪表进行一次全面的自行检查，认真做好自查记录，正确填写自查表格，并统一归档保存。

第十九条　电测仪器仪表的维修，原则上由该仪器仪表的生产厂家进行，维修后必须送往指定试验单位（检定单位）进行试验，合格后方可使用。

第二十条　电测仪器仪表损坏后应由班组向计量负责人提交维修申请单，说明设备型号、生产厂家、维修厂家及维修费用，经计量专业工程师及部门领导确认后方可进行维修。维修及检定完成后，各班组（站）电测仪器仪表管理责任人以书面形式汇报计量专业工程师。仪器仪表维修流程见图4。

第二十一条　各个班组不可私自联系厂家安排维修工作。如有违反，市区供电公司可对其提出的结算要求不予支持。

## 第五章　存放、使用与保养

第二十二条　电测仪器仪表的保管与存放，必须满足国家和行业标准及产品说明书要求，具体规定为：

（一）电测仪器仪表必须建立台账，注明电测仪器仪表的名称、规格、生产厂家、出厂编号、出厂日期、数量、保管人、存放地点、使用年限和校验记录等信息，如有变化应及时予以更正。

（二）电测仪器仪表应分门别类的陈设在专用货架或指定地方，设置醒目清晰的标识，标识内容包括：名称、规格、编号、上次校验日期和专职保管员等。

（三）对有特殊要求或贵重的电测仪器仪表，应严格按厂家要求保管，并设专人保管与使用。

（四）电测仪器仪表应保持清洁干燥，禁止在阴暗、潮湿、闷热、高温及脏污处随意堆放，不准与硬、刺、锋利物混放在一起，不得置留在杆塔上、露天场地上或检修车辆内过夜。

（五）电测仪器仪表存放间内必须备有充分的消防器材，禁止在电测仪器仪表间内吸烟、使用明火、晾晒衣物或寄放物品等。

（六）电测仪器仪表的技术资料、仪器附件应归档后由指定保管员妥善保管，并建立借用制度。

**第二十三条** 电测仪器仪表编号规定（试行）：

（一）电测仪器仪表编号规定说明

电测仪器仪表编号应使用以下编号模式：

（二）编号说明

电测仪器仪表代号见表 10-1。

表 10-1　　　　　　　　　　　　电 测 仪 器 仪 表 代 号

| 序号 | 电测仪器仪表 | 代号 |
|---|---|---|
| 1 | 电测计量器具 | DC |
| 2 | 电试计量器具 | DS |

区域代号见表 10-2。

表 10-2　　　　　　　　　　　　区 域 代 号

| 序号 | 区　　域 | 代号 |
|---|---|---|
| 1 | 市区 | SQ |

专业代号见表 10-3。

表 10-3 专 业 代 号

| 序号 | 专 业 | 代号 |
|------|--------|------|
| 1 | 运行 | 01 |
| 2 | 继保 | 02 |
| 3 | 修试 | 03 |
| 4 | 线路 | 04 |

**第二十四条** 电测仪器仪表的借用要求：

（一）由班组（站）长或指定人员填写电测仪器仪表借用单，向保管员办理借用手续，由保管员根据借用单内容逐一提供，当场做好记录。

（二）外单位借用电测仪器仪表，需办理借用手续，并经相关技术专职批准。

（三）借用电测仪器仪表使用完毕后，应及时归还保管员，保管员应按借用单逐一清点查对，发现缺件或损坏应说明原因并做好记录，并将损坏工器具分开陈列，装设不合格标识，留待修缮维护。借用班组（站）在未通知专职保管员的情况下，不得随意将归还电测仪器仪表堆放在工具间门口。

（四）凡数个班组合作进行的工程，借用电测仪器仪表因工作原因必须由其他班组归还时，应由借用班组向专职保管员说明情况，并更改借用班组名称。

**第二十五条** 电测仪器仪表的使用和保养要求：

（一）各类电测仪器仪表均应按产品说明书或使用手册要求正确使用，不得违反。

（二）电测仪器仪表使用中应注意操作顺序、使用方法、连续使用时间、使用精度、使用极限等，不得随意拆卸设备，不得使仪器带病工作。

（三）电测仪器仪表使用中应注意设备转动部分灵活无卡住现象，零部件完好无损，无泥土和锈斑，工作结束后应按使用手册要求收好设备，不得遗失设备或零件。

（四）电测仪器仪表的维护保养内容主要是防尘、防潮、防腐和防老化工作。设备使用结束要用干抹布擦拭外壳，停用时应用布罩遮盖，部分仪器仪表还有避光的要求。若电测仪器仪表内部进入灰尘，应请专业人员进行处理。

（五）精密、贵重、稀有电测仪器仪表应该从使用、保管、维护、检查等几个方面切实做好工作，严格执行"定使用地点、定使用人员、定检修人员"的"四定"制度和"精机不粗用、不带病工作、不违反操作规程、不在仪器上堆放其他仪器及物品"的"四不"制度。

（六）电测仪器仪表在装卸过程中应轻装轻卸，铝合金工具在运输过程中应装在工具箱（筐）内，并尽可能加以固定，或采取有效措施防止其在运输中受压或受撞击而造成损坏。绝缘部分或绝缘工具在不使用时应置于专用工具箱或袋包内，以防受潮。

## 第六章　流　转　与　降　级

**第二十六条** 在用电测仪器仪表，当使用班组（站）发生变更时，应及时办理电测仪器仪表流转手续。

**第二十七条** 电测仪器仪表降级

（一）电测仪器仪表在使用一定年限后或经修理后，由于精度不能达到原有的技术要求，但仍具使用价值，此类电测仪器仪表可降级使用。

（二）降级使用的电测仪器仪表均应做好账、卡的更改工作。

（三）降级使用的电测仪器仪表，必须贴上明显的等级标志，并更新对应的台账记录。

## 第七章　报废、封存与赔偿

**第二十八条**　符合下列条件之一者，即予以报废。

（一）电测仪器仪表经试验或检验不符合国家或行业标准。

（二）超过有效使用期限，不能达到有效的功能指标。

（三）损坏或严重磨损，影响正常使用的，或经试验、检验不符合国家或行业标准。

（四）经上级有关部门指定属于淘汰产品的。

（五）消耗性的仪器，已达到了出厂说明书上规定的使用年限或使用次数。

**第二十九条**　报废的电测仪器仪表必须办理报废手续，由使用班组（站）填写报废申请单，必须写明报废理由，由资产专职对报废的电测仪器仪表进行统一处理。

**第三十条**　报废的电测仪器仪表应及时处理，不得与合格的电测仪器仪表混放在一起，更不得使用报废的电测仪器仪表。

**第三十一条**　电测仪器仪表的封存要求：

（一）对长时间不使用又不具备报废条件的电测仪器仪表，使用班组（站）可申请封存。封存的电测仪器仪表须贴上封存标签，且退出周检计划。

（二）封存的电测仪器仪表，一律作不合格电测仪器仪表论处，不得使用。

（三）封存的电测仪器仪表，在启封重新使用前，必须经检验合格后方可使用。启封的电测仪器仪表应列入周检计划，检验不合格的电测仪器仪表作报废处理。

**第三十二条**　各班组（站）应建立封存电测仪器仪表管理台账，做到账、卡、物相符，试验报告、检查记录齐全，并报公司市区供电公司备案。

**第三十三条**　电测仪器仪表遗失、损坏赔偿

（一）由于使用不当、保管不妥而造成损坏或遗失，直接责任人或责任班组（站）应填写电测仪器仪表遗失、损坏赔偿报告单，报计量专业工程师备案。计量专业工程师应会同有关部门、班组（站）及时分析、查明原因，同时上报部门领导，并根据电测仪器仪表损坏程度，对责任人、责任班组（站）给予批评教育，并作出经济赔偿和必要的行政处理。

（二）电测仪器仪表发现遗失或损坏后，必须在一个月内向计量专业工程师申报，隐瞒或逾期不报者，一经查出从重处理。

（三）对于人为损坏而造成电测仪器仪表损坏的，如可修复，则应根据损坏程度进行经济赔偿处罚；如不可修复或设备遗失，则按电测仪器仪表的现行价格、新旧程度来确定赔偿金额。

$$赔偿金额 = \frac{剩余使用年限}{使用寿命} \times 现行价格$$

（四）供电公司在对相关责任人、班组（站）进行责任认定后，写出处理报告，报财务部门办理扣款手续，并从相关责任人工资中扣除赔偿费。如无法确定责任人或责任班组（站），则由使用班组（站）负责赔偿，赔偿金额由使用班组（站）的奖金中一次扣除。

# 10.2 生产管理流程

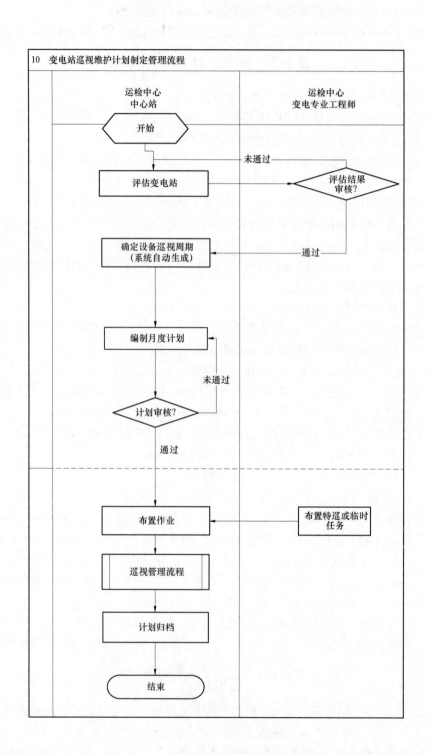

## 12 年度检修计划管理流程

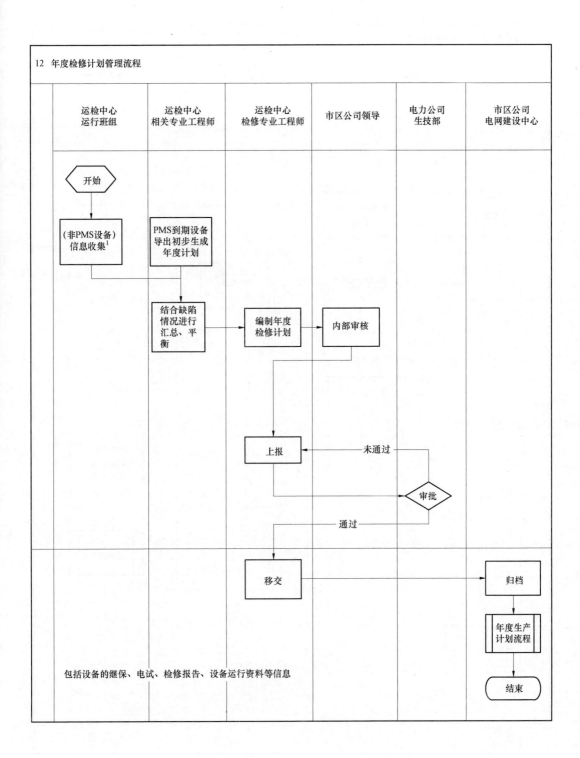

| 运检中心<br>运行班组 | 运检中心<br>相关专业工程师 | 运检中心<br>检修专业工程师 | 市区公司领导 | 电力公司<br>生技部 | 市区公司<br>电网建设中心 |
|---|---|---|---|---|---|

开始

（非PMS设备）<br>信息收集[1]

PMS到期设备<br>导出初步生成<br>年度计划

结合缺陷<br>情况进行<br>汇总、平<br>衡

编制年度<br>检修计划

内部审核

上报 ◄—— 未通过

审批

通过

移交 —— 归档

年度生产<br>计划流程

结束

包括设备的继保、电试、检修报告、设备运行资料等信息

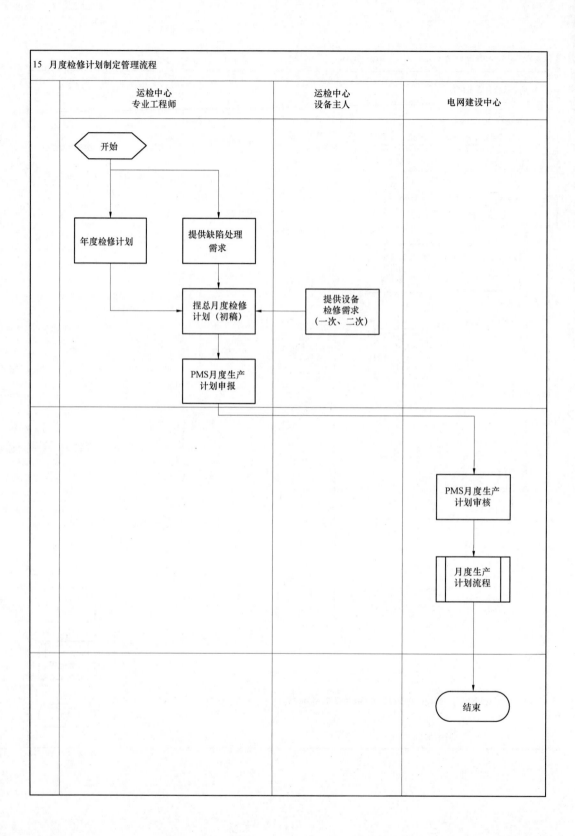

13　状态检修管理流程

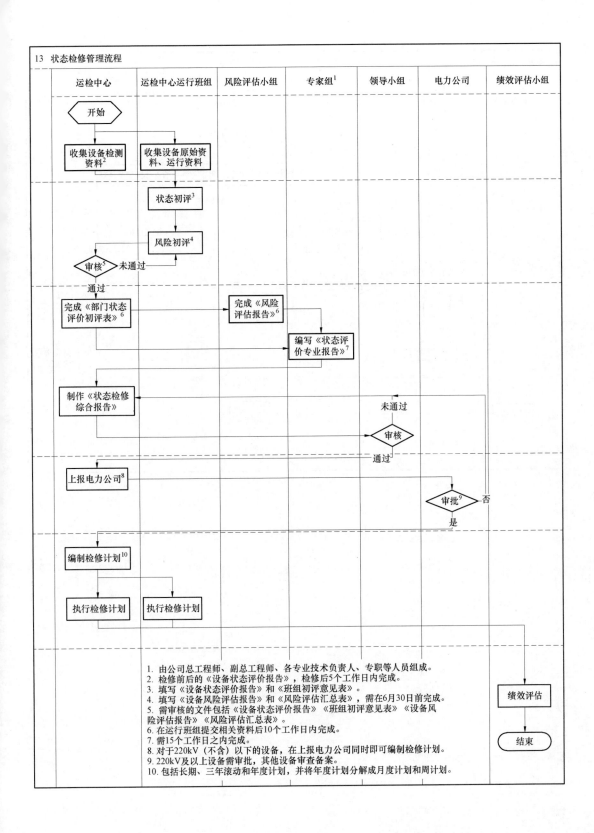

| 运检中心 | 运检中心运行班组 | 风险评估小组 | 专家组[1] | 领导小组 | 电力公司 | 绩效评估小组 |
|---|---|---|---|---|---|---|

开始

收集设备检测资料[2]

收集设备原始资料、运行资料

状态初评[3]

风险初评[4]

审核[5] ——未通过

通过

完成《部门状态评价初评表》[6]

完成《风险评估报告》[6]

编写《状态评价专业报告》[7]

制作《状态检修综合报告》

未通过

审核

通过

上报电力公司[8]

审批[9] ——否

是

编制检修计划[10]

执行检修计划

执行检修计划

绩效评估

结束

1. 由公司总工程师、副总工程师、各专业技术负责人、专职等人员组成。
2. 检修前后的《设备状态评价报告》，检修后5个工作日内完成。
3. 填写《设备状态评价报告》和《班组初评意见表》。
4. 填写《设备风险评估报告》和《风险评估汇总表》，需在6月30日前完成。
5. 需审核的文件包括《设备状态评价报告》《班组初评意见表》《设备风险评估报告》《风险评估汇总表》。
6. 在运行班组提交相关资料后10个工作日完成。
7. 需15个工作日之内完成。
8. 对于220kV（不含）以下的设备，在上报电力公司同时即可编制检修计划。
9. 220kV及以上设备需审批，其他设备审查备案。
10. 包括长期、三年滚动和年度计划，并将年度计划分解成月度计划和周计划。

# 16 检修实施管理流程

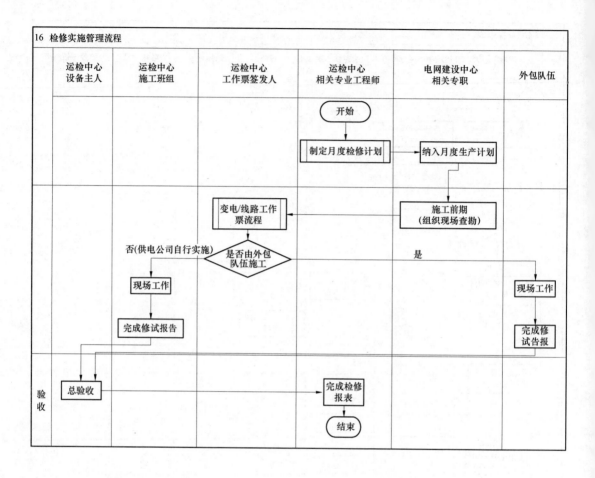

| 运检中心<br>设备主人 | 运检中心<br>施工班组 | 运检中心<br>工作票签发人 | 运检中心<br>相关专业工程师 | 电网建设中心<br>相关专职 | 外包队伍 |
|---|---|---|---|---|---|
| | | | 开始<br>↓<br>制定月度检修计划 | 纳入月度生产计划 | |
| | | 变电/线路工作<br>票流程 | | 施工前期<br>(组织现场查勘) | |
| | 否(供电公司自行实施)<br>现场工作<br>↓<br>完成修试报告 | | 是否由外包<br>队伍施工 | 是 | 现场工作<br>↓<br>完成修<br>试告报 |
| 验收 | 总验收 | | 完成检修<br>报表<br>↓<br>结束 | | |

# 17 抢修管理流程

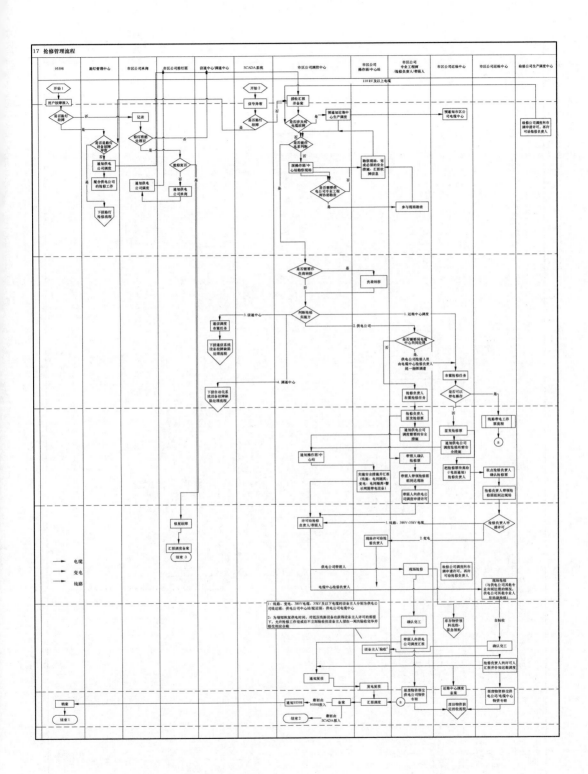

19 设备缺陷管理流程

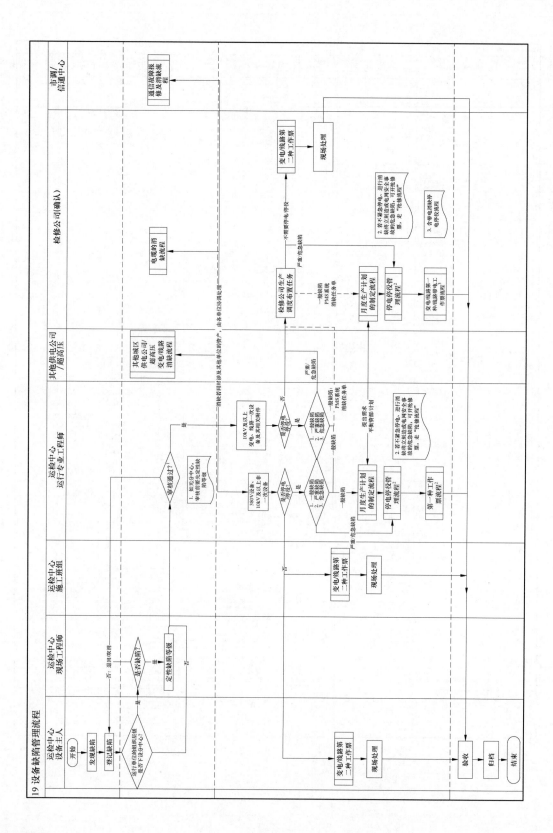

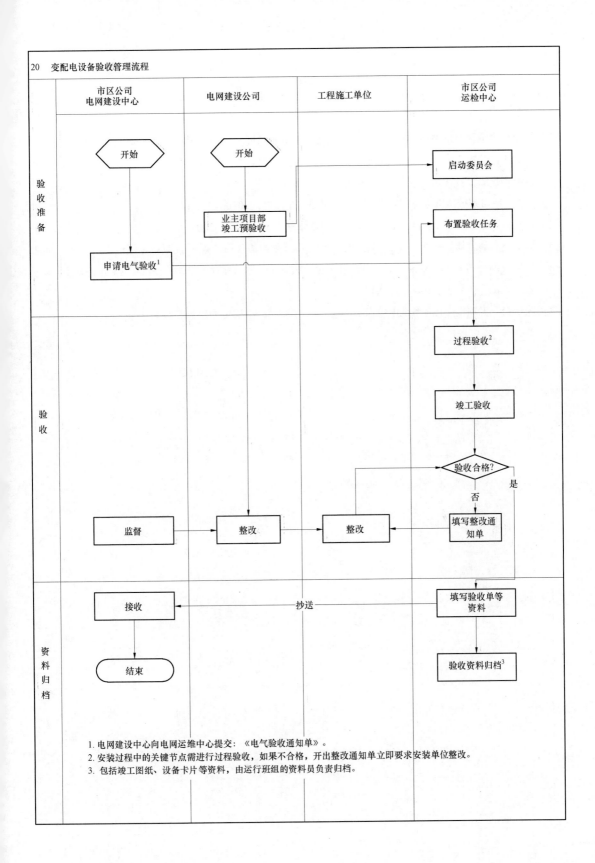

1. 电网建设中心向电网运维中心提交：《电气验收通知单》。
2. 安装过程中的关键节点需进行过程验收，如果不合格，开出整改通知单立即要求安装单位整改。
3. 包括竣工图纸、设备卡片等资料，由运行班组的资料员负责归档。

# 参 考 文 献

[1] 国家电力调度通信中心. 国家电网公司继电保护培训教材. 北京：中国电力出版社，2009.

[2] 国家电网公司人力资源部. 国家电网公司生产技能人员职业能力培训专用教材　继电保护. 北京：中国电力出版社，2010.

[3] 高亮. 电力系统微机继电保护. 北京：中国电力出版社，2010.

[4] 许正亚. 电力系统安全自动装置. 北京：中国水利水电出版社，2006.

[5] 国家电力调度通信中心. 电力系统继电保护实用技术问答（第二版）. 北京：中国电力出版社，2013.

[6] 国家电网公司人力资源部. 国家电网公司生产技能人员职业能力培训通用教材　继电保护及自动装置. 北京：中国电力出版社，2010.

[7] 张保会　尹项根. 电力系统继电保护（第二版）. 北京：中国电力出版社，2010.